Das Fenster zum Universum

□○△○□

Leonard Mlodinow

DAS FENSTER ZUM UNIVERSUM

Eine kleine Geschichte der Geometrie

Aus dem Englischen von
Carl Freytag

Campus Verlag
Frankfurt / New York

Die Originalausgabe erschien 2001 unter dem Titel »Euclid's Window«
bei THE FREE PRESS, New York.
Copyright © 2001 by Leonard Mlodinow
Published by Arrangement with Leonard Mlodinow.

Dieses Werk wurde vermittelt durch die
Literarische Agentur Thomas Schlück GmbH, 30827 Garbsen.

Redaktion: Dr. Barbara Werner, Stuttgart

Die Deutsche Bibliothek – CIP-Einheitsaufnahme
Ein Titeldatensatz für diese Publikation ist bei
Der Deutschen Bibliothek erhältlich.
ISBN 3-593-36931-1

Copyright © 2002. Alle deutschsprachigen Rechte bei Campus Verlag GmbH,
Frankfurt/Main
Umschlaggestaltung: RGB, Hamburg
Umschlagmotiv: Die Harmonie des Planetensystems nach Kepler
Satz: TypoForum GmbH, Nassau
Druck und Bindung: Wiener Verlag GmbH, Himberg
Gedruckt auf säurefreiem und chlorfrei gebleichtem Papier.
Printed in Austria

Besuchen Sie uns im Internet: www.campus.de

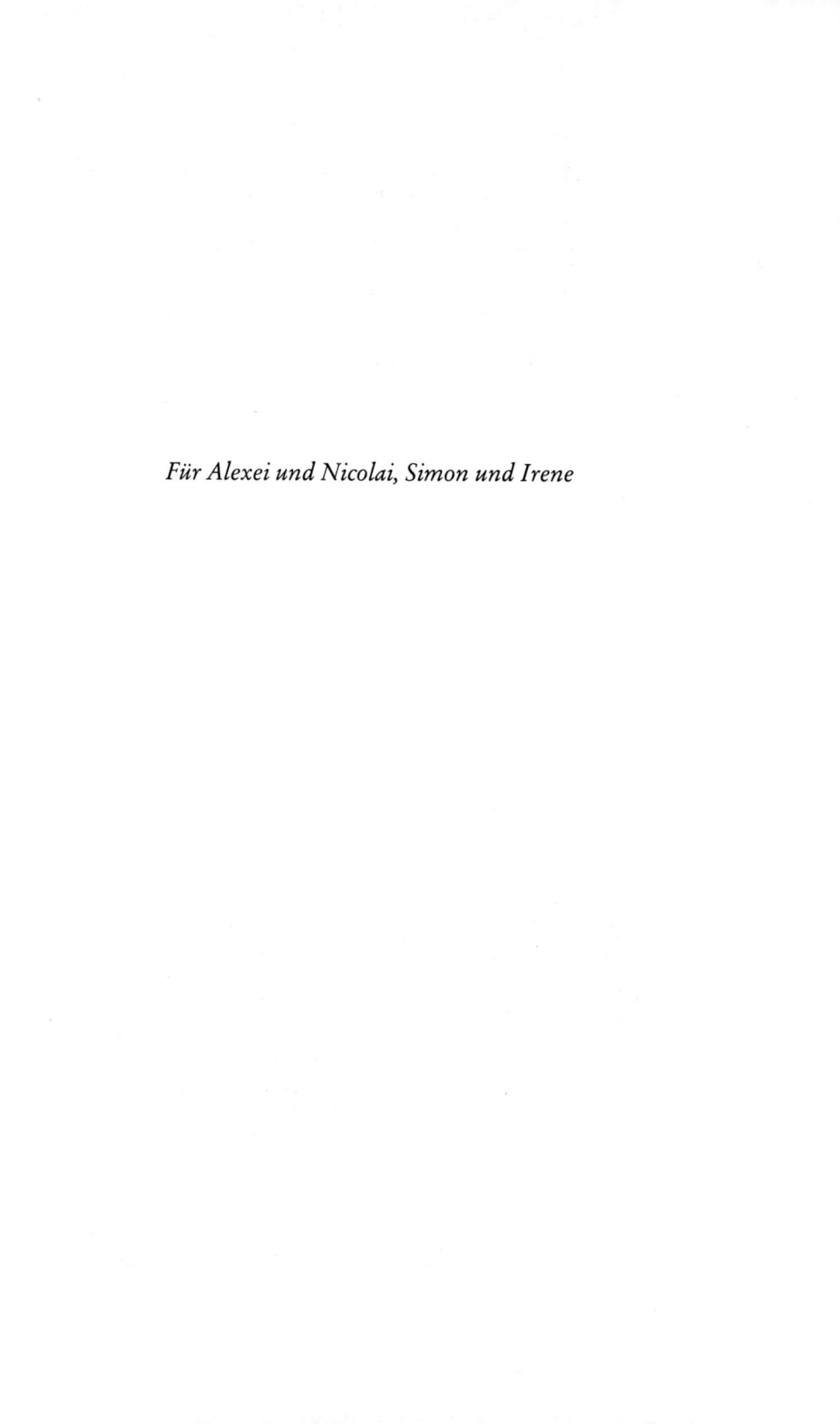

Für Alexei und Nicolai, Simon und Irene

Inhalt

□○△○□

III
Die Geschichte von Gauß

IV
Die Geschichte von Einstein

V
Die Geschichte von Witten

Anhang

Einleitung

□○△○□

Vor fast zweieinhalb Jahrtausenden stand ein Grieche an der Küste nahe Athen und beobachtete die Schiffe. Aristoteles musste oft dort gestanden und zugesehen haben, wie sie in der Ferne am Horizont untertauchten. Ihn bewegte ein seltsamer Gedanke: Immer schien zuerst der Rumpf zu verschwinden und dann erst Mast und Segel. Wie konnte das sein? Auf einer flachen Erde sollten Schiffe einfach immer kleiner werden und sich dann als winziger konturloser Punkt auflösen. Plötzlich hatte Aristoteles einen Geistesblitz – die Zeichen waren eindeutig, es ging gar nicht anders: Die Erdoberfläche musste gekrümmt sein! – Und wie war Aristoteles auf diesen Gedanken gekommen? Er hatte einen Blick durch das Fenster der Geometrie geworfen.

War es damals für Aristoteles die Erde, die er erforschte, so ist es für uns heute der Weltraum. Unbemannte Raumschiffe haben sich bis an die Grenze unseres Sonnensystems vorgewagt. Möglicherweise erreichen wir innerhalb des neuen Jahrtausends *Alpha Centauri*, den nächsten Fixstern – nach einer Reise von fünfzig Jahren und mit einem Tempo von einem Zehntel der Lichtgeschwindigkeit. Aber selbst dann bleibt der äußerste Rand des Universums noch einige Milliarden Mal weiter entfernt. So ist es wenig wahrscheinlich, dass wir eines Tages einen Raumkreuzer auf den Horizont des Weltraums zusteuern sehen wie seinerzeit Aristoteles die Schiffe auf den Horizont des Meeres. Und doch haben wir schon viel über die Natur und die Struktur des Universums herausgefunden: wie Aristoteles durch Beobachtung und die Anwendung der Logik, vor allem aber durch den von Staunen bestimmten Blick in die Weiten des Raums. Im Laufe der Jahrhunderte haben uns Genialität und Geometrie dabei geholfen, hinter den Horizont zu schauen. Was können wir über den Weltraum beweisen? Woher wissen wir, wo wir uns befinden? Kann der Raum gekrümmt sein? Wie viele Dimensionen hat er? Wie können wir aus der Geometrie Ordnung und Einheit des Kosmos erklären? Das sind die Fragen, die hinter den fünf geometrischen Revolutionen in der Geschichte der Menschheit stehen.

Am Anfang stand ein kleines Schema, das sich Pythagoras ausgedacht hatte, um mithilfe des abstrakten Regelsystems der Mathematik die Welt der Dinge darzustellen. Man begann damals, eine Vorstellung vom Raum zu entwickeln, die sich vom Boden, auf dem wir stehen, und vom Wasser, in dem wir schwimmen, ablöste: Es war die Geburtsstunde der Abstraktion und des mathematischen Beweises. Schon bald waren die Griechen in der Lage, in der Sprache der Geometrie Antworten auf jede naturwissenschaftliche Frage zu formulieren – von der Hebelwirkung bis zur Bahn von Himmelskörpern. Nach dem Niedergang der griechischen Zivilisation eroberten die Römer die westliche Welt. An einem Tag kurz vor Ostern im Jahre 415 n. Chr. wurde in der Stadt Alexandria eine Frau aus ihrem Wagen gezogen und vom Mob umgebracht. Diese Gelehrte, die sich der Geometrie, der Lehre des Pythagoras und dem rationalen Denken verpflichtet fühlte, war die letzte in einer Reihe berühmter Wissenschaftler, die in der Bibliothek von Alexandria vor dem Niedergang der Zivilisation und dem Beginn der tausend Jahre des »finsteren Mittelalters« gearbeitet hatte.

Die Wiedererweckung der Zivilisation nach dieser Zeit war eng mit dem Aufblühen einer neuen Art von Geometrie verbunden, die von einem Mann mit ausgefallenem Lebensstil erfunden wurde, der gern spielte, bis in den Nachmittag hinein schlief und die alten Griechen kritisierte, weil er ihre Methode geometrischer Beweise für zu anstrengend hielt. Um Arbeit zu sparen, verknüpfte René Descartes die Geometrie mit der Zahl. Jetzt konnte man mit dem Ort und der Gestalt von Objekten und Figuren umgehen wie nie zuvor. Seine Idee der Koordinaten ermöglichte die Infinitesimalrechnung und die Entwicklung der modernen Technologie. Dank Descartes konnten Zahlen geometrisch dargestellt werden, und geometrische Begriffe wie Koordinaten, Graphen, Sinus und Cosinus, Vektoren und Tensoren, Winkel und Krümmungen tauchten in allen denkbaren physikalischen Zusammenhängen auf: von der Festkörperphysik bis zur großräumigen Struktur von Raum und Zeit, von der Technologie der Transistoren und Computer bis zum Laser und zur Raumfahrt. Das Werk von Descartes machte aber auch eine noch abstraktere – und noch revolutionärere – Idee möglich: die des gekrümmten Raums. Ist die Winkelsumme aller Dreiecke 180°, oder gilt dies nur für Dreiecke auf einem flachen Stück Papier? Das ist nicht nur eine Frage für Origami-Faltkünstler. Die Mathematik des gekrümmten Raums löste eine Revolution in den logischen Grundlagen nicht nur der Geometrie, sondern der gesamten Mathematik aus – und sie ermöglichte Einsteins Relativitätstheorie. Diese geometrische Theorie des Raums, der mit der Zeit eine vierte Dimension erhielt, und die von Einstein gefundene Beziehung von Raum und Zeit zu Masse und Energie bewirkte einen Paradigmenwechsel in einer Größenordnung, wie es ihn in der Physik seit Newton nicht mehr gegeben hatte. Und erschien schon Einsteins Theorie radikal, so war das noch nichts gegen die jüngste Revolution der Raumvorstellung.

Im Juni 1984 verkündete ein Wissenschaftler, ihm sei ein theoretischer Durchbruch gelungen und er könne nun *alles* erklären – von der Frage, warum es subatomare Teilchen gibt, über die Art ihrer Wechselwirkung bis zu den großräumigen Raum-Zeit-Strukturen und der Natur der schwarzen Löcher. Der Wissenschaftler glaubte, den Schlüssel zum Verständnis von Einheit und Ordnung des Universums in der Geometrie gefunden zu haben – in einer Geometrie von neuer und ziemlich bizarrer Art. Er wurde von einer Gruppe von Männern in weißen Kitteln von der Bühne getragen …

Wie sich herausstellte, war dies ein Theaterstück, und nicht die Realität. Aber die Emotionen waren so echt wie die Genialität des Hauptdarstellers. John Schwarz hatte anderthalb Jahrzehnte an seiner String-Theorie gearbeitet, und fast alle Physiker starrten auf ihn wie auf einen Verrückten, der auf der Straße mit irrem Blick um Geld bettelte. Heute glauben die meisten seiner Kollegen, dass die String-Theorie stimmt und dass die Geometrie des Raums für die physikalischen Gesetze verantwortlich ist, die alles bestimmen, was in diesem Raum existiert, und alles beschreiben, was in ihm passiert.

Das Grundmanifest all dieser schöpferischen Revolutionen in der Geschichte der Geometrie schrieb ein geheimnisvoller Mann namens Euklid. Wenn man sich nicht mehr allzu gut an jenes tödliche Schulfach »Euklidische Geometrie« erinnert, dann deshalb, weil man die Stunden verschlafen hat. Der in der Schule übliche Einstieg in die Geometrie ist dazu angetan, das Hirn eines jungen Menschen in Stein zu verwandeln. Aber Geometrie im Sinne Euklids ist eigentlich eine aufregende Angelegenheit. Sein Werk zeichnet sich nicht nur durch vollendete Schönheit aus, sondern hatte auch eine Wirkung, die sich mit derjenigen der Bibel messen kann. Euklids Ideen sind so radikal wie die von Marx und Engels. Mit seinen *Elementen,* in denen er seine Ideen niederlegte, öffnete er für uns ein Fenster mit Blick auf das Universum. Während die Euklidische Geometrie vier Revolutionen durchmachte, haben Naturwissenschaftler und Mathematiker die Glaubenssätze der Theologen zertrümmert, manch kostbares Ideengebäude der Philosophen zerstört und uns gezwungen, unseren Platz im Kosmos immer wieder neu zu überprüfen und zu definieren. Diese Revolutionen, die Propheten, die sie bewirkt haben, und die Geschichten, die über sie erzählt werden, sind Gegenstand dieses Buches.

I
Die Geschichte von Euklid

Was kann man über den Raum sagen?
Der Beginn der modernen Zivilisation und die Rolle
der Mathematik bei der Beschreibung der Welt.

1
Die erste Revolution

□○△○□

Vermutlich entdeckte Euklid selbst kein einziges neues geometrisches Gesetz. Trotzdem ist er der berühmteste Lehrmeister der Geometrie, den es jemals gab – und das aus gutem Grund: Seit Jahrtausenden öffnet er mit seinem Werk das Fenster, durch das die Menschen als Erstes schauen, wenn sie sich mit Geometrie befassen. Sein Name steht heute für die erste große Revolution der Raumvorstellung, für die Geburt der Abstraktion und die Methode des mathematischen Beweises.

Die Vorstellung vom Raum war natürlich zunächst eine Vorstellung von unserer unmittelbaren Umgebung, unserem Ort im All: von der Erde. Die Geschichte begann mit der Erdvermessung bei den Babyloniern und Ägyptern. Auch das griechische Wort »Geometrie« heißt Erdvermessung, aber bei den Griechen ging es um mehr: Sie waren die Ersten, die erkannten, dass man die Natur mithilfe der Mathematik verstehen kann, und dass man mit der Geometrie nicht nur etwas zu beschreiben, sondern auch etwas zu erklären vermag. Bei der Fortentwicklung der Geometrie von der bloßen Vermessung von Gebilden aus Stein und Sand kamen sie zu den abstrakten Vorstellungen von Punkt, Linie und Fläche. Sie entdeckten unter dem Putz aus Materie Strukturen von einer Schönheit, wie sie die Zivilisation noch nie zuvor gesehen hatte. Mit Euklid erreichte dieses Ringen um die Mathematik seinen Höhepunkt. Die Geschichte Euklids ist die Geschichte einer Revolution. Es ist die Geschichte von Axiomen, Theoremen, Beweisen – und die Geschichte von der Geburt der Vernunft.

2
Die Geometrie der Steuerfahnder

Die Wurzeln der griechischen Errungenschaften liegen in den alten Kulturen der Babylonier und Ägypter. Die Babylonier waren in vielen Fragen der Wissenschaft indifferent – eine Charaktereigenschaft, die verhinderte, dass sie in der Mathematik wahre Größe erreichten, und über die schon Yeats in seinem Gedicht »Der Morgen« Klage führte:

Ich möchte unwissend sein wie der Morgen / Der hinunterschaute / Auf die alte Königin, die eine Stadt / Mit ihrer Broschennadel vermaß, / Oder auf die verwelkten Alten, die von ihrem / Pedantischen Babylon aus sahen, / Wie sorglos die Planeten in ihren Bahnen kreisten, / Und wie die Sterne bleichten, wo der Mond aufzog, / Und dann Summen auf ihre Tafeln schrieben ... [1]

Die vorgriechischen Mathematiker und Techniker, die viele schlaue Formeln kannten und unzählige Rechentricks und konstruktive Kunststücke beherrschten, vollbrachten wie unsere Politiker ihre manchmal erstaunlichen Leistungen, ohne recht zu verstehen, was sie eigentlich taten. Die Babylonier kümmerten sich nicht um Grundsätzliches: Sie waren Baumeister, die im Dunkeln arbeiteten, sich vorantasteten, den richtigen Weg spürten, da ein Bauwerk errichteten und dort einen Grundstein für Zukünftiges legten. Sie erreichten einen bestimmten Zweck, ohne ihr Vorgehen zu reflektieren.

Die Babylonier waren im Übrigen nicht die Ersten. Schon in Zeiten, über die es keinerlei Belege mehr gibt, haben die Menschen vermutlich gezählt und gerechnet, geschätzt und einander übers Ohr gehauen. Die ersten Gegenstände, von denen man annimmt, dass sie zum Zählen dienten, gab es schon 30 000 Jahre vor unserer Zeitrechnung: Stöcke, die möglicherweise auch nur von Künstlern mit einem intuitiven Gefühl für Mathematik ausgeschmückt worden waren. Andere Funde machen den mathematischen Zusammenhang deutlicher. Am Ufer des Edwardsees, der jetzt am Rande der Demokratischen Republik Kongo liegt, haben Archäologen einen 8 000 Jahre alten kleinen Knochen ausgegraben, in dessen einem Ende in einer Vertiefung ein winziges Stück Quarz steckt.[2] Der Künstler oder Mathematiker – auch in diesem Fall weiß man es nicht sicher – schnitt drei Reihen von Kerben in eine Seite des Knochens. Die Wissenschaftler halten diesen so genannten Ishango-Knochen für den ersten Gegenstand, der dafür gedacht war, die Welt nummerisch zu erfassen.

Der Gedanke, die Dinge nicht nur zu zählen, sondern mit Zahlen auch zu operieren, entstand erst weit später, denn die Arithmetik erfordert ein gewisses Maß an Abstraktion. Wenn zwei Jäger zwei Pfeile abschossen, um zwei Gazellen zu erlegen, und sich bei dem Versuch, die Beute ins Lager zu schleppen, zwei Brüche hoben, so wissen wir von den Anthropologen, dass möglicherweise ganz unterschiedliche Wörter für »zwei« verwendet wurden:[3] In vielen Kulturen konnte man Äpfel und Birnen tatsächlich nicht zusammenzählen. Der Mensch brauchte anscheinend viele tausend Jahre, um zu entdecken, dass es sich immer nur um Beispiele ein und desselben abstrakten Dings handelte: um die »Zahl 2«.

Die ersten größeren Schritte auf dem Weg zur Mathematik wurden im 6. Jahrtausend v. Chr. unternommen, als die Bevölkerung des Niltals von der nomadischen Lebensweise dazu überging, das Tal zu kultivieren. Die Wüsten Nordafrikas gehören zu den trockensten und unfruchtbarsten Gebieten der Erde, und nur der Nil, der zu bestimmten Zeiten durch Regenwasser vom Äquator und Schmelzwasser aus dem abessinischen Hochland anschwoll, brachte – wie ein Gott – der Wüste Leben und Nahrung.[4] In jenen uralten Zeiten konnte man im ausgetrockneten, öden und staubigen Niltal jedes Jahr Mitte Juni den Fluss vorrücken und ansteigen sehen. Er füllte sein Bett aus und verteilte fruchtbaren Schlamm über das Land. Schon lange bevor der klassische griechische Geschichtsschreiber Herodot Ägypten als das

»Geschenk des Nils« beschrieb, hinterließ Ramses III. einen Bericht
darüber, wie die Ägypter den Nilgott Hapi mit allem, was ihnen wertvoll war, verehrten: mit Opfergaben aus Honig, Wein, Gold und Tür-
kis. Sogar der einheimische Name »Keme« hat mit den Überschwem-
mungen zu tun. Er bedeutet »schwarze Erde« – im Gegensatz zur
roten Erde der Wüste.[5]

Die Überschwemmung des Niltals dauerte jedes Jahr vier Monate.
Im Oktober begann sich dann der Fluss zurückzuziehen, und das
Land trocknete ein weiteres Mal aus. Die acht Trockenmonate waren
in zwei Jahreszeiten eingeteilt: in *perit*, die Zeit der Aussaat, und in
shemu, die Zeit der Ernte. Die Ägypter begannen feste Ansiedlungen
auf Anhöhen zu bauen, die in der Zeit der Überschwemmung kleine,
über Dämme verbundene Inseln waren. Sie richteten Bewässerungs-
systeme und Getreidespeicher ein, Brot und Bier zählten zu den
Grundnahrungsmitteln. Die Abläufe in der Landwirtschaft wurden
zur Grundlage des ägyptischen Kalenders sowie des gesamten Lebens.
Um 3500 v. Chr. beherrschten die Ägypter einfache Produktionswei-
sen im Handwerk und bei der Metallbearbeitung. In dieser Zeit entstand auch die Schrift.

Die Ägypter hatten sich schon immer mit dem Tod auseinander
gesetzt. Aber nun, mit Wohlstand und Sesshaftigkeit, kamen neue
Schrecken auf sie zu: Es wurden Steuern erhoben. Das Problem der
Besteuerung gab vielleicht den ersten Anstoß für die Entstehung der
Geometrie – eine Vermutung, die schon Herodot äußerte. Dem Pha-
rao gehörte zwar im Prinzip alles – jedes Stück Land und jedes Vermö-
gen –, in der Praxis jedoch waren Grund und Boden das Eigentum von
Tempeln oder auch von einzelnen Personen. Die Regierung schätzte
die Steuer aus der Höhe der jährlichen Überflutung und der Fläche des
Grundbesitzes. Wer nicht bezahlte, konnte an Ort und Stelle von der
Polizei zur Unterwerfung gezwungen werden. Auch die Geldwirt-
schaft erlebte eine erste Blüte: Den Ägyptern war es nun möglich,
Geld zu leihen, wobei der jährliche Zins einer höchst einfachen Philosophie folgte: Er betrug 100 Prozent.[6] Da es bei den Steuern um viel
Geld ging, entwickelten sie recht zuverlässige, wenn auch manchmal
umständliche Methoden zur Berechnung der Flächen von Quadraten,

Rechtecken und Trapezen. Um die Fläche eines Kreises zu bestimmen, näherten sie ihn durch ein Quadrat an, dessen Seitenlänge 8/9 des Kreisdurchmessers betrug. Das entspricht einer Verwendung von 256/81=3,16 anstelle von π (3,14159....), was den richtigen Wert nur um 0,6 Prozent überschreitet. Es gibt keine Aufzeichnungen darüber, ob Steuerzahler sich über diese Ungerechtigkeit beschwerten.

Die Ägypter setzten ihre mathematischen Kenntnisse ein, um beeindruckende Bauwerke zu errichten. Stellen Sie sich eine windgepeitschte, öde Wüste im Jahr 2580 v. Chr. vor. Der Architekt hat einen Papyrus mit dem Entwurf des Bauwerks ausgebreitet. Seine Aufgabe ist leicht: quadratischer Grundriss, dreieckige Seitenflächen, ach ja, 190 m hoch soll es werden, und die Steinblöcke, aus denen man es bauen will, wiegen jeweils 2 Tonnen. Der Architekt soll auch die Bauaufsicht übernehmen – keine leichte Aufgabe, denn es gibt leider weder Laserstrahlen noch hochgezüchtete Messgeräte zur Überwachung des Baufortschritts, sondern nur Seile und Holz.

Wie jeder Hausbesitzer weiß, ist es sehr schwer, die Fundamente eines Gebäudes oder auch nur den Umriss einer einfachen Terrasse zu markieren, wenn man nichts als einen Zimmermannswinkel und ein Maßband hat. Beim Bau unserer Pyramide zieht schon eine kleine Abweichung vom Soll große Folgen nach sich: Nachdem in Tausenden von »Mannjahren« Tausende von Tonnen Stein verarbeitet sind und das Gebilde weit über 100 m Höhe erreicht hat, werden sich die dreieckigen Seitenflächen womöglich nicht in einem Punkt treffen, sondern eine schlampige vierzipflige Spitze bilden! Den Pharaonen, die wie Götter verehrt wurden und deren Armeen die Phalli getöteter Feinde abschnitten, um die Zählung der Gefallenen zu erleichtern,[7] konnte man kaum eine derart missgestaltete Pyramide vorsetzen. So entwickelte sich die angewandte Geometrie in Ägypten zu einer hoch effizienten Wissenschaft.

Die Bauüberwachung übernahmen in Ägypten die so genannten Harpedonapten (»Seilzieher«). Ein Harpedonapt beschäftigte drei Sklaven, die für ihn ein Seil handhaben mussten, das in bestimmten Abständen Knoten hatte. Wenn man es ausspannte, konnte man mit diesen Knoten Dreiecke mit vorgegebenen Seiten – und damit auch mit bestimmten Winkeln – bilden. Ein Beispiel: Mit einem Seil mit Knoten im Abstand von 30, 40 und 50 m erhält man zwischen den Seiten mit 30 und 40 m einen rechten Winkel.[8] Die Methode war genial – und nahm etwas vorweg, was man erst viel später erkannte: Die ausgelegten Seile markieren auf der Erdoberfläche nicht Geraden, sondern geodätische Kurven. Wir werden sehen, dass dies genau die Methode ist, die wir – wenn auch nur in der Vorstellung und in äußerst kleinen (infinitesimalen) Schritten – bei der Differenzialgeometrie anwenden, um die lokalen Eigenschaften des Raums zu untersuchen.

Während die Ägypter das Niltal besiedelten, wurde auch das Land zwischen dem Persischen Golf und Palästina urbanisiert. Es begann im Laufe des 4. Jahrtausends v. Chr. in Mesopotamien, dem Land zwischen Euphrat und Tigris. Irgendwann zwischen 2000 und 1700 v. Chr. unterwarfen dann die nicht zu den Semiten gehörenden Völker, die nördlich des Persischen Golfs lebten, ihre südlichen Nachbarn. Der siegreiche Herrscher Hammurabi benannte das nun vereinigte Königreich nach der Stadt Babylon. Den Babyloniern verdanken wir ein mathematisches System, das weit ausgefeilter war als das der Ägypter.[9]

Was wir von der ägyptischen Mathematik wissen, entstammt im Wesentlichen zwei Quellen: dem »Papyrus Rhind« (nach Alexander Henry Rhind, der ihn dem Britischen Museum in London übergab) und dem »Papyrus Moskau«, der im Museum der Schönen Künste in Moskau aufbewahrt wird. Die besten Erkenntnisse über die Babylonier haben wir aus den Ruinen von Ninive, wo die Archäologen 1500 Schrifttafeln fanden. Leider enthält keine dieser Tafeln mathematische Texte, aber glücklicherweise wurden in Assyrien – vorwiegend in den Ruinen von Nippur und Kis – noch einige weitere hundert Tontafeln ausgegraben. Das Durchsuchen von Ruinen ist wie das Durchstöbern eines Buchladens, und die assyrischen »Buchläden« hatten eine Mathematik-Abteilung. Man fand Tabellen von Konstanten, Lehrbücher und andere Objekte, die viel über das mathematische Denken in Babylon aussagen.

So wissen wir, dass ein babylonischer »Ingenieur« bei einem Bauprojekt nicht nur auf körperliche Arbeit setzte. Um einen Kanal zu bauen, legte er fest, dass der Querschnitt trapezförmig sein sollte, er bestimmte die Menge des Gesteins, das ausgehoben werden musste, er berücksichtigte, wie viel ein Mann pro Tag ausheben konnte, und rechnete schließlich aus, wie viele »Manntage« an Arbeit notwendig waren. Babylonische Geldverleiher führten sogar Zinseszinsrechnungen durch.

Die Babylonier stellten keine Gleichungen auf, sie formulierten alle Aufgaben in Textform. Auf einer Tontafel steht zum Beispiel folgende Zauberformel: »4 ist die Länge, und 5 die Diagonale. Was ist die Breite? Ihre Größe ist nicht bekannt. 4 mal 4 ist 16. 5 mal 5 ist 25. Man nimmt 16 von 25, und es bleiben 9. Wie viel mal wie viel muss man nehmen, um 9 zu bekommen? 3 mal 3 ist 9. 3 ist die Breite.« Heute würde man »$x^2 = 5^2 - 4^2$« schreiben.[10] Der Nachteil einer solchen Textaufgabe ist nicht so sehr, dass sie viel Platz einnimmt, sondern dass man mit einem Text nicht so einfach umgehen kann wie mit einer Gleichung und dabei häufig Mühe hat, die algebraischen Gesetze anzuwenden. Es dauerte Tausende von Jahren, bis diese Unzulänglichkeit behoben wurde: Pluszeichen für die Addition tauchen zum ersten Mal nach 1481 in einem deutschen Manuskript auf.[11]

Die oben zitierte Aufgabe zeigt, dass die Babylonier offensichtlich den Satz des Pythagoras kannten, wonach in einem rechtwinkligen Dreieck das Quadrat über der Hypotenuse gleich der Summe der Quadrate über den Katheten ist. Auch die ägyptischen Harpedonapten scheinen diese Beziehung angewandt zu haben. Die babylonischen Schreiber füllten ihre Tontafeln darüber hinaus jedoch mit eindrucksvollen Tabellen voller Dreiergruppen von Zahlen, die man heute »Pythagoräische Zahlen« nennt. Sie reichen von Gruppen kleinerer Zahlen (»3, 4, 5« oder »5, 12, 13«) bis zu Gruppen größerer Zahlen (»3 456, 3 367, 4 825«) und belegen eindringlich, dass der Satz des Pythagoras in Babylonien kein unbekannter war. Die Wahrscheinlichkeit, durch bloßes Ausprobieren zufälliger Dreiergruppen eine passende zu finden, ist gering: Allein unter den ersten zwölf Zahlen (1, 2, … 12) gibt es schon Hunderte von Möglichkeiten, Dreiergruppen zu bilden, von denen aber nur die Gruppe »3, 4, 5« die geforderte Bedingung erfüllt. Wenn man nicht annehmen will, dass ganze Armeen von babylonischen Rechnern ihre gesamte Laufbahn mit der

Suche nach solchen Dreiergruppen verbrachten, muss man vermuten, dass es zur Erleichterung der Aufgabe zumindest Grundkenntnisse der elementaren Zahlentheorie gab.

Trotz der Klugheit der Babylonier und der Leistungen der Ägypter blieben diese frühen Beiträge zur Mathematik darauf beschränkt, konkrete mathematische Fakten zu sammeln und ein paar Faustregeln zu liefern. Die Mathematiker beider Kulturen glichen klassischen Botanikern, die nur Arten sammeln und katalogisieren, aber keinen Versuch unternehmen zu verstehen, wie sich ein Organismus entwickelt und wie er funktioniert. Der Satz des Pythagoras war bekannt, wurde aber nicht als ein allgemeines Gesetz »$a^2+b^2=c^2$« (mit der Hypotenuse c und den beiden Katheten a und b) formuliert. Offenbar fragte sich niemand, warum es ein solches Gesetz gab und wie man aus ihm andere Regeln ableiten konnte. Ob der Satz exakt oder nur ungefähr gilt, ist die entscheidende Frage, wenn es ums Prinzip geht, aber wen kümmert das schon in der Praxis? Um das Prinzip und die Theorie kümmerten sich erst die »alten« Griechen.

Denken wir nun an ein Problem, das den griechischen Mathematikern das größte Kopfzerbrechen bereitete, aber weder die Ägypter noch die Babylonier berührte. Es ist wunderbar einfach: Gegeben sei ein Quadrat mit der Seitenlänge 1. Wie groß ist seine Diagonale? Die Babylonier kamen (in unserer heutigen Schreibweise) zu dem Ergebnis 1,4142129. Die griechischen Pythagoräer stellten fest, dass man die Lösung weder als ganze Zahl noch als Bruch schreiben konnte. Heute würden wir eine irrationale Zahl mit einer endlosen Kette unregelmäßiger Dezimalstellen angeben: 1,414213562… Für die an Harmonie glaubenden Griechen war dies eine traumatische Erkenntnis, die zu einer religiösen Krise führte und vermutlich einem Gelehrten sogar das Leben kostete. Der Wert der Quadratwurzel von 2 als Mordmotiv? Das kann man nur verstehen, wenn man in die ganze Tiefe des griechischen Denkens eindringt.

3
Die Sieben Weisen

□○△○□

Die Entdeckung, dass Mathematik mehr ist als nur eine Sammlung von Rechenvorschriften, um das Volumen des Erdaushubs oder die Höhe der Steuern zu bestimmen, verdanken wir einem geschäftstüchtigen griechischen Philosophen, der vor mehr als 2 500 Jahren lebte: Thales von Milet.[12] Er bereitete die Bühne für die großen Entdeckungen des Pythagoras und schließlich auch für die *Elemente* des Euklid. Thales lebte in der so genannten »Achsenzeit«, in der überall auf der Welt der menschliche Geist aus seiner Ruhe gerissen wurde: In Indien verbreitete Siddhartha Gautama, der um 560 v. Chr. geboren wurde, den Buddhismus, in China traten Laotse und Konfuzius (geboren um 551 v. Chr.) als Vertreter des geistigen Fortschritts auf, in Persien wirkte Zarathustra – und auch in Griechenland begann ein goldenes Zeitalter.

In Ionien an der Westküste Kleinasiens fließt ein Fluss namens Mäander in den nach ihm benannten Mäandern durch eine trostlose sumpfige Ebene zum Meer. Am Rande dieses Sumpfs lag vor 2 500 Jahren die damals wohlhabendste griechische Stadt, Milet. Genauer gesagt: Sie lag an einer Meeresbucht, die inzwischen mit Schlamm aufgefüllt ist. Milet war vom Wasser und von den Bergen eingeschlossen und vom Binnenland her nur über eine einzige bequeme Straße zu erreichen, stellte aber mit seinen (mindestens) vier Häfen das Seehandelszentrum der östlichen Ägäis dar. Von hier aus suchten sich die Schiffe zwischen den Inseln ihren Weg nach Zypern, Phönizien und Ägypten, oder sie fuhren nach Westen in den europäischen Teil Griechenlands.

In dieser Stadt begann im 7. Jahrhundert v. Chr. eine Revolution des menschlichen Denkens, ein Aufstand gegen den Aberglauben, der fast ein Jahrtausend lang währte und schließlich den Grundstein der modernen Vernunft legte. Unsere Kenntnisse über diese revolutionären Denker, die als die Vorsokratiker in die Geschichte eingingen, weil sie in der Zeit vor Sokrates lebten, sind unsicher und beruhen oft nur auf den verfälschenden Aufzeichnungen späterer Gelehrter wie Aristoteles und Platon, die sich manchmal sogar widersprechen. Die meisten dieser legendären Gestalten trugen zwar griechische Namen, glaubten aber nicht mehr an die griechischen Mythen. Sie wurden oft verfolgt, ins Exil oder in den Selbstmord getrieben – zumindest, wenn man den Legenden glaubt, die über sie überliefert sind.

Alle Zeugnisse stimmen darin überein, dass in Milet um 625 v. Chr. ein Kind namens Thales auf die Welt kam. Thales von Milet wird oft als der erste Wissenschaftler und Mathematiker in der Geschichte der Menschheit bezeichnet. Älter noch als die Mathematik war allerdings das Geschäft mit dem Sex: Milet war für ausgeschmückte Lederstücke bekannt, die Frauen als Entgelt für ihre sexuellen Dienste erhielten.[13] Wir wissen nicht, ob Thales mit diesen Lederstücken oder mit eingesalzenem Fisch oder Wolle oder anderen Waren handelte, für die Milet berühmt war, aber auf jeden Fall war er ein wohlhabender Kaufmann, der sich irgendwann von seinen Geschäften zurückzog und sein Geld für sich arbeiten ließ, um sich den Studien und dem Reisen zu widmen.

Griechenland umfasste zu jener Zeit einige politisch unabhängige Stadtstaaten, von denen manche demokratisch organisiert waren, andere wiederum von einer kleinen Gruppe Aristokraten oder von einem tyrannischen König beherrscht wurden. Die meisten Berichte besitzen wir über den Alltag in Athen, aber das Leben eines Städters war in ganz Griechenland ähnlich und änderte sich auch in den Jahrhunderten nach Thales wenig – Zeiten von Hungersnot oder Krieg ausgenommen. Die griechischen Männer pflegten den geselligen Umgang beim Friseur, im Tempel und auf dem Marktplatz. Sokrates liebte es, beim Schuster zu sitzen. Diogenes Laertios schrieb über einen Flickschuster namens Simon, der als erster sokratische Dialoge als Form der Konversation einführte, dessen Existenz aber auch das Bruchstück eines Weinbechers mit der Aufschrift »Simon« nicht beweist, das Archäologen in den Überresten einer Werkstatt aus dem 5. Jahrhundert v. Chr. ausgegraben haben.

Die alten Griechen liebten Gastmähler. In Athen schloss sich an das Essen das Symposion an – wörtlich: das »zusammen Trinken«. Die Festgäste stürzten verdünnten Wein hinunter, diskutierten philosophische Fragen, sangen, erzählten Witze und stellten Rätsel. Wer ein Rätsel nicht lösen konnte oder irgendwie ins Fettnäpfchen trat, wurde bestraft und musste zum Beispiel nackt im Raum herumtanzen. Trotz aller Ausschweifungen und Frivolitäten des griechischen Partylebens war das Wissen, das die Gäste untereinander austauschten, enorm wichtig. Das Erforschen der Welt hatte bei den Griechen einen hohen Stellenwert.

Thales schien den unersättlichen Wissensdurst mit den vielen Griechen zu teilen, die dem Goldenen Zeitalter seine Prägung gaben. Er brachte die babylonische Astronomie nach Griechenland, die er auf seinen Reisen im Zweistromland studiert hatte. Eine seiner legendären Leistungen war die Vorhersage der Sonnenfinsternis von 585 v. Chr. Nach Herodots Bericht machte die Verfinsterung der Sonne während einer gerade stattfindenden Schlacht einen solchen Eindruck, dass die Kämpfe beendet wurden und ein dauerhafter Frieden geschlossen werden konnte.

Thales brachte auch längere Zeit in Ägypten zu. Die Ägypter waren zwar in der Lage, Pyramiden zu bauen, konnten aber deren Höhe nicht messen. Der Mathematiker aus Milet versuchte nun, all das theoretisch zu erklären, was seine Gastgeber auf empirische Weise gefunden hatten. Es gelang ihm, geometrische Verfahren auseinander *abzuleiten* und die Lösung einer Aufgabe anhand schon vorhandener Lösungen einer anderen zu finden, indem er aus den vielen praktischen Beispielen allgemeine abstrakte Prinzipien herausdestillierte. Thales versetzte die Ägypter in Erstaunen, da er zur Bestimmung der Höhe der Pyramiden nur auf sein Wissen über ähnliche Dreiecke zurückgriff. Später ging er in vergleichbarer Weise vor, um die Entfernung eines Schiffes auf See zu bestimmen. Seine Wundertaten machten ihn im alten Ägypten zu einer Berühmtheit.

Die griechischen Zeitgenossen zählten Thales zu den Sieben Weisen, den sieben klügsten Männern der Welt. Seine Leistungen sind umso bemerkenswerter, wenn man die äußerst bescheidenen mathematischen Kenntnisse des Durchschnittsmenschen der damaligen Zeit berücksichtigt. Sogar noch Jahrhunderte später behauptete der große Denker Epikur, die Sonne sei kein gewaltiger Feuerball, sondern nur »so groß, wie wir sie sehen«.[14]

Thales unternahm den ersten Schritt, um System in die Geometrie zu bringen, und bewies als Erster geometrische Sätze von der Art, wie sie später Euklid in seinen *Elementen* veröffentlichte. Er erkannte, dass man Regeln braucht, wenn man aus Tatsachen die richtigen Folgerungen ziehen will, und stellte als Erster ein System des logischen Schließens auf. Außerdem war er der Erste, der sich mit der Kongruenz geometrischer Gebilde befasste, also mit der Frage, ob man zwei Dreiecke allein durch Verschiebung und Drehung im Raum exakt zur Deckung bringen kann. Die Übertragung des Begriffs der »Gleichheit« von Zahlen auf geometrische Formen war ein gewaltiger Schritt auf dem Weg zur Mathematisierung des Raums. Diese Vorstellung ist keineswegs so selbstverständlich, wie es uns, die wir schon früh in der Schule damit gequält werden, erscheinen mag. Vorausgesetzt wird dabei Homogenität: Ein Objekt soll weder verzerrt noch vergrößert oder verkleinert werden, wenn es sich bewegt. Das gilt aber keinesfalls in jeder Art von Raum – im Übrigen auch nicht in dem Raum, in dem wir leben.

Für seine Mathematik übernahm Thales den ägyptischen Begriff der »Erdmessung« und nannte sie »Geometrie«. Er behauptete, dass man allein durch Beobachtung und logisches Denken alles, was sich in der Natur ereignet, erklären könne. Schließlich kam er zu der revolutionären Erkenntnis, dass die Natur Gesetzen folgt. Donnerschläge waren von nun an nicht mehr laute Geräusche, die ein ärgerlicher Zeus verursachte: Ihre Erklärung durch Beobachtung und logisches Denken war der Deutung durch den Mythos überlegen. In der Mathematik zogen die Gesetze ein. Sie ersetzten das Ausprobieren und bloße Raten.

Der Mathematiker befasste sich auch mit den physikalischen Eigenschaften der Welt. Er glaubte daran, dass alle Materie trotz ihrer Vielgestaltigkeit ursprünglich aus ein und derselben Ursubstanz, der *arché,* entstanden war. Da man den Dingen ihren Ursprung zumeist nicht ansieht, war diese Theorie ein bewundernswerter intuitiver

Sprung. Die nächste Frage stellte sich fast zwangsläufig: Was könnte diese Ursubstanz gewesen sein? Hier entschied sich Thales, der in einer Hafenstadt lebte, für das Wasser.[15] Anaximander, einer seiner Schüler und Zeitgenossen, hatte eine vergleichbare Eingebung, als er über die Entstehung des Lebens nachdachte: Nach ihm war die Urform allen Lebens, aus der sich letztlich auch der Mensch entwickelte, der Fisch.[16]

Als Thales schon ein hinfälliger alter Mann war und befürchten musste, senil zu werden, traf er sich mit dem bedeutendsten Vorläufer Euklids, Pythagoras von Samos. Samos war die Hauptstadt der gleichnamigen Ägäisinsel und lag nicht weit von Milet entfernt. Heute noch können Besucher auf Samos Säulenreste und Basaltblöcke finden, die an ein Theater erinnern, das den antiken Hafen überschaute, der zu Zeiten von Pythagoras florierte. Als Pythagoras achtzehn Jahre alt war, starb sein Vater. Sein Onkel gab ihm etwas Silber sowie ein Empfehlungsschreiben und schickte ihn zu dem Philosophen Pherekydes, der auf der Insel Syros lebte. Der Überlieferung nach hatte Pherekydes die geheimen Schriften der Phönizier studiert und den Glauben an die Unsterblichkeit der Seele und die Reinkarnation nach Griechenland gebracht, den Pythagoras später als Eckpfeiler seiner religiösen Philosophie betrachtete. Pythagoras und Pherekydes wurden lebenslange Freunde. Aber der junge Grieche blieb nicht lange auf Syros. Als er zwanzig war, reiste er nach Milet, um Thales zu treffen.

Wir können uns einen jungen Mann mit langem wallendem Haar vorstellen, der nicht mit dem klassischen griechischen Chiton, sondern mit Hosen bekleidet war: der Besuch eines Hippies der Antike bei dem berühmten alten Weisen.[17] Thales, der wusste, dass viel von seiner einstigen Brillanz geschwunden war, fühlte sich durch den Jüngling vielleicht an die eigene Jugend erinnert und entschuldigte sich für seinen reduzierten geistigen Zustand. Was er wirklich zu Pythagoras sagte, ist nicht überliefert, aber wir kennen seinen großen Einfluss auf das junge Genie. Noch Jahre nach dem Tod von Thales sang Pythagoras Lobeshymnen auf den verstorbenen Visionär. Alle antiken Berichte sind sich darin einig, dass ihn Thales auf den richtigen Weg schickte: nach Ägypten.

4
Der Geheimbund

□○△○□

Pythagoras[18] folgte dem Rat des Thales und ging nach Ägypten, fand aber die dort betriebene Mathematik zu unpoetisch: Die geometrischen Gebilde waren materielle Dinge. Die Gerade war der Rand eines Ackers, den rechten Winkel fand man an der Stirnfläche eines Steinblocks, der Raum war mit Schlamm, Steinen und Luft gefüllt. Es war das Verdienst der Griechen und nicht der Ägypter, Poesie und Fantasie in die Mathematik zu bringen, den Raum als mathematische Abstraktion zu sehen und, ebenso wichtig, die Abstraktionen für alle möglichen praktischen Aufgaben einzusetzen. Die einfache abstrakte Gerade konnte sich in die Kante einer Pyramide, die Grenze eines Felds oder den Flugweg einer Krähe verwandeln; alles, was man in einem bestimmten Fall gelernt hatte, konnte man auch auf andere Fälle übertragen.

Der Legende nach ging Pythagoras eines Tages an einer Schmiede vorbei und hörte den Ton verschiedener Hämmer, die auf einen schweren Amboss niedergingen. Das stimmte ihn nachdenklich; nach einigen Versuchen mit Saiten entdeckte er die Obertöne und erkannte, in welchem Verhältnis die Länge einer schwingenden Saite zur Höhe des Tons steht, den sie abgibt.

Millionen Jahre zuvor war irgendwo auf der Welt die menschliche Sprache entstanden: ein Meilenstein in der Geschichte der Menschheit. Für die Wissenschaft hatte die Harmonielehre des Pythagoras eine vergleichbare Bedeutung: Hinter seinen eigentlich recht einfachen Beobachtungen stand ein tief gehender revolutionärer Akt. Zum ersten Mal wurde ein Naturgesetz auf empirische Weise gefunden und ein physikalischer Vorgang mathematisch formuliert. Um die Größe dieses

Schritts zu unterstreichen, sollten wir hier vielleicht daran erinnern, dass die Menschen damals noch nicht einmal die einfachsten nummerischen Gesetze kannten. Für die Pythagoräer war es eine Offenbarung, dass man die Fläche eines Rechtecks erhält, wenn man die Seitenlängen miteinander multipliziert. Pythagoras und seine Anhänger entdeckten die Faszination der Mathematik in solchen schlichten nummerischen Zusammenhängen.

Die Pythagoräer stellten die ganzen Zahlen mit Murmeln oder als Punkte dar, die sie in bestimmten geometrischen Mustern anordneten (Abbildung 1). Sie fanden heraus, dass man bestimmte Zahlen erhielt, indem man Murmeln im gleichen Abstand in zwei Zweierreihen, andere in drei Dreierreihen, vier Viererreihen usw. anordnete. Dabei entstanden immer quadratische Felder, und alle Zahlen, die man so beschreiben konnte, nannten sie Quadratzahlen – ein Begriff, der sich für die Zahlen 4, 9, 16 usw. bis heute erhalten hat. Wieder andere Zahlen (3, 6, 10 …) konnte man in Dreiecksfeldern aus Reihen mit 1, 2, 3 … Murmeln übereinander anordnen. Die Eigenschaften der Quadrat- und Dreieckszahlen begeisterten die Pythagoräer. Die zweite Quadratzahl, die 4, ist zum Beispiel gleich der Summe der ersten beiden ungeraden Zahlen, 1+3. Die dritte Quadratzahl, die 9, ist gleich der Summe der ersten drei ungeraden Zahlen, 1+3+5. Diese Reihe lässt sich beliebig fortsetzen. Während die Quadratzahlen jeweils die Summe aufeinander folgender ungerader Zahlen darstellen, entsprechen die Dreieckszahlen in gleicher Weise der Summe aufeinander folgender Zahlen – gerader *und* ungerader. So ist die Dreieckszahl 6 gleich der Summe 1+2+3. Darüber hinaus sind auch Quadrat- und Dreieckszahlen miteinander verknüpft: Addiert man eine Dreieckszahl zur vorausgehenden oder folgenden Dreieckszahl, erhält man eine Quadratzahl.

Auch der Satz des Pythagoras muss damals wie Magie erschienen sein. Man stelle sich antike Gelehrte vor, die Dreiecke jeglicher Gestalt (nicht nur die seltenen rechtwinkligen) untersuchen, ihre Winkel und Seiten vermessen, sie drehen und miteinander vergleichen. Würde man ein solches Projekt heute durchführen, gäbe es an der Universität dafür einen besonderen Fachbereich. »Mein Sohn gehört zur mathematischen Fakultät der Uni München«, würde eine stolze Mutter sagen.

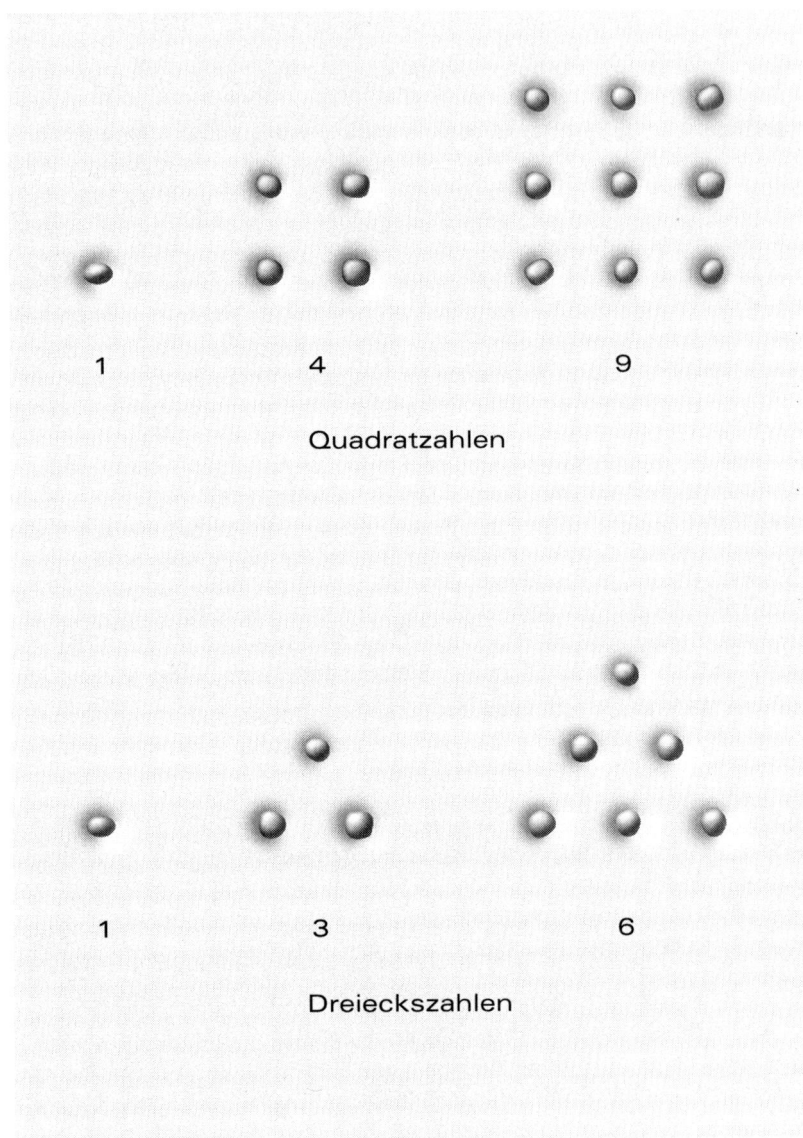

1   4   9

Quadratzahlen

1   3   6

Dreieckszahlen

Abbildung 1
Darstellung der Zahlen bei den Pythagoräern

»Er ist Professor für Dreiecke.« Eines Tages würde ihr Junge ein ganz besonderes Gesetz entdecken, nämlich dass in jedem rechtwinkligen Dreieck die Summe der Quadrate über den Katheten, also den Seiten, die den rechten Winkel bilden, gleich dem Quadrat über der dritten Seite, der Hypotenuse ist. Das gilt für große und kleine, für dick umrandete und zarte Dreiecke – solange sie nur rechtwinklig sind. Auf alle anderen Dreiecke trifft die Regel nicht zu. Eine derartige Entdeckung wäre sicher eine Schlagzeile auf den Titelseiten aller Zeitungen wert: »Erstaunliches Gesetz im Reich der rechtwinkligen Dreiecke entdeckt!« – Und der Untertitel in etwas kleineren Lettern würde lauten: »Verwertung erst in Jahren zu erwarten.«

Warum sollten die Seiten aller rechtwinkligen Dreiecke immer einem derart einfachen Prinzip folgen? Das Gesetz, das als der Satz des Pythagoras in die Geschichte einging, kann mit einer geometrischen Multiplikation bewiesen werden, die der griechische Gelehrte oft verwendete. Heute gibt es einfachere Beweismethoden, die auf Algebra und Trigonometrie beruhen, aber beides sind Bereiche der Mathematik, die zur damaligen Zeit noch nicht genügend entwickelt waren. Wir wissen nicht, ob Pythagoras selbst den Satz geometrisch bewiesen hat, doch bei der Beweisführung, die leicht verständlich ist, können wir auf jeden Fall einiges lernen.

Notwendig sind nur minimale Vorkenntnisse: Die Fläche eines Quadrats ist gleich dem Quadrat der Länge einer der Seiten – eine moderne Formulierung dessen, was Pythagoras mit seinen Murmeln zeigte. Das Weitere ist nicht viel mehr als eine mathematisch verklausulierte Anweisung, bestimmte Punkte durch bestimmte Linien zu verbinden. Wir bilden zunächst aus einem vorgegebenen rechtwinkligen Dreieck drei Quadrate: eines, dessen Seiten so lang sind wie die Hypotenuse, und zwei, deren Seiten so lang sind wie die beiden Katheten. Die Fläche jedes der drei Quadrate ist dann gleich dem Quadrat einer der Dreiecksseiten. Wenn wir zeigten, dass die Fläche des Quadrats mit der Seitenlänge der Hypotenuse gleich der Summe der Flächen mit den beiden Katheten ist, wäre der Satz des Pythagoras bewiesen.

Um es etwas übersichtlicher zu machen, wollen wir den Dreiecksseiten Namen geben. Die Hypotenuse hat bereits einen Namen, wenn auch einen etwas länglichen, aber wir wollen ihn beibehalten. Die beiden anderen Seiten, die Katheten, nennen wir Alexei und Nicolai – nach den Söhnen des Autors. Alexei sei die größere, Nicolai die kleinere Kathete des Dreiecks. (Der Beweis funktioniert natürlich auch mit gleichen Katheten.)

Wir beginnen, indem wir ein Quadrat zeichnen, dessen Seitenlänge der Summe aus Alexei und Nicolai entspricht. Dann markieren wir auf jeder Seitenlinie einen Punkt, der sie in einen Anteil der Länge Alexeis und einen der Länge Nicolais teilt, und verbinden die vier Punkte. Es gibt verschiedene Möglichkeiten, die Punkte miteinander zu verknüpfen, von denen die zwei für uns interessanten in Abbildung 2 dargestellt sind. Bei der oberen Variante erhält man ein Quadrat mit einer Seite, die unserer Hypotenuse entspricht, sowie vier Restdreiecke. Die untere Variante führt zu zwei Quadraten mit den Seitenlängen Alexei und Nicolai und wieder zu vier Dreiecken, die genau den vier Restdreiecken der ersten Variante entsprechen. Jetzt muss nur noch gerechnet werden. Die vier Dreiecke der unteren Variante haben alle die gleiche Fläche, die mit der Fläche der vier Restdreiecke der oberen Variante identisch ist. Lässt man also in beiden Varianten die vier Restdreiecke weg, so ist die verbleibende Fläche in beiden Fällen gleich. Nun ist aber in der oberen Variante diese verbleibende Fläche ein Quadrat mit der Hypotenuse als Seite, in der unteren dagegen die Summe der Quadrate mit den Seiten Alexei und Nicolai. Damit ist der Satz bewiesen!

Durch derartige Triumphe der Wissenschaft beeindruckt schrieb später ein Anhänger des Pythagoras: »Alles entspricht der Zahl.« Ein anderer bewertete die Kraft der Zahl so: »Ohne diese ist alles unbegrenzt und undeutlich und unklar.«[19] Die Pythagoräer prägten für ihre Philosophie den Begriff »Mathematik« aus dem griechischen *máthema*, was »Lernen«, »Erkenntnis« oder »Wissenschaft« bedeutete. Die Herkunft des Wortes spiegelt die Beziehung zwischen den beiden Gegenständen – der Mathematik und der Naturwissenschaft – wider. Im Gegensatz zu damals bestehen heute zwischen den beiden Bereichen noch weitgehend die scharfen Grenzen, die im 19. Jahrhundert gezogen wurden.

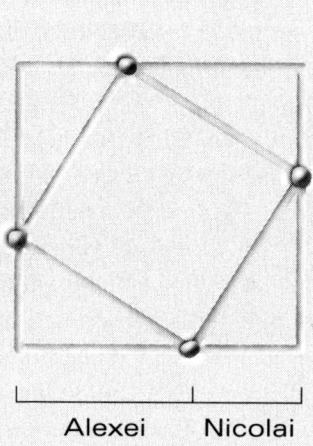

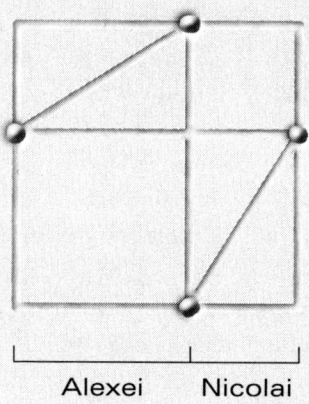

Abbildung 2
Der Satz des Pythagoras

Die Ehrfurcht, die Pythagoras vor den Beziehungen der Zahlen hatte, brachte ihn auf viele reichlich mystische Ideen. Er hatte als Erster die Zahlen in »gerade« und »ungerade« eingeteilt, war dann aber noch einen Schritt weiter gegangen und hatte sie personalisiert: Die ungeraden Zahlen nannte er »männlich«, die geraden »weiblich«. Bestimmte Zahlen verknüpfte er mit bestimmten Ideen, die Zahl 1 mit der Vernunft, die Zahl 2 mit der Meinung und die Zahl 10 mit der Vollkommenheit. Die Zahl 4 entsprach der Gerechtigkeit, weil das Quadrat, durch das sie dargestellt wurde, gleichzeitig das Symbol für diese Tugend war. Noch heute sagt man für »ein faires Geschäft« im Englischen »a square deal«. Um mit Pythagoras einen *square deal* zu machen, sollte man bei einer Kritik an seiner Zahlenmystik bedenken, dass es heute, viele Jahrhunderte später, möglicherweise doch etwas leichter ist, geniale Einfälle von mystischem Raunen zu unterscheiden.

Pythagoras hatte Charisma, war ein Genie – und konnte sich gut verkaufen. In Ägypten studierte er nicht nur die dort praktizierte Geometrie, sondern erlernte auch als erster Grieche die Hieroglyphenschrift. Schließlich wurde er sogar ägyptischer Priester, war in die heiligen Riten eingeweiht und hatte damit Zugang zu allen Geheimnissen, ja sogar zu den verborgensten Kammern der Tempel. Er blieb mindestens dreizehn Jahre in Ägypten und verließ das Land nur unfreiwillig: Die Perser waren eingefallen und hatten ihn gefangen genommen. Pythagoras landete in Babylon, wo er aber wieder freikam und sich bei dieser Gelegenheit auch noch gründliche Kenntnisse der babylonischen Mathematik aneignete. Zuletzt ging er im Alter von fünfzig Jahren zurück nach Samos. Ihm war es gelungen, aus den philosophischen Vorstellungen vom Raum und der Mathematik eine Synthese zu bilden. Pythagoras wollte die neue Lehre verbreiten, doch es fehlte ihm an Schülern, und die Bewohner von Samos waren von seinen Predigten nicht sehr beeindruckt. Deshalb verließ er die Insel und fand in Kroton, einer von Griechen kolonisierten Stadt in Italien, eine neue Heimat, die für seine Lehre zugänglicher war.

Der griechische Mathematiker trug selbst viel zu den Legenden bei, die über ihn erzählt wurden und ihn weit über die übrigen Bürger erhoben. Weil er die ägyptischen Hieroglyphen lesen konnte, schrieben ihm viele Griechen ganz besondere Kräfte zu. Zu den seltsamsten Geschichten zählt, »er habe in Etrurien die tödliche Schlange, die ihn beißen wollte, selber gebissen und getötet.«²⁰ In einem anderen Bericht ist von einem Mann die Rede, der das Haus des Pythagoras »gekauft und dort nachgegraben habe« und angesichts der vorgefundenen Wunderdinge danach »keinem zu sagen wagte, was er dort gesehen habe«.²¹ Angeblich stand Pythagoras einmal im Theater auf »und enthüllte …, dass sein Schenkel von Gold sei«²² – ein Zeichen von Göttlichkeit.

Was man über Pythagoras erzählt, zeigt viele Parallelen zu den Berichten über einen charismatischen Führer, der ein halbes Jahrtausend später auftrat: Jesus von Nazareth. Es ist anzunehmen, dass einige der Mythen, die sich um Pythagoras rankten, später auf Jesus übertragen wurden. So glaubten viele, Pythagoras sei ein Sohn Apollons, also eines Gottes. Seine Mutter wurde *parthénos* (Jungfrau) genannt. Vor seiner Reise nach Ägypten lebte der Grieche als Eremit – Jesus fastete vierzig Tage und vierzig Nächte in der Wüste. Die jüdische Sekte der Essener hat diesen Mythos übernommen und eine Verbindung zu Johannes dem Täufer hergestellt. Es gab auch die Legende, Pythagoras sei von den Toten auferstanden – wobei allerdings Täuschung im Spiel gewesen sein soll: Man munkelte, er habe sich nur in einer unterirdischen Geheimkammer versteckt. Viele der Wunder Jesu schrieben die Menschen früher Pythagoras zu: Er soll an zwei Orten gleichzeitig aufgetreten sein, Wind und Wellen beruhigt haben, von einer göttlichen Stimme gegrüßt worden sein und die Fähigkeit besessen haben, auf dem Wasser zu wandeln. Die Philosophie des Pythagoras hat mit den Lehren Jesu ebenfalls einige Ähnlichkeiten: Beide haben gepredigt, man solle seine Feinde lieben. Allerdings war die Nähe zu seinem Zeitgenossen Siddhartha Gautama Buddha größer: Beide glaubten an die Reinkarnation, möglicherweise auch in der Gestalt eines Tieres. Pythagoras wies wie Buddha allem Leben einen hohen Rang zu, wandte sich gegen die gängige Praxis der Tieropfer und predigte strengen Vegetarismus. Xenophanes berichtet von Leuten, die über Pythagoras erzählten, »dass er einmal vorbeikam, als ein Hündchen geschlagen wurde, dieses bemitleidete und sprach: ›Hören sie bitte auf zu schlagen! Denn es ist die Seele eines Freundes; als ich ihre Stimme hörte, habe ich sie sofort erkannt.‹«[23]

Die Griechen trugen damals gelegentlich kostbare Kleidung aus gefärbter Wolle. Wohlhabende Männer legten ein Cape über ihre Schultern, das mit einer goldenen Nadel oder Brosche befestigt wurde und den Reichtum seines Besitzers zeigte. Für Pythagoras stand der Besitz dem Streben nach göttlicher Wahrheit im Weg, er lehnte jeglichen Luxus ab und erlaubte seinen Anhängern nur Kleidung aus einfachem Leinen. Die Pythagoräer, die in einer Art Kommune lebten, verdienten kein Geld, sondern waren auf die Gaben der Bevölkerung von Kroton angewiesen oder auf Anhänger, die ihr Vermögen der Gemeinschaft stifteten. Heute ist es schwer, das wahre Wesen jener Gelehrten zu ergründen. Sicher ist jedoch, dass sich ihre Haltungen und Gebräuche stark von denen der anderen Griechen unterschieden. So distanzierte sich Pythagoras zum Beispiel von der üblichen Ordnung, indem er das Urinieren in der Öffentlichkeit ebenso untersagte wie den Geschlechtsverkehr vor den Augen anderer.

Es lag vielleicht an seinen Erfahrungen mit den Praktiken der ägyptischen Priesterschaft, dass die Geheimhaltung in der pythagoräischen Gemeinschaft eine wichtige Rolle spielte. Vielleicht wollte man auch nur den Ärger vermeiden, der entstanden wäre, wenn die revolutionären Ideen Wurzeln geschlagen hätten und sich eine Opposition im Staat gebildet hätte. Eine der Entdeckungen des Pythagoras war so geheim, dass er ihre Enthüllung bei Todesstrafe verbot. Erinnern wir uns an das Problem, die Diagonale eines Quadrats mit der Seitenlänge 1 zu bestimmen. Die Babylonier kannten den Wert auf sieben Dezimalstellen genau, was den Pythagoräern aber zu wenig war: Sie wollten den *exakten* Wert wissen. Wie konnte man behaupten, über das Wesen eines Quadrats Bescheid zu wissen, wenn man nicht einmal diese Größe kannte? Das Ärgerliche war: Sie erhielten zwar immer bessere Näherungswerte, aber keine der Zahlen erwies sich als wirklich exakt. Doch die Pythagoräer waren nicht so leicht zu entmutigen. Sie wagten sich schließlich an die Frage, ob diese Zahl überhaupt existierte. Dabei kamen sie zu dem Schluss, dass es sie nicht gab, und sie waren so genial, dies auch zu beweisen.

Heute wissen wir, dass die Länge der besagten Diagonale gleich der Quadratwurzel von 2 ist und eine irrationale Zahl darstellt. Wir können den Wert also weder als ganze Zahl noch als Bruch ganzer Zahlen beschreiben, den einzigen Zahlenarten, die den Pythagoräern bekannt waren. Deren Beweis sagte also nur, dass sich die Länge der Diagonalen weder als ganze Zahl noch als Bruch schreiben lässt.[24] Und damit hatte Pythagoras natürlich ein gewaltiges Problem: Wenn er predigte, die Zahl sei alles, dann war es höchst unerfreulich, wenn er die Diagonale nicht als solche darstellen konnte. Sollte er seine Philosophie ändern und nun den Lehrsatz »Alles entspricht der Zahl – ausgenommen einige bestimmte mysteriöse geometrische Größen« verkünden?

Der große Gelehrte hätte die Erfindung der irrationalen Zahlen um Jahrhunderte vorwegnehmen können: Er hätte nur einfach der Diagonalen einen Namen – zum Beispiel »c« oder vielleicht besser »$\sqrt{2}$« – geben und sie als Vertreterin einer neuen Art von Zahlen definieren müssen. Damit wäre er auch der revolutionären Erfindung der Koordinaten durch Descartes zuvorgekommen, da es sich zur Beschreibung der neuen Zahlenart fast aufgedrängt hätte, die Zahlengerade einzuführen. Pythagoras wich stattdessen von seiner Lehre ab, Zahlen mit geometrischen Figuren zu assoziieren, und verkündete, dass eben bestimmte Längen nicht als Zahl darzustellen waren. Solche Längen nannten die Pythagoräer *álogos* (»unvernünftig«), woraus im Lateinischen »irrational« wurde. Das Wort *álogos* hatte eine doppelte Bedeutung, es hieß auch »nicht aussprechbar«. Pythagoras löste sein Dilemma somit auf eine Weise, die schwer zu rechtfertigen war, und verbot deshalb – in Übereinstimmung mit der allgemeinen Geheimhaltungspraxis der Pythagoräer – seinen Anhängern, das peinliche Paradoxon aufzudecken. Es gehorchten nicht alle: Einer der Jünger, Hipparchos, plauderte das Geheimnis offenbar aus. Heute werden Menschen aus vielerlei Gründen ermordet – Liebe, Politik, Geld, Religion –, aber nicht, weil sie verraten, was es mit der Quadratwurzel von 2 auf sich hat. Für die Pythagoräer war die Mathematik eine Religion, und Hipparchos musste den Bruch des Schweigegelübdes mit dem Tod bezahlen.

Der Widerstand gegen die irrationalen Zahlen hielt über zwei Jahrtausende an. Noch im späten 19. Jahrhundert stieß der begabte deutsche Mathematiker Georg Cantor auf erbitterten Widerstand, als er den irrationalen Zahlen einen festen Platz in seiner neuen Theorie einräumen wollte. Leopold Kronecker, sein früherer Lehrer und ein erbitterter Gegner der irrationalen Zahlen, legte Widerspruch ein und versuchte bei jeder Gelegenheit, Cantors Karriere zu behindern. Cantor ertrug diese Angriffe nicht, bekam einen Nervenzusammenbruch und endete in einer Heilanstalt.

Auch das Leben des Pythagoras endete mit Ärger. Gegen 510 v. Chr. waren einige seiner Schüler in die nahe gelegene Stadt Sybaris gereist, offensichtlich um neue Anhänger zu gewinnen. Über die Reise ist wenig bekannt, man weiß nur, dass die Missionare umgebracht wurden. Später flohen Bewohner von Sybaris nach Kroton, um dem Tyrannen Telys zu entkommen, der kurz zuvor die Macht übernommen hatte. Als Telys ihre Rückkehr forderte, brach Pythagoras eine seiner Hauptregeln: sich nicht in die Tagespolitik einzumischen. Er überredete die Bewohner von Kroton, die Asylbewerber nicht auszuliefern. Es kam zu einem Krieg, den zwar Kroton gewann, dessen Schäden man aber Pythagoras anrechnete, der nun plötzlich politische Feinde hatte. Gegen 500 v. Chr. wurde seine Gemeinschaft angegriffen, und Pythagoras floh. Was mit ihm geschah, ist ungewiss: Die meisten Quellen berichten, er habe sich selbst umgebracht, andere sagen, er habe noch viele Jahre friedlich gelebt und sei um die hundert Jahre alt geworden.

Die Gemeinde der Pythagoräer existierte nach diesem Angriff noch einige Zeit, bis bei einer weiteren Attacke um 460 v. Chr. fast alle Anhänger niedergemetzelt wurden. Ihre Lehren überlebten in verschiedener Form bis ca. 300 v. Chr., gerieten dann in Vergessenheit und wurden im 1. Jahrhundert v. Chr. von den Römern wieder zum Leben erweckt. Sie erlangten im aufblühenden Römischen Imperium großen Einfluss. Die Lehren der Pythagoräer beeinflussten viele Religionen der damaligen Zeit, unter anderem das alexandrinische Judentum, die nun schon sehr alte ägyptische Religion und, wie wir gesehen haben, das Christentum. Die pythagoräische Mathematik erhielt im 2. Jahrhundert n. Chr. in Verbindung mit dem Neuplatonismus neue Impulse. Vierhundert Jahre später wurden die geistigen Erben der Pythagoräer unter dem byzantinischen Kaiser Justinian wiederum zum Schweigen gebracht. Die Römer hassten die langen Haare und Bärte der griechischen Nachfolger des Pythagoras, vom Gebrauch von Drogen wie Opium und ihrem Heidentum ganz zu schweigen.[25] Justinian schloss die Akademie und verbot die Verbreitung der Lehren. In den folgenden Jahrhunderten flackerte das Pythagoräertum immer wieder auf, um erst im »dunklen Zeitalter« um 600 n.Chr. völlig zu verschwinden.

5
Euklids Manifest

□○△○□

Um 300 v. Chr. lebte an der südlichen Küste des Mittelmeers ein wenig westlich des Nils in Alexandria ein Mann, dessen Werk einen Einfluss gewinnen sollte, der dem der Bibel glich. Der Name dieses Mannes war Euklid. Seine Erkenntnisse durchdrangen die Philosophie, bestimmten die Mathematik bis weit ins 19. Jahrhundert und gehörten in all diesen Zeiten zu den wesentlichen Bestandteilen der höheren Bildung. Die Wiederentdeckung seines Werks war einer der Schlüssel zur Erneuerung der europäischen Zivilisation im Mittelalter. Spinoza eiferte ihm nach, Lincoln studierte ihn, Kant verteidigte ihn,[26] und auch heute noch erfreuen sich Schüler auf der ganzen Welt an seinen Lehren.

Über das Leben dieses bedeutenden Gelehrten ist so gut wie nichts bekannt. Die Historiker können weder die Frage beantworten, ob Euklid Oliven aß, noch ob er ins Theater ging, noch ob er groß oder klein war. Wir wissen nur, dass er in Alexandria eine Schule gründete, glänzende Studenten hatte, den Materialismus verachtete, ein ziemlich netter Kerl war und eine Hand voll Bücher verfasste.[27] Eines dieser Bücher, eine verloren gegangene Schrift über Kegelschnitte, über die Kurven, die sich aus dem Schnitt eines Kegels mit einer Ebene ergeben, wurde später zur Grundlage für die *Kónika*, das wichtige Werk des Apollonios von Perge über dieses Thema, das einen wesentlichen Fortschritt in der Navigationskunde und in der Astronomie brachte.[28]

Euklids berühmtestes Werk, die *Elemente*, gehört zu den meistgelesenen »Büchern« aller Zeiten. Es war natürlich kein Buch im heutigen Sinne, es handelte sich vielmehr um dreizehn Pergamentrollen. Keines der Originale hat überlebt. Nur eine Reihe späterer Kopien blieb

zunächst erhalten, ging aber fast gänzlich im »dunklen Zeitalter« verloren. Die ersten vier dieser Pergamentrollen entstammten vermutlich
einem Werk, das auch *Elemente* hieß, aber von einem Gelehrten
namens Hippokrates von Chios (nicht zu verwechseln mit dem Arzt
Hippokrates von Kos) um 400 v. Chr. verfasst worden war. Die *Elemente* können daher nicht eindeutig einem einzigen Verfasser zugeordnet werden, was den Aussagen Euklids aber nicht unbedingt
widerspricht: Er erhob keinen Anspruch auf die Urheberrechte für
irgendeinen seiner Sätze, sondern sah seine Rolle eher darin, die geometrischen Kenntnisse der Griechen zu ordnen und zu systematisie-
ren. Mit diesem Projekt gelang ihm die erste umfassende Darstellung
der Natur des zweidimensionalen Raums auf der Basis reinen Denkens und ohne Rückgriffe auf die materielle Praxis.

Der bedeutendste Beitrag der Euklidischen *Elemente* war die völlig
neue logische Methode. Sie zeichnet sich durch drei Merkmale aus:
(1) Die präzise Definition der Begriffe, womit sichergestellt wird, dass
alle Bezeichnungen und Symbole genauestens bekannt sind. (2) Die
Angabe von Axiomen oder Postulaten (beide Begriffe sind gleichwer-
tig), über die hinaus keinerlei weitere unbewiesene Annahmen zugelassen werden. (3) Die Ableitung der logischen Konsequenzen unter
ausschließlicher Verwendung anerkannter logischer Gesetze, die auf
die Axiome und zuvor schon bewiesene Sätze angewandt werden.

Warum muss man darauf bestehen, auch die allerkleinste Behauptung zu beweisen? Die Mathematik ist ein Gebäude, das im Unterschied zu einem hohen Haus zusammenbricht, wenn nur ein einziger
(mathematischer) Stein brüchig ist. Schon wenn man den kleinsten,
scheinbar harmlosen, Fehler im System zulässt, ist auf nichts mehr zu
vertrauen. Es gibt tatsächlich in der Logik einen Satz, nach dem man
mit einem System, das ein einziges falsches Theorem (gleich welcher
Bedeutung) enthält, beweisen kann, dass 1=2 gilt.[29] Ein skeptischer
Zuhörer soll einmal den Logiker Bertrand Russell in die Enge getrieben haben, indem er diesen weit reichenden Satz angriff – (vermeint-
lich, denn in Wirklichkeit meinte er genau das Gegenteil). »Okay!«,
brüllte der Skeptiker. »Wenn ich zustimme, dass 1 gleich 2 ist, dann
beweisen Sie, dass Sie der Papst sind.« Russell, so wird berichtet, habe

nur kurz gezögert und dann erwidert: »Der Papst und ich sind zwei. Also sind der Papst und ich eins.«

Wenn jede Behauptung zu beweisen ist, heißt das auch, dass die Intuition, so wertvoll sie als Ratgeber sein mag, einer strengen Prüfung unterliegt. Die Aussage, etwas sei »dem Gefühl nach offensichtlich«, hat in einer Beweiskette nichts zu suchen. Dabei sind wir für solche Hintertürchen durchaus anfällig: Stellen Sie sich vor, Sie legen eine Schnur um den Äquator – um die ganzen 40000 km. Stellen Sie sich dann vor, Sie legen wieder eine Schnur um den Äquator, nun aber mit einem Abstand von 1 m über dem Boden. Wie viel länger muss die zweite Schnur sein? 100 m, 1 000 m oder noch mehr? Ein zweites, noch eindringlicheres Beispiel: Stellen Sie sich dasselbe Experiment auf der weit größeren Sonne vor, legen Sie also auch dort das eine Mal an der Oberfläche und das andere Mal 1 m darüber eine Schnur um den Äquator. Muss die Verlängerung der Schnur, um einen Abstand von 1 m zu erhalten, auf der Erde oder auf der Sonne größer sein? Dem Gefühl nach würde wohl jeder sagen, dass man auf der Sonne mehr anstückeln muss. Aber das Gefühl trügt: Es ist in beiden Fällen genau gleich viel, nämlich 2π m, ungefähr 6,3 m – was im Übrigen weit weniger ist, als wir »rein gefühlsmäßig« schätzen würden.

Vor einiger Zeit lief im amerikanischen Fernsehen eine Show namens *Let's Make a Deal*. Der Kandidat stand auf der Bühne vor drei großen, mit Vorhängen verdeckten Kästen. In einem von ihnen befand sich etwas sehr Wertvolles, zum Beispiel ein Auto, in den beiden anderen lagen nur Trostpreise. Angenommen, der Kandidat wählte Vorhang 2. Der Showmaster öffnete dann einen der beiden anderen Vorhänge, sagen wir Vorhang 3. Wenn nun hinter Vorhang 3 ein Trostpreis lag, dann war der Hauptgewinn hinter Vorhang 1 oder dem gewählten Vorhang 2. Der Showmaster fragte dann den Kandidaten, ob er seine Wahl korrigieren wolle, in diesem Fall also von 2 auf 1. Würden Sie Ihre Wahl neu überdenken und eventuell ändern? Dem Gefühl nach ist die Wahrscheinlichkeit, den Hauptgewinn zu erwischen, in dieser Situation fünfzig zu fünfzig. Das wäre auch wirklich so, wenn es keine Vorgeschichte gäbe. Diese Vorgeschichte existiert aber: Sie erinnern sich an Ihre erste Wahl und wissen, was der Showmaster getan hat.

Eine sorgfältige Analyse aller Möglichkeiten bei jedem Schritt würde zeigen, dass sich die Chancen erhöhen, wenn Sie Ihre Wahl ändern, sich also für »Vorhang 1« entscheiden.[30] Wie wir sehen, gibt es in der Mathematik viele Beispiele, bei denen die Intuition versagt und nur ein sorgfältiger, streng formaler Beweis zur Wahrheit führt.

Für mathematische Beweise ist noch eine weitere Fähigkeit unumgänglich: die Genauigkeit. Wir könnten mit einem derben Zollstock die Diagonale unseres Einheitsquadrats als 1,4 messen oder mit einem feiner unterteilten Maßband als 1,41 oder 1,414. Vielleicht wären für unseren Zweck diese Näherungswerte gut genug. Die revolutionäre Einsicht, dass die Länge irrational ist, bliebe uns so allerdings verborgen. Schon kleinste quantitative Änderungen können große qualitative Folgen haben. Denken wir nur an die Staatliche Klassenlotterie! Hoffnungsvolle Verlierer zucken oft mit den Achseln und sagen: »Wer nicht spielt, kann auch nicht gewinnen«. Das ist natürlich richtig, aber ebenso richtig ist es, dass sich die Chance zu gewinnen nur um den Bruchteil eines Prozents vergrößert, wenn man ein Los kauft. Was würde passieren, wenn die Lotteriegesellschaft ankündigte, die Gewinnchancen der Spieler von 0,00001 Prozent auf 0 Prozent abzurunden? Die Änderung wäre winzig, die Konsequenzen für die Einnahmen der Gesellschaft wären jedoch gewaltig.

Ein Trick, den der Magier Paul Curry aus New York erfunden hat, liefert ein schönes geometrisches Beispiel für diesen Effekt.[31] Man nimmt dazu ein quadratisches Stück Papier, auf das ein Gitternetz mit 7×7 kleineren Quadraten gezeichnet ist. Dann zerschneidet man das große Quadrat in fünf Teile und setzt sie wie in Abbildung 3 gezeigt neu zusammen. Das Ergebnis ist ein »quadratisches Donut« – ein Quadrat derselben Größe wie das ursprüngliche, aber mit einem kleinen quadratischen Loch in der Mitte. Was ist mit der fehlenden Fläche passiert? Haben wir bewiesen, dass das ursprüngliche Quadrat und das Donut-Quadrat dieselbe Fläche haben?

Des Rätsels Lösung ist einfach: Die Schnipsel überlappen sich beim Zusammensetzen ein wenig, die Abbildung ist also ein Bluff oder – anders gesagt – nur eine recht grobe Näherungsskizze. Die von oben gesehen zweite Reihe der Gitterquadrate ist nämlich ein wenig höher

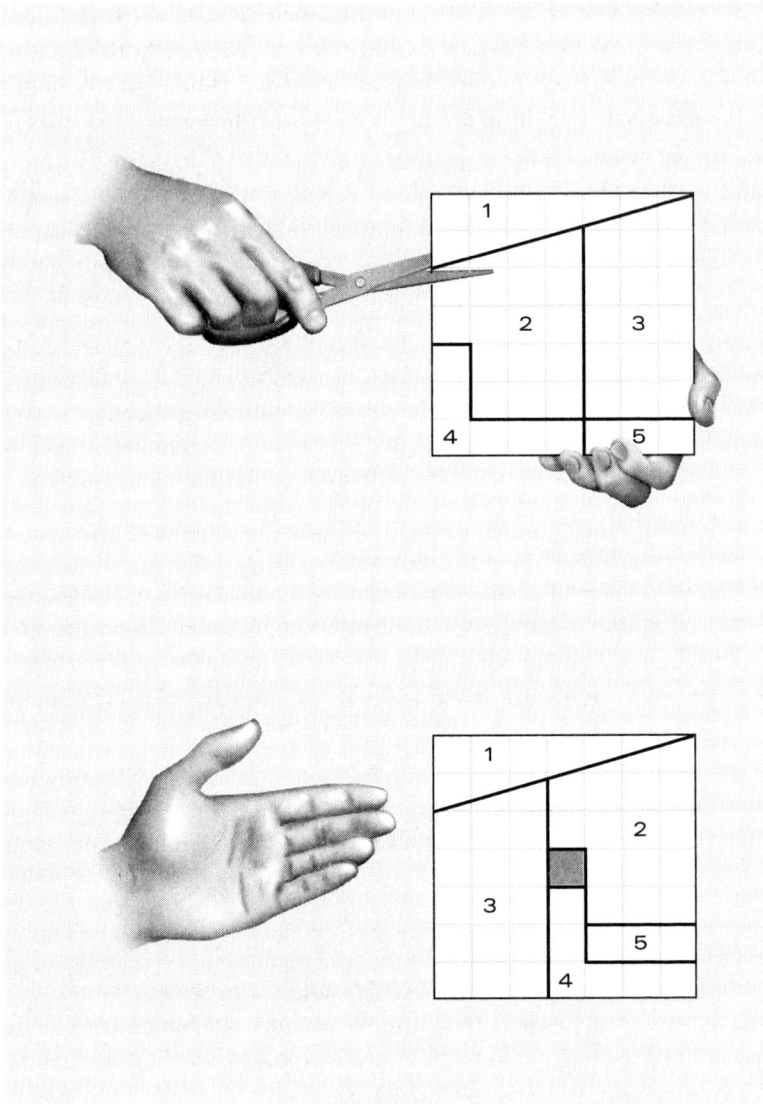

Abbildung 3
Paul Currys Trick

als die anderen Reihen – um so viel, dass die Fläche des Gesamt-quadrats um 1/49 größer ist, als sie sein sollte. (Womit natürlich genau genommen das Quadrat auch kein Quadrat ist.) Die Differenz genügt, um die Fläche des Lochs in der Mitte zu erklären. Wenn wir die Länge nur auf 2 Prozent genau messen, können wir die Unterschiede der beiden zusammengesetzten Quadrate nicht erkennen und kommen zu dem »magischen« Ergebnis, die Flächen des ursprünglichen Quadrats und die des Donut-Quadrats seien gleich.

Spielen derart kleine Abweichungen in den heute aktuellen Theorien des Raums überhaupt eine Rolle? Eine der Schlüsselstellen der allgemeinen Relativitätstheorie – der revolutionären Theorie des gekrümmten Raums – war für Einstein die Abweichung der Perihel-drehung beim Merkur von der klassischen Theorie.[32] Nach Newton bewegen sich Planeten auf vollkommenen Ellipsenbahnen. Der Bahn-punkt, in dem der Planet der Sonne am nächsten kommt, wird Perihel genannt. Ist Newtons Theorie richtig und gibt es keine Störung von außen, kehrt der Planet nach jedem Umlauf zum selben Perihelpunkt zurück. Störungen durch andere Planeten verursachen ein Wandern des Perihelpunkts, das man mit der »klassischen« Newtonschen Himmelsmechanik erklären kann. 1859 stellte nun aber Urbain Jean Joseph Le Verrier in Paris fest, dass der Perihelpunkt des Merkur über den berechneten Wert hinaus in hundert Jahren um weitere 38" wandert. Diese Abweichung hatte zwar keine großen praktischen Folgen, aber es musste einen Grund dafür geben: Le Verrier sprach von einem »schweren Problem, der Aufmerksamkeit aller Astronomen würdig«, und vermutete, dass ein unbekannter Planet, den er Vulkan nannte, die Störung verursachte.[33] 1915 berechnete Einstein mit seiner neuen Theorie die Merkurbahn. Er kam für die Abweichung der Perihaldre-hung vom Newtonschen Wert zu einem Ergebnis, das gut mit den beobachteten 38" übereinstimmte. Wenn man seinem Biografen Abraham Pais glaubt, war dies für Einstein der Höhepunkt seines wissenschaftlichen Lebens: Er war »fassungslos vor freudiger Erregung«[34] und so aufgeregt, dass »er drei Tage nicht arbeiten konnte«[35]. Nur eine winzige Abweichung – und doch brachte sie die klassische Physik zu Fall.

Euklid strebte ein System an, das frei von Vermutungen ist, Ungenauigkeiten vermeidet und sich auf keine rein intuitiven Annahmen stützt. Er gab dreiundzwanzig Definitionen an, stellte fünf geometrische Postulate (*aitémata*) und fünf Axiome auf, die er *koinai énnoiai* (»allgemeine Begriffe«) nannte. Auf dieser Grundlage bewies er 465 Sätze – im Grunde die gesamte damals bekannte Geometrie.

Seine Definitionen umfassen Punkt, Linie (die auch eine Kurve sein durfte), Gerade, Kreis, rechten Winkel, Fläche und Ebene. Einige der Begriffe beschreibt Euklid äußerst genau. So sind Parallelen »gerade Linien, die in derselben Ebene liegen und dabei, wenn man sie nach beiden Seiten ins Unendliche verlängert, auf keiner einander treffen.«[36] Ein Kreis »ist eine ebene, von einer einzigen Linie [die Umfang oder Bogen heißt] umfasste Figur mit der Eigenschaft, dass alle von einem innerhalb der Figur gelegenen Punkt bis zur Linie [zum Umfang des Kreises] laufenden Strecken einander gleich sind.« Den rechten Winkel definiert der Mathematiker wie folgt: »Wenn eine gerade Linie, auf eine gerade Linie gestellt, einander gleiche Nebenwinkel bildet, dann ist jeder der beiden gleichen Winkel ein rechter.«

Andere Definitionen, etwa die des Punktes oder der Geraden, sind vage und von eher geringerem Nutzen: »Eine gerade Linie [Strecke] ist eine solche, die zu den Punkten auf ihr gleichmäßig liegt.« Diese Definition könnte aus der Baupraxis stammen, wo man eine Linie auf ihre Geradheit prüft, indem man ein Auge zukneift und an ihr entlangschaut. Um die Definition zu verstehen, muss man allerdings schon eine Vorstellung davon haben, was eine »Gerade« ist. Ganz ähnlich verfährt Euklid mit dem Punkt. »Ein Punkt ist, was keine Teile hat«: eine weitere Definition, die auf den ersten Blick wenig aussagekräftig erscheint.

Die Axiome Euklids sind eleganter formuliert als seine Definitionen. Sie stellen logische Annahmen dar, die nicht der Geometrie entstammen und die er offensichtlich für allgemein anerkannte, feststehende Tatsachen hielt, die man voraussetzen kann und nicht erst beweisen muss. Die Unterscheidung dieser Axiome von spezifisch geometrischen Postulaten übernahm er von Aristoteles.[37] Dass er diese scheinbar trivialen Sätze überhaupt niederschrieb, ist ein Zeugnis für die Tiefe seines Denkens. Zu den – auch für die Geometrie – wichtigen Axiomen gehören die folgenden:

1. Was demselben gleich ist, ist auch einander gleich. 2. Wenn Gleichem Gleiches hinzugefügt wird, sind die Ganzen gleich. 3. Wenn von Gleichem Gleiches weggenommen wird, sind die Reste gleich. ... 7. Was einander deckt, ist einander gleich. 8. Das Ganze ist größer als der Teil.

Zu diesen allgemeinen Annahmen treten die fünf geometrischen Postulate, die uns noch oft beschäftigen werden:

Gefordert soll sein, 1. dass man von jedem Punkt nach jedem Punkt die Strecke ziehen kann, 2. dass man eine begrenzte gerade Linie [eine Strecke] zusammenhängend gerade verlängern kann, 3. dass man mit jedem Mittelpunkt und Abstand den Kreis zeichnen kann, 4. dass alle rechten Winkel einander gleich sind.

Die ersten beiden Postulate scheinen mit unserer Erfahrung übereinzustimmen: Wir haben das Gefühl, zu wissen, wie man von einem Punkt zu einem anderen eine Gerade zieht, und wir sind im Raum nie auf Grenzen gestoßen, die uns daran gehindert hätten, Strecken immer weiter nach außen zu verlängern. Das dritte Postulat ist etwas heikler. Es definiert den Abstand im Raum so, dass sich die Länge einer Strecke nicht ändert, wenn wir sie bei der Zeichnung des Kreises von einem Ort zu einem anderen bewegen. Das vierte Postulat erscheint auf den ersten Blick einfach und selbstverständlich. Um das Besondere an ihm zu erkennen, muss man sich die Definition des rechten Winkels in Erinnerung rufen: Es ist der Winkel, der entsteht, wenn eine Gerade eine andere so schneidet, dass die Winkel auf ihren beiden Seiten gleich sind. Wir kennen das natürlich aus unserer Erfahrung: Wenn eine Gerade senkrecht auf einer anderen steht, betragen die Winkel zu beiden Seiten des Schnittpunkts 90°. Die Definition allein stellt dies aber noch nicht sicher, sie garantiert nicht einmal, dass die Winkel immer diesen Wert haben. Man kann sich eine Welt vorstellen, in der

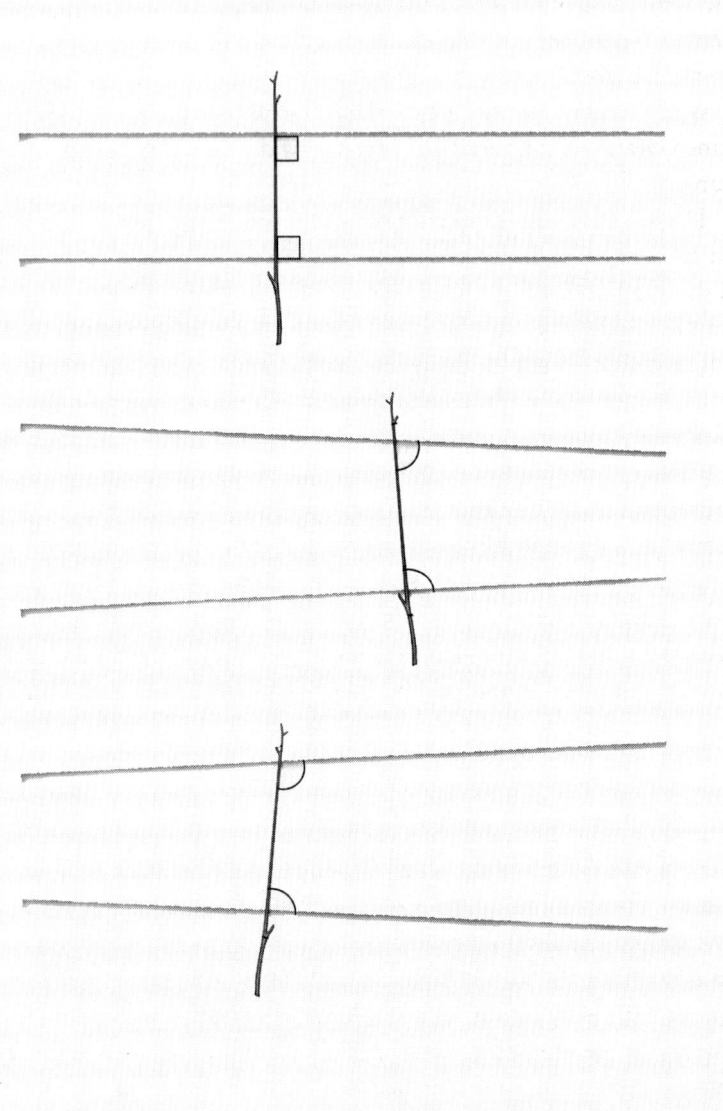

Abbildung 4
Euklids Parallelen-Postulat

die Winkel 90° betragen, wenn sich die Geraden an einem bestimmten Ort in dieser Welt schneiden, dass sie aber eine andere Größe haben, wenn sich die Geraden an einem anderen Ort schneiden. Das Postulat, dass *alle* rechten Winkel gleich sind, schließt solche Spekulationen aus: Eine Gerade sieht überall gleich aus, und das Postulat liefert die Bedingung für die »Geradheit«.

Das fünfte Postulat wird »Parallelen-Postulat« genannt und zählt zu Euklids eigenen Erkenntnissen, ist also nicht nur Teil des großen Wissensgebäudes, das er aufzeichnete. Es erscheint nicht so selbstverständlich und nicht so leicht eingängig wie die anderen. Offensichtlich schätzte Euklid selbst dieses Postulat nicht sonderlich, denn er vermied dessen spätere Anwendung wenn irgend möglich. Auch die Mathematiker kommender Generationen liebten es nicht und hatten das Gefühl, es sei nicht einfach genug, weshalb man besser versuchen sollte, es als *Satz* aus den anderen Postulaten herzuleiten. Bei Euklid lautete es – leicht überarbeitet – so:

Gefordert soll sein, 5. dass, wenn eine Gerade beim Schnitt mit zwei Geraden bewirkt, dass innen auf derselben Seite entstehende Winkel zusammen kleiner als zwei rechte werden, sich dann die zwei Geraden bei Verlängerung ins Unendliche auf der Seite treffen, auf der die Winkel liegen, die zusammen kleiner als zwei rechte sind.

Demnach kann man entscheiden, ob zwei Geraden auf einer Ebene auseinanderlaufen, parallel sind oder sich treffen (Abbildung 4). Es gibt eine große Zahl unterschiedlicher, aber gleichwertiger Formulierungen dieses Postulats. Eine Version, die besonders deutlich macht, was es über den Raum aussagt, formulierte der Mathematiker John Playfair in Anlehnung an den griechischen Gelehrten Proklos Diadochos:

Gegeben sei eine Gerade und ein Punkt, der nicht auf der Geraden liegt. Es gibt in derselben Ebene genau eine zweite Gerade, die durch den Punkt geht und zur gegebenen Geraden parallel ist.

Dieser Grundsatz könnte auf zweierlei Weise verletzt werden: zum einen, wenn es überhaupt keine parallele Gerade gibt, zum andern, wenn nicht nur eine, sondern mehrere parallele Geraden durch den außerhalb liegenden Punkt gehen.

Zeichnen wir auf einem Stück Papier eine Gerade und einen Punkt außerhalb dieser Geraden! Erscheint es möglich, dass es *keine* Gerade durch den Punkt gibt, die zur vorgegebenen parallel ist? Erscheint es möglich, dass es *mehrere* gibt? Beschreibt das Parallelen-Postulat unsere Welt richtig? Könnte eine Geometrie, in der es verletzt wird, mathematisch ohne Widersprüche sein? Die beiden letzten Fragen führten schließlich zu einer Revolution unseres Denkens: die eine zu einer Umwälzung unserer Auffassung vom Universum, die andere zum Wandel in unserem Verständnis der Natur und der Bedeutung der Mathematik. Aber zunächst gab es über zweitausend Jahre lang kaum eine andere »Tatsache«, die derart universell gültig war wie Euklids Behauptung, dass *eine* und *genau eine* Parallele existiert.

6

Eine schöne Frau, eine Bibliothek und das Ende der Zivilisation

□○△○□

Euklid war der erste große Mathematiker in einer langen und unglücklicherweise irgendwann zu Ende gegangenen Reihe von Gelehrten, die in Alexandria arbeiteten. Die Mazedonier, die im Norden des griechischen Festlands lebten, begannen 352 v.Chr. unter ihrem König Philipp II., Thessalien zu erobern. Nach einer entscheidenden Niederlage musste Athen 338 v.Chr. einen Frieden zu den Bedingungen Philipps akzeptieren, der das Ende der griechischen Stadtstaaten bedeutete. Nur zwei Jahre später ereilte allerdings Philipp sein Schicksal, als er während der Hochzeitsfeier seiner Tochter, bei der auch eine Statue gezeigt wurde, die ihn selbst als neuen Gott des Olymps vorstellte, von einem seiner Leibwächter erstochen wurde. Sein Sohn Alexander, der später als Alexander der Große Geschichte machte, übernahm mit zwanzig Jahren die Regentschaft.

Alexander legte großen Wert auf die Wissenschaften, was möglicherweise an seiner Erziehung lag, bei der die Unterrichtung in Geometrie eine große Rolle gespielt hatte. Er war kosmopolitisch gesinnt und empfand hohe Achtung gegenüber fremden Kulturen. Das hinderte ihn allerdings nicht daran, ihnen ihre Selbstständigkeit zu nehmen. Schon bald eroberte Alexander den Rest Griechenlands, Ägypten und den Nahen Osten bis nach Indien. Er förderte den interkulturellen Austausch und interkulturelle Heiraten, vermählte sich selbst (unter anderem) mit einigen persischen Prinzessinnen und verlangte auch von führenden Mazedoniern, persische Frauen zu heiraten.[38] 332 v.Chr. begann Alexander am südlichen Rand seines Reichs mit dem Bau der Hauptstadt Alexandria. Die mit Sorgfalt geplante Metropole sollte zum großzügigen Zentrum von Kultur, Handel und Politik werden. Selbst die Anlage der weiten Prachtstraßen schien eine mathematische Aussage zu verkörpern: Der Architekt entwarf ein Gitternetz und nahm damit die Geometrie der Koordinaten vorweg, die erst achtzehn Jahrhunderte später erfunden werden sollte.

Nur neun Jahre nach dem Baubeginn von Alexandria starb der Herrscher an einem unbekannten Fieberleiden. Obwohl das Weltreich zerfiel, entwickelte sich Alexandria bald zum Mittelpunkt der griechischen Mathematik, Naturwissenschaft und Philosophie, nachdem ein ehemaliger mazedonischer General namens Ptolemeios den ägyptischen Teil des alexandrinischen Weltreichs übernommen hatte. Ein Sohn des Ptolemeios, der – wenig fantasievoll – den gleichen Namen trug, bestieg als Ptolemeios II. den Thron und ließ eine gewaltige Bibliothek mit einem Gebäude bauen, das er zu Ehren der Musen *mouseíon* nannte. Das *mouseíon* war weder ein Musentempel noch ein Museum, sondern ein Forschungsinstitut: die erste staatlich geleitete Einrichtung dieser Art.

Die Nachfolger von Ptolemeios I. sammelten Bücher und entwickelten ziemlich interessante Methoden, um in ihren Besitz zu gelangen. So »bestellte« Ptolemeios II. die erste griechische Übersetzung des Alten Testaments, indem er siebzig jüdische Gelehrte auf der Insel Pharos als Geiseln ins Gefängnis warf, um sie gegen das Werk auszutauschen. Ptolemeios III. schrieb alle Herrscher der Welt an, um sich von ihnen Bücher zu »leihen«, die er dann behielt.[39] Dieses Beschaffungssystem funktionierte außerordentlich gut: Die Bibliothek von Alexandria umfasste – je nach Quelle – zwischen 200 000 und 700 000 Papyrusrollen, die fast das gesamte Wissen der damaligen Zeit repräsentierten.

Mit der Bibliothek und dem *mouseíon* wurde Alexandria das intellektuelle Zentrum der Welt und zu einem Platz, wo die bedeutendsten Gelehrten aus Alexanders früherem Weltreich Geometrie studierten und sich mit der Raumstruktur befassten. Bei einem Ranking aller akademischen Einrichtungen in der Geschichte der Menschheit würde Alexandria wohl Newtons Cambridge, das Göttingen von Gauß und das Institute for Advanced Study von Albert Einstein in Princeton auf die Plätze verweisen. Vermutlich forschten alle griechischen Mathematiker und Naturwissenschaftler nach Euklid irgendwann in dieser unglaublichen Bibliothek.

Um 212 v. Chr. gelang es Eratosthenes von Kyrene – dem Chefbibliothekar Alexandrias, der sich wohl nie mehr als ein paar hundert Kilometer von der Stadt weggewagt hatte – den Erdumfang zu bestimmen.[40] Seine Rechnungen waren für seine Zeitgenossen eine Sensation, zeigten sie doch, welch geringen Teil des Planeten man damals erst kannte. Händler, Forscher und Visionäre mussten sich mit solch schwermütigen Fragen wie »Gibt es intelligentes Leben jenseits des Ozeans?« auseinander setzen. Ein ähnlich gewaltiger Schritt kam erst wieder viele Jahrhunderte später mit der Entdeckung, dass das Universum über unser Sonnensystem hinausreicht.

Wie später Einstein verdankte Eratosthenes seinen Erfolg der Geometrie. Südlich von Alexandria lag fast genau auf dem Wendekreis des Krebses die Stadt Syene, das heutige Assuan. Eratosthenes beobachtete, dass dort am Tag der Sommersonnenwende ein senkrecht in den Boden gesteckter Stock keinen Schatten warf.[41] Der Stock und die Sonnenstrahlen mussten an diesem Tag also parallel sein. Stellt man nun einen Schnitt durch die Erde als Kreis dar, zieht eine Gerade vom Kreismittelpunkt durch einen Punkt auf dem Umfang, der Syene repräsentiert, und verlängert sie weiter nach außen, so ist diese Gerade parallel zu einer Schar anderer Geraden, welche die Sonnenstrahlen darstellen. Nun geht man auf dem Kreisumfang von Syene nach Alexandria. Zieht man vom Kreismittelpunkt durch Alexandria eine Gerade, so ist diese *nicht* parallel zu den Sonnenstrahlen, sondern schneidet sie in einem Winkel: In Alexandria wirft der Stock einen Schatten. Die Länge dieses Schattens in Alexandria und ein Satz aus Euklids *Elementen* über eine Gerade, die zwei parallele Geraden schneidet, genügten Eratosthenes, um den Anteil am Erdumfang zu bestimmen, den der Bogenabschnitt Syene–Alexandria einnimmt. Das Ergebnis: Es ist ein Fünfzigstel.

Eratosthenes war vielleicht der erste Forscher, der eine akademische Hilfskraft beschäftigte: Er ließ einen Studenten, dessen Namen wir nicht kennen, den Weg zwischen Syene und Alexandria abschreiten, um die Entfernung zu bestimmen. Pflichtgetreu berichtete der Student, dass es 5 000 Stadien seien; Eratosthenes multiplizierte diese Zahl mit 50 und erhielt als Erdumfang ca. 38 000 km – ein erstaunlich präzises Resultat, das ihm gewiss den Nobelpreis eingebracht hätte (und seiner anonymen Hilfskraft eine BAT II-Stelle in der Bibliothek).[42]

Der Bibliothekar war nicht der einzige Gelehrte in Alexandria, der wesentliche Beiträge zum Verständnis des Kosmos lieferte. Aristarchos von Samos kombinierte auf geniale Weise die Trigonometrie mit einem einfachen Modell der Himmelskörper und konnte so mit beachtlicher Genauigkeit die Größe des Mondes und seinen Abstand von der Erde bestimmen. Als erster Vertreter eines heliozentrischen Systems eröffnete er den Griechen eine neue Perspektive auf die Stellung des Menschen im Universum.

Ein weiterer Star unter Alexandrias Wissenschaftlern war Archimedes. Er wurde in Syrakus auf Sizilien geboren und reiste nach Alexandria, um dort an der königlichen Schule Mathematik zu studieren. Wir wissen nicht, welches Genie zum ersten Mal eine Achse aus Holz oder Stein in eine runde Scheibe steckte und die verwirrten Zuschauer mit einer Vorführung des Prototyps eines Rades in Erstaunen versetzte, aber wir wissen, wer den Hebel erfand: Archimedes.[43] Er entdeckte auch das Prinzip des Auftriebs, leistete noch eine Vielzahl weiterer Beiträge zur Physik und Ingenieurskunst und perfektionierte die Mathematik so gründlich, dass es achtzehn Jahrhunderte dauerte, bis man ihn übertreffen konnte.

Archimedes erfand ebenfalls eine Art Differenzialrechnung, die der Methode von Newton und Leibniz wenig nachstand – eine besonders beeindruckende Leistung, zumal es zu seiner Zeit noch kein kartesisches Koordinatensystem gab. Er selbst glaubte, dass sein größter Erfolg mit der neuen Methode war, das Volumen einer Kugel bestimmen zu können, die einem Zylinder einbeschrieben ist (also einer Kugel, die denselben Radius und dieselbe Höhe wie der Zylinder hat): Es beträgt zwei Drittel des Zylindervolumens. Auf diese Entdeckung war der Gelehrte so stolz, dass er sich für seinen Grabstein ein Diagramm mit ihrer Darstellung wünschte.[44]

Der Mathematiker war nach Syrakus zurück gegangen, als 202 v. Chr. die Römer die Stadt eroberten. Berichten nach wurde er von einem römischen Soldaten ermordet, als er gerade ein geometrisches Diagramm studierte, das er in den Sand gezeichnet hatte.[45] Sein Grab wurde so gestaltet, wie er es sich gewünscht hatte. Als über hundert Jahre später der römische Redner, Politiker und Philosoph Cicero Syrakus besuchte, fand er das Grab des Archimedes in der Nähe eines Stadttors – vernachlässigt und unter Dornen und Gestrüpp versteckt. Cicero ließ es restaurieren. Heute sind leider keine Spuren mehr davon zu finden.

Mit dem Werk des Hipparchos von Nikaia im 2. Jahrhundert v. Chr. und dem des Klaudios Ptolemeios (nicht verwandt mit den Königen gleichen Namens) im 2. Jahrhundert n. Chr. erreichte nach der Mathematik auch die Astronomie in Alexandria einen Höhepunkt.[46] Hipparchos verglich eigene astronomische Beobachtungen aus fünfunddreißig Jahren mit babylonischen Daten, um ein geometrisches Modell des Sonnensystems mit den damals bekannten fünf Planeten, dem Mond und der Sonne zu entwickeln. Nach diesem Modell war die Erde der Mittelpunkt der Welt, um den sich die anderen Himmelskörper auf kompliziert zusammengesetzten Kreisbahnen bewegten. Die Beschreibung der Bewegungen von Sonne und Mond, wie sie von der Erde aus erschienen, war so exakt, dass man Mondfinsternisse bis auf wenige Stunden genau vorhersagen konnte. Ptolemeios verfeinerte und erweiterte das Modell und stellte es in einem Buch dar, das unter dem arabischen Titel *Almagest* bekannt wurde. Dieses Werk vervollständigte Platons Versuch einer rationalen Erklärung der Himmelskörper und bestimmte das astronomische Denken, bis mit der »kopernikanischen Wende« die Erde ihre zentrale Stellung an die Sonne abgeben musste.

In seiner *Geographeía* beschrieb Ptolemeios die damals bekannte Welt. Die Kartographie ist eine höchst mathematische Angelegenheit, da Karten flach sind, die Erde aber eine Kugel ist, und eine Kugel unmöglich sowohl flächen- als auch winkeltreu auf eine Ebene projiziert werden kann. Die Lösung dieses Problems, die Ptolemeios in seiner *Geographeía* fand, markierte den Beginn der wissenschaftlich fundierten Kartographie.

Bis zum 2. Jahrhundert n. Chr. gab es auf den Gebieten der Mathematik, der Physik, der Kartographie und des Ingenieurwesens gewaltige Fortschritte: Man wusste, dass die Materie aus unteilbaren Partikeln bestand, die Atome genannt wurden. Logik und Beweistechnik waren entwickelt worden, ebenso die Geometrie, die Trigonometrie und eine Art von Differenzialrechnung. Man wusste, dass die Welt sehr alt war, und dass wir auf einer Kugel leben, deren Größe man sogar recht genau kannte. Die Wissenschaftler begannen zu verstehen, welche Stellung die Erde im Universum einnahm – und sie standen vor noch viel weiter gehenden Schritten. Heute ist uns klar, dass es andere Sonnensysteme gibt, die nur einige dutzend Lichtjahre entfernt liegen. Wäre das Goldene Zeitalter seinerzeit nicht zu Ende gegangen, hätten wir vielleicht schon längst Sonden zur Erforschung anderer Welten ausgesandt, die ersten Raumschiffe wären 969 statt 1969 auf dem Mond gelandet, und wir besäßen ein Verständnis vom All und vom Leben, wie es für uns in der Gegenwart unvorstellbar ist. Leider gerieten viele jener bahnbrechenden Ideen wieder in Vergessenheit. Der von den Griechen begonnene Prozess war ein volles Jahrtausend lang nahezu völlig unterbrochen.

Über die Ursachen der Krise des intellektuellen Fortschritts im Mittelalter wurden mehr Worte verloren, als in der Bibliothek von Alexandria Platz gehabt hätten – aber es gibt keine einfache Erklärung. Die Dynastie der Ptolemäer zerfiel in den zwei Jahrhunderten vor der Zeitenwende. Ptolemaios XII. hinterließ sein Reich 51 v. Chr. seinem Sohn Ptolemaios XIII. und seiner Tochter Kleopatra VII. Zwei Jahre später putschte der Sohn gegen seine Schwester, um Alleinherrscher zu werden. Die Schwester war nicht bereit, eine derartige Behandlung zu dulden, suchte heimlich den römischen Kaiser auf, der auf Staatsbesuch war, und trug ihm ihren Fall vor:[47] So begann die Affäre zwischen Kleopatra und Julius Caesar, die so weit ging, dass Kleopatra irgendwann behauptete, Caesar einen Sohn geboren zu haben. Der römische Kaiser wurde für die Ägypter zu einem starken Verbündeten, aber diese Allianz war mit dem Schicksal Caesars verknüpft und fand daher ein jähes Ende, nachdem sich in den Iden des März 44 v. Chr. dreiundzwanzig der römischen Senatoren auf ihn gestürzt und erstochen hatten. Sein Großneffe Octavian brachte Alexandria und Ägypten unter römische Herrschaft.

Mit der Einnahme Griechenlands wurden die Römer auch zum Verwalter des griechischen Vermächtnisses. Sie eroberten große Teile der Welt und sahen sich dabei mit unzähligen technischen und konstruktiven Problemen konfrontiert. Trotzdem förderten sie die Mathematik nicht im gleichen Maße wie Alexander der Große oder die Ptolemäer in Ägypten. Die römische Zivilisation brachte keine mathematischen Genies hervor, und man weiß von keinem einzigen mathematischen Gesetz, das in den über tausend Jahren der Existenz des römischen Reiches von einem Römer bewiesen wurde. Für die Griechen war die Bestimmung von Entfernungen eine mathematische Herausforderung, der sie sich mit kongruenten und ähnlichen Dreiecken, der Parallaxe und anderen geometrischen Erfindungen stellten. In einem römischen Lehrbuch wird dagegen in langen Worten dem Leser die Aufgabe gestellt, die Breite eines Flusses zu bestimmen, »wenn der Feind das andere Ufer besetzt hält«.[48] »Der Feind« stand im Mittelpunkt des römischen Denkens – ein für die Mathematik eher fragwürdiges Konzept.

Die abstrakte Mathematik war den Römern gleichgültig, und darauf waren sie fast stolz. Cicero sagte: »Die Griechen hielten den Geometer in höchsten Ehren. So war es auch die Mathematik, die bei ihnen die glänzendsten Fortschritte machte. Wir aber sehen die Grenze dieser Künste in ihrer Nützlichkeit für das Messen und Zählen.« Man könnte Ciceros Aussage auf die Römer ummünzen und sagen: »Die Römer hielten den Krieger in höchsten Ehren. So war es auch die Kriegskunst, die bei ihnen die glänzendsten Fortschritte machte. Wir aber sehen die Grenze dieser Künste in ihrer Nützlichkeit für das Erobern der Welt.«

Natürlich waren die Römer nicht ungebildet. Sie gaben eine Vielzahl naturwissenschaftlicher und technischer Bücher in Latein heraus, wobei es sich allerdings meist um Werke handelte, die aus den Erkenntnissen der Griechen zusammengeschrieben wurden. Der Hauptübersetzer Euklids ins Lateinische war beispielsweise ein römischer Senator aus einer alteingesessenen Familie namens Anicius Manlius Severinus Boetius.[49] Er war so etwas wie ein *Reader's Digest*-Herausgeber der Römerzeit, kürzte die Werke Euklids und veröffentlichte eine Version, die für Studenten geeignet war, die sich auf Multiple-

Choice-Tests vorbereiteten. Heute würde man seine Übersetzung unter dem Titel *Euklid für Dummies* verkaufen und dafür im Fernsehen Anzeigen schalten mit »Rufen Sie *jetzt* an, *Euklid für Dummies* wartet nur auf Sie«. Damals erlangten die von Boetius herausgegebenen Werke höchste Autorität.

Boetius lieferte nur Definitionen und Sätze und war – anders als Euklid – offensichtlich auch bereit, Näherungen statt exakter Ergebnisse zuzulassen. Das wäre ja gerade noch zu tolerieren, an anderer Stelle gibt er Euklids Gedanken jedoch schlicht und einfach falsch wieder. Boetius wurde für seine Fehlinterpretationen des griechischen Denkens weder gehäutet noch gekreuzigt, weder auf dem Scheiterhaufen verbrannt noch zu irgendeiner der anderen damals populären Strafen für Intellektuelle verurteilt. Auch ihn ereilte der Untergang, weil er sich in die Politik verwickeln ließ. Wegen »verräterischer Kontakte« mit dem Oströmischen Reich wurde er im Jahr 524 enthauptet – vielleicht hätte er sich darauf beschränken sollen, die Mathematik zu verfälschen.

Ein weiteres Buch, das über die Rückschritte dieser Epoche Zeugnis ablegt, schrieb um 550 ein weit gereister Kaufmann aus Alexandria namens Kosmas Indikopleustes. Dort heißt es: »Die Erde ist flach. Der bewohnte Teil hat die Form eines Rechtecks, dessen Länge doppelt so groß ist wie seine Breite. … Im Norden liegt ein konisch geformtes Gebirge, hinter dem Sonne und Mond [von Westen nach Osten] zurückkehren.« Das zwölfbändige Werk mit dem Titel *Topographia Christiana* beruhte weder auf Beobachtungen noch auf der Vernunft, sondern einzig auf der Heiligen Schrift: ein Buch, das man gut zwischen zwei Schlucken römischen Weins lesen konnte und das bis ins 12. Jahrhundert auf der Bestseller-Liste blieb, als die Römer schon längst Geschichte waren.[50]

Die lange Reihe der großen Gelehrten, die in der Bibliothek von Alexandria arbeiteten, endete mit Hypatia, der ersten Gelehrt*in*, deren Geschichte uns überliefert ist.[51] Sie wurde um 370 als Tochter des berühmten Mathematikers und Philosophen Theon in Alexandria geboren. Theon unterrichtete seine Tochter in Mathematik und machte sie zu seiner engsten Mitarbeiterin. Damaskios, einer ihrer früheren Studenten, der das *Leben des Philosophen Isidoros* verfasste und als scharfer Kritiker galt, schrieb, sie sei von Natur aus scharfsinniger und talentierter als ihr Vater gewesen. Ihr Schicksal und dessen allgemeinere Bedeutung wurden über die Jahrhunderte oft diskutiert und sowohl von Voltaire als auch in Gibbons *Untergang des römischen Weltreichs* erwähnt.[52]

Am Ende des 4. Jahrhunderts zählte Alexandria zu den Hochburgen des Christentums. Das führte zu heftigen Kämpfen zwischen den Repräsentanten der Kirche und denen des Staates um Macht und Einfluss. Darüber hinaus kam es zu zahlreichen Auseinandersetzungen zwischen Christen und Nichtchristen – etwa den griechischen Neuplatonikern und den Juden. 391 stürmte der christliche Mob den noch bestehenden Teil der Bibliothek von Alexandria und brannte ihn fast völlig nieder.

Am 15. Oktober 412 starb der christliche Erzbischof von Alexandria. Nachfolger wurde sein Neffe Kyrill, der als machthungrig und unpopulär beschrieben wird. Die weltliche Macht hatte Orestes inne, der in den Jahren 412–415 Präfekt von Alexandria und Gouverneur von Ägypten war.

Hypatia berief sich auf das griechische Erbe bis zurück zu Platon und Pythagoras, nicht jedoch auf die christliche Kirche. Sie soll zu Studien nach Athen gegangen sein, wo sie den Lorbeerkranz errang, der nur den besten Athener Studenten verliehen wurde. Bedeutende Kommentare zu zwei großen auch heute noch gelesenen griechischen Werken gehen auf sie zurück, zur *Arithmética* des Diophantos und zu den schon erwähnten *Kónika* des Apollonios von Perge.

Es wird berichtet, dass sie eine Lehrerin von großer Ausstrahlung und Schönheit war und gut besuchte Vorlesungen über Platon und Aristoteles hielt. Nach Aussage des Damaskios wurde Hypatia geliebt und verehrt. Jeden Abend bestieg sie ihre Kutsche und fuhr zur Vorlesungshalle in der Akademie, einem festlich geschmückten Raum mit ölduftenden Hängelampen und einer riesigen Rotunde, die von einem griechischen Künstler ausgemalt worden war. Sie trug eine Robe und den aus Athen mitgebrachten Lorbeerkranz und bannte die Masse der Zuschauer mit ihrem Vortrag in glänzendem Griechisch. Studenten aus Rom, Athen und anderen großen Städten des Imperiums kamen nur ihretwegen nach Alexandria. Zu ihren Hörern gehörte auch Orestes, der bald zum Freund und Vertrauten wurde. Sie trafen sich häufig und diskutierten nicht nur die Vorlesungen, sondern auch städtische und politische Angelegenheiten. Damit nahm Hypatia ganz eindeutig Partei in der Auseinandersetzung zwischen Kyrill und Orestes und musste Kyrill als Bedrohung erscheinen, da ihre Anhänger nicht nur in Alexandria, sondern im ganzen Land hohe Stellungen innehatten. Hypatia brachte den Mut auf, ihre Vorlesungen fortzusetzen, obwohl Kyrill und seine Anhänger Gerüchte ausstreuten, sie sei eine Hexe, betreibe schwarze Magie und würde satanische Zaubersprüche über die Menschen der Stadt verhängen.

Vom Fortgang der Geschichte gibt es verschiedene, aber ähnliche Versionen. An einem Morgen in der Fastenzeit des Jahres 415 bestieg Hypatia ihre Kutsche, um nach Hause zu fahren. Einige Hundert der Marionetten Kyrills, christliche Mönche aus einem Wüstenkloster, stürzten sich auf sie, schlugen sie und schleppten sie zur Kirche. Dort zogen sie Hypatia nackt aus und schabten ihr mit Austernschalen das Fleisch vom Leib. Danach rissen sie ihr die Glieder einzeln aus und verbrannten die Überreste. Nach einem anderen Bericht verstreuten sie die Teile ihres Körpers überall in der ganzen Stadt. Alle Schriften Hypatias wurden vernichtet, nicht viel später auch die letzten Reste der Bibliothek. Orestes verließ Alexandria, von ihm gibt es in den historischen Dokumenten keine weitere Spur. Neue kaiserliche Beamte verliehen Kyrill die Macht und den Einfluss, nach denen er gestrebt hatte. Später wurde er sogar heilig gesprochen.

Heute sind nahezu alle Forschungsergebnisse weltweit zugänglich. Im 4. Jahrhundert, als die Schriftrollen noch von Hand mit einfachen Federn gewissenhaft abgeschrieben werden mussten, gelangte ein Werk schon auf die Liste der gefährdeten Arten, wenn auch nur ein einziges Exemplar verloren ging. Wir wissen nicht, welche großen Schätze der babylonischen und griechischen Mathematik für immer bei den Bränden in der Bibliothek von Alexandria zerstört wurden. Wir wissen aber beispielsweise, dass in der Bibliothek über hundert Stücke von Sophokles lagen – heute gibt es nur noch acht. Hypatia war die Verkörperung der Wissenschaft und des rationalen Denkens der Griechen. Mit ihrem Tod war auch das Ende der griechischen Kultur gekommen.

Nach dem Ende des Römischen Reiches erbte Europa im Jahr 476 große steinerne Tempel, Theater und Herrenhäuser, moderne städtische Einrichtungen wie Straßenbeleuchtung, fließendes heißes Wasser und Abwasserbeseitigung – jedoch nur wenige intellektuelle Errungenschaften. Um 800 existierten nur noch Fragmente der ohnehin schon verfälschten lateinischen Übersetzung der *Elemente*. Die griechische Tradition der Abstraktion und strengen Beweisführung schien verloren. Während im Osten die islamische Kultur aufblühte, war die westliche Kultur von tiefen Rückschritten gekennzeichnet. So erklärt sich der Name, der dieser Epoche in Europa anhaftet: das »dunkle Zeitalter« oder das »finstere Mittelalter«.

Irgendwann wurde das griechische Denken wieder entdeckt. Bücher wie die *Topographia Christiana* verloren an Einfluss und die Übersetzungen des Boetius wurden von verlässlicheren abgelöst. In dieser späten Epoche des Mittelalters sorgten eine Reihe von Philosophen dafür, dass wieder eine Atmosphäre der Vernunft entstehen konnte, die es dann den großen Mathematikern des 16. Jahrhunderts – Fermat, Leibniz und Newton – erlaubte, ihre Theorien durchzusetzen. Einer dieser bedeutenden Philosophen löste die nächste Revolution der Geometrie und des Raumverständnisses aus: Sein Name ist René Descartes.

II
Die Geschichte von Descartes

Wo ist unser Platz im Raum?
Die Erfindung von Graphen und Koordinaten
und der Durchbruch in Philosophie und
Naturwissenschaft.

7
Die Vereinigung von Geometrie und Algebra

□○△○□

Wenn man sich einmal darüber klar geworden ist, dass es so etwas wie »Raum« gibt, stellt sich fast zwangsläufig eine neue Frage: Wie kann man herausbekommen, wo man sich im Raum befindet? Zunächst könnte man meinen, dass die Kartographie für die Antwort zuständig ist, aber das ist nur der Anfang. Eine fundierte Theorie des Raums führt zu weit tieferen Einsichten als »Das Rote Rathaus befindet sich in Planquadrat F3«.

Einen Ort im Raum zu markieren bedeutet mehr, als nur einem Punkt einen Namen zu geben. Stellen wir uns ein Wesen aus dem All vor, das als Botschafter auf der Erde landet: eine fasrige Gestalt mit einer Kopfblase, die von Sauerstoff lebt, oder vielleicht ein behaartes affenartiges Individuum mit einer Schwäche für Stickoxid. Wenn wir mit dem Alien kommunizieren wollen, wäre es nett, wenn er ein Wörterbuch dabei hätte. Aber würde das genügen? Wenn man sich unter einer guten Kommunikation »Ich Tarzan, du Jane« vorstellt, dann reicht das vielleicht, aber um intergalaktische Ideen auszutauschen, müssten wir beide die jeweilige Grammatik des anderen beherrschen. Auch in der Mathematik ist das »Wörterbuch« – das System der Benennung von Punkten in der Ebene oder auf einer Kugel – nur der Anfang. Was eine Theorie zur Ortsbestimmung wirklich leisten kann, zeigt sich daran, wie sie zwischen verschiedenen Orten, Wegen und Objekten Verbindungen herzustellen vermag und wie man mit ihrem Instrumentarium aus Gleichungen rechnen kann. Die Theorie muss dazu Geometrie und Algebra vereinen.

Heute kann jeder Schüler mit wenig Mühe nach diesen theoretischen Werkzeugen greifen und sie anwenden. Es ist nur schwer vorstellbar, wie weit Kepler und Galilei noch gekommen wären, wenn sie schon die geometrischen Koordinaten als Instrument zur Verfügung gehabt hätten. Ihre Nachfolger – Newton und Leibniz – konnten mit deren Hilfe die Differenzialrechnung entwickeln und das moderne Zeitalter der Physik einläuten. Ohne die Vereinigung von Geometrie und Algebra wären nur die wenigsten Fortschritte der modernen Physik und Technik möglich gewesen.

Der erste Markstein auf dem Weg, die Raumvorstellung zu revolutionieren, war die Erfindung des Beweises. Ähnlich wichtig war die Erfindung der Landkarte. Die Kartographie hatte ihre Anfänge in vorgriechischen Zeiten. Die Griechen lieferten dann dazu geniale Beiträge, aber die Möglichkeiten waren bei weitem nicht ausgeschöpft, als ihre Kultur zu Ende ging. Der nächste Schritt war die Erfindung des Graphs, wozu aber zunächst nach der so genannten »finsteren Zeit« des Mittelalters die alten intellektuellen Traditionen wiedererweckt werden mussten. Die neue Revolution, von der hier die Rede ist, führte letztlich nach mehr als einem Jahrtausend das Vermächtnis der griechischen Mathematiker und Kartographen fort.

8
Länge und Breite

□○△○□

Niemand weiß, wer, wann und warum die erste Landkarte herstellte. Wir wissen nur, dass einige der ersten bekannten Karten aus denselben Gründen entstanden, aus denen die Ägypter die Geometrie erfanden. Diese Karten, einfache Tontafeln aus der Zeit um 2300 v. Chr., enthielten weder topographische Zeichen noch religiöse Ornamente, sondern lediglich Anmerkungen zur Grundsteuer. Um 2000 v. Chr. waren Grundstückskarten mit den Grenzen des Besitzes und den Namen der Eigentümer in Ägypten und Babylon weit verbreitet. Die Vorstellung von einer juwelengeschmückten mesopotamischen Frau ist nicht unrealistisch, die, durch das Gewicht der Tontafel in ihrer Hand etwas angespannt, auf einen Punkt der Karte zeigt und feierlich zu ihrem Gatten spricht: »Liebling, dort kommt unser Haus hin!«

Nachdem immer mehr kühne Seefahrer die Meere zu erforschen begannen, wurde das Zeichnen von Karten lebenswichtig. Als 1915 Sir Ernest Shackletons Schiff *Endurance* im antarktischen Winter vom Eis gefangen und zerstört worden war, bestand die größte Gefahr für die Besatzung weder in den Stürmen, die mit fast 300 km/h über das Eis fegten, noch in den Temperaturen, die bis auf −70° Celsius sanken, sondern darin, den Rückweg nicht zu finden: Die Orientierung auf See zu behalten, war schon immer die größte Herausforderung für Seefahrer und Forschungsreisende. Stellen Sie sich vor, Sie wissen nicht, wo Sie sich befinden, und haben keinerlei Navigationsinstrumente – nur ein funktionstüchtiges Handy. Wie könnten Sie Ihren Rettern klarmachen, wo man Sie abholen soll?

Die beiden Koordinaten, die wir gewöhnlich benutzen, um unseren Standpunkt auf der Erde anzugeben, sind Länge und Breite. Um die

beiden Begriffe zu verdeutlichen, stellen wir uns drei Punkte, zwei
Geraden und eine Kugel, vor. Die Kugel schwebt wie die Erde frei im
Raum. Wir platzieren die drei Punkte auf dem Globus: einen auf dem
Nordpol, einen im Erdmittelpunkt und einen irgendwo auf der Erd-
oberfläche. Die erste Gerade soll nun den Nordpol mit dem Erdmittel-
punkt verbinden. Sie stellt die Drehachse der Erde dar. Die andere
Gerade führt von dem frei gewählten Punkt auf der Erdoberfläche
zum Erdmittelpunkt. Sie bildet mit der Erdachse einen Winkel: Dieser
Winkel ist die geographische Breite.

Die ursprüngliche Idee der »Breite« stammt von Aristoteles, der
sich auch mit Meteorologie befasste. Nachdem er untersucht hatte, in
welcher Weise das Klima auf der Erde von der Lage abhängt, teilte er
die damals bekannte Welt von Nord nach Süd in fünf Klimazonen ein.
Diese Zonen wurden schließlich in Karten durch Linien abgetrennt,
die ungefähr Linien gleicher geographischer Breite entsprachen. So
wurde die Breite durch das Klima bestimmt: Auf der Erde ist es an den
Polen am kältesten und es wird immer wärmer, je näher man dem
Äquator kommt. Wenn man nur das aktuelle Wetter betrachtet, kann
es natürlich zu einer gewissen Zeit in Berlin wärmer sein als in Rom.
Messreihen des Wetters über viele Jahre sind daher notwendig, um die
Breite auf diese etwas mühsame Art über die Klimagrößen festzulegen.
Viel einfacher ist die Bestimmung der Breite durch die Beobachtung
der Sterne. Und besonders einfach ist sie, wenn man einen Stern kennt,
der in der Verlängerung der Erdachse steht: einen Polarstern.

Auf der Nordhalbkugel ist heute *Alpha Ursae minoris* ein solcher
Polarstern. Da die Erdachse relativ zum Fixsternhimmel nicht fest
liegt, sondern (neben komplizierten anderen Bewegungen) »präze-
diert« und damit in rund 26 000 Jahren einen engen Kegelmantel
umläuft, sind es immer wieder andere Sterne, die eine Gastrolle als
Polarstern geben.[1] Einige der großen Pyramiden des alten Ägypten
wurden auf *Alpha Draconis* ausgerichtet, der damals als Polarstern
diente. Für die alten Griechen war die Navigation schwieriger, da zu
ihrer Zeit kein leicht zu findender heller Stern in der richtigen Position
lag. In 10 000 Jahren wird dort Wega (*Alpha Lyrae*) leuchten, einer der
hellsten Fixsterne des Nordhimmels.

Wenn man den Polarstern und den Punkt unter ihm am Horizont sehen kann, dann zeigt eine einfache geometrische Überlegung, dass der Winkel zwischen den Geraden vom Beobachter zu diesen beiden Punkten ungefähr der geographischen Breite entspricht – nur ungefähr, weil einerseits der jeweilige Polarstern meist nicht ganz exakt auf der Verlängerung der Erdachse liegt und weil andererseits die Rechnung nur eine Näherung darstellt, die umso eher stimmt, je kleiner der Erdradius verglichen mit dem Abstand des Polarsterns ist. Im Jahr 1700 erfand Isaac Newton den Sextanten, ein Instrument, das die Breitenbestimmung über den Polarstern sehr vereinfachte. Ein gestrandeter Reisender könnte die Messung jedoch auch auf altmodische Weise durchführen, indem er zwei Stäbe als Winkelmesser verwendet.

Die Bestimmung der geographischen Länge ist schwieriger. Wir stellen uns dazu die Erdkugel im Zentrum einer zweiten viel größeren Kugel vor. Auf ihr seien die Sterne aufgetragen. Wenn sich die Erde nicht drehen würde, könnte man die Länge leicht aus dieser Sternenkarte herleiten. Durch die Erddrehung sieht aber jemand, der sich ein Stück westlich von uns aufhält, erst eine gewisse Zeit später denselben Sternenhimmel wie wir. Genauer gesagt: Weil sich die Erde in 24 Stunden um 360° dreht, sieht ein Beobachter, der sich 15° weiter westlich aufhält, denselben Himmel eine Stunde später. 15° entsprechen am Äquator ungefähr 1670 km. Macht man von verschiedenen Punkten auf demselben Breitenkreis Schnappschüsse des Fixsternhimmels, so kann man die Längendifferenz zwischen den Aufnahmeorten nur bestimmen, wenn man die Aufnahmezeiten kennt. Man benötigt also eine Uhr.

Erst im 18. Jahrhundert gab es Uhren, die den Temperaturwechsel, die Bewegung, das Salz und die Feuchtigkeit auf Schiffen überstanden und trotzdem genau genug gingen, um bei weiten Seereisen eine Längenbestimmung zu ermöglichen. Es war durchaus nicht trivial, eine große Genauigkeit zu fordern: Schon ein Fehler von nur 3 Sekunden pro Tag führt bei einer Seereise von 6 Wochen zu einem Fehler in der geographischen Länge von einem halben Grad.

Um Länge und Breite zu berechnen, benötigte man zusätzlich einen Orientierungspunkt, eine Nulllinie, von der aus die jeweilige Differenz der Größe angegeben wird. Für die Breite ist dies der Äquator, für die Länge ist es seit Oktober 1884 der Meridian, der durch das Observatorium von Greenwich bei London geht.

Die erste große Weltkarte im antiken Griechenland zeichnete Anaximander, ein Schüler des Thales, um 550 v. Chr. Er teilte die Welt in zwei Teile, in Europa und Asien, wobei er Afrika zu Asien zählte. Um 330 v. Chr. prägten die Griechen sogar auf ihre Münzen Karten. Auf einer waren Erhebungen sichtbar, was sie zur ersten physischen Reliefkarte machte.

Die Pythagoräer scheinen, neben ihren vielen anderen bedeutenden Beiträgen zur Wissenschaft, die ersten gewesen zu sein, die sich die Erde als Kugel vorstellten. Sie fanden glücklicherweise mit dieser Vorstellung, die für die Zeichnung genauer Karten von großer Bedeutung ist, in Platon und Aristoteles gewichtige Fürsprecher, bevor schließlich Eratosthenes die Kugelgestalt der Erde bewies, indem er mit seinem sphärischen Modell den Erdumfang maß. Die Einteilung der Erde in Klimazonen durch Aristoteles vervollständigte Hipparchos, indem er senkrecht zu den Breitenlinien zusätzlich nordsüdwärts verlaufende Linien in gleichen Abständen einzeichnete. Fünf Jahrhunderte nach Platon und Aristoteles und vier Jahrhunderte nach Eratosthenes nannte Ptolemeios diese Linien »Breite« und »Länge«.

Wie schon oben erwähnt gab Ptolemeios in seiner *Geographeía*, die für Hunderte von Jahren als Standardwerk galt, eine Anleitung zum Zeichnen von Landkarten und führte eine Methode ein, die der stereographischen Projektion zur Darstellung der Erdoberfläche auf einer ebenen Fläche ähnelte. Für etwa 8 000 ihm bekannte Orte nannte er Länge und Breite. Die Kartographie stand wie die Geometrie an der Schwelle zum modernen Zeitalter, doch beide Wissenschaften stagnierten unter der römischen Herrschaft.

Die Römer stellten zwar auch Karten her, aber wie bei den geometrischen Problemen, wo es um feindliche Truppen am anderen Flussufer ging, war auch hier das Interesse auf rein praktische – oft militärische – Belange gerichtet. Als der christliche Mob die Bibliothek von Alexandria plünderte, verschwand mit den mathematischen Werken der Griechen das Original der *Geographeía*. Nach dem Ende Roms gerieten die Kenntnisse zur Beschreibung eines Orts im Raum ebenso in Vergessenheit wie viele der geometrischen Sätze. Geometrie und Kartographie gelangten schließlich erst durch eine völlig neue Raumtheorie wieder in das Bewusstsein der Wissenschaftler, die sie auf erstaunliche Weise revolutionierten. Bevor dies geschehen konnte, war jedoch eine weit größere Aufgabe zu bewältigen: die Wiedererweckung der intellektuellen Traditionen der westlichen Zivilisation.

9
Die traurige Hinterlassenschaft des römischen Weltreichs

□○△○□

Im 8. Jahrhundert waren die großen Werke und alle Überlieferungen der Griechen verloren oder vergessen. Uhr und Kompass lagen noch in so weiter Ferne wie für uns das *Raumschiff Enterprise*. Das Streben nach Wissen war in den Hintergrund getreten, die Ära des intellektuellen Verfalls und der Stagnation schien kein Ende nehmen zu wollen. Doch auch zu jener Zeit erkannte einer der Mächtigen die Notwendigkeit von Bildung und Wissenschaft und unternahm erste Schritte, die zu einer Neugeburt der geistigen Traditionen Europas führen sollten.

Genetisch gesehen war Karl der Große ein gewagtes Experiment: Seinem Skelett nach war er mit 1,93 m für die damalige Zeit ein Riese. Da sein Vater Pippin III., den Papst Stephan III. 754 zum fränkischen König salbte, sehr klein war (was ihm den Namen Pippin der Kurze einbrachte), erbte Karl seine Statur wohl von seiner Mutter, Königin Bertha. Deren Skelett wurde nach ihrem Tod nicht vermessen, aber über seine Ausmaße gibt der Name Auskunft, unter dem sie bekannt war: Bertha die Großfüßige.

Karl der Große bewies in jeder Hinsicht Größe: körperlich, geistig und, vielleicht das Wichtigste, beim Umfang seines Heeres. An der einen Stelle riss er Grenzen ein, verschob sie anderswo und zeichnete auf diese Weise die Karte Europas neu. Er vergrößerte das Territorium seines Fränkischen Reiches um die Lombardei, Bayern und Sachsen und war der mächtigste Herrscher des Kontinents. Überall, wohin er vorstieß, führte er das von Rom geprägte Christentum ein.

Aber Karl der Große war nicht nur ein weiterer König, der besessen war, die Welt zu beherrschen, er war auch in einer Weise, die an Alexander den Großen erinnert, Schutzherr von Bildung und Wissenschaft. Als Karl feststellte, dass es an Lehrern mangelte, lud er die bedeutendsten Erzieher und Gelehrten in sein Reich und an seinen Hof in Aachen, wo er eine Palastschule gründete. Für sie interessierte er sich ganz besonders. Es geht sogar die Legende, er habe einmal persönlich einen Jungen verprügelt, der in Latein einen Fehler machte. (Prügel war damals noch eine vergleichsweise geringe Strafe: Beim Essen von Fleisch am Freitag drohte der Tod!) Wir wissen nicht, ob sich Karl der Große auch selbst auspeitschte, aber er konnte weder lesen noch schreiben – all seine Versuche, es zu lernen, schlugen fehl.

Der König der Franken machte die christliche Kirche zur treibenden Kraft der Gelehrsamkeit. Ganze Legionen belesener Mönche wurden dafür abgestellt. Kirchliche Schulen wurden eingerichtet und Kathedralen oder Klöstern angeschlossen. Die Lehrer gehörten in der Regel zu Orden wie den Dominikanern oder den Franziskanern. Sie bildeten Priester aus, unterrichteten eine gebildete Aristokratie und stellten die Achtung vor den Klassikern der Antike wieder her. Schreiber kopierten unzählige Manuskripte, die in den Archiven lagen: Lehrbücher, Enzyklopädien und Anthologien. Um ihre Effizienz zu steigern, entwickelten die Mönche eine neue Schreibart, die »karolingische Minuskel«, die später zum Vorbild für unsere lateinische Schrift wurde. Karl der Große ergriff ebenso tatkräftig die Initiative, wenn es um ihn selbst ging. Sein Wunsch war es, ein langes Leben zu erreichen. Deshalb scharte er, ganz im Geist der Zeit, weder einen Schwarm von Alchimisten noch ein Konsilium von Ärzten um sich, sondern gründete gewissermaßen eine religiös-geistliche Manufaktur, die sich voll und ganz der Erhaltung seiner Gesundheit widmete: Dreihundert Mönche und hundert Geistliche beteten in drei Schichten und rund um die Uhr um Karls Wohlergehen. Er starb trotzdem, und zwar im Jahr 814.

Die Wiedererweckung der Wissenschaften führte allerdings zu wenig Eigenständigem. Nach dem Tod des Königs verkleinerte sich das Reich und die »karolingische Renaissance« setzte sich unter den Nachfolgern nicht fort. Aber immerhin fiel die Zahl der Lese- und Schreibkundigen nicht unter das Niveau der vorkarolingischen Zeit. Die von Karl geförderten kirchlichen Schulen, die man kaum als Bastionen des unabhängigen Diskurses bezeichnen konnte, breiteten sich ungebremst weiter aus. Sie wurden schließlich zu Keimzellen der europäischen Universitäten, deren erste nach Ansicht der meisten Historiker 1119 die Universität von Bologna war. Diese Entwicklung bot Europa die Möglichkeit, wieder zu einer geistigen Macht aufzusteigen, wobei Frankreich in diesem Prozess das Zentrum der Mathematik bildete. Das »Mittelalter« dauerte nach der Jahrtausendwende noch weitere 500 Jahre, aber die Epoche, die man als »finsteres Mittelalter« bezeichnet, war beendet.

Durch den Handel, die Reisen und die Kreuzzüge kamen die Europäer mit den Arabern im Mittelmeerraum und im Nahen Osten sowie mit dem Oströmischen Reich in Berührung. Im Fall der Kreuzzüge war die »Berührung« mit den Europäern allerdings mindestens so unerwünscht wie die Berührung mit den Marsmenschen in H. G. Wells' *Krieg der Welten.* Während die Europäer die arabischen Länder plünderten und die »ungläubigen« Muslime und Juden unbarmherzig abschlachteten, eigneten sie sich ihr Wissen an. In der Zeit, in der im Westen Mathematik und Naturwissenschaft verkümmert waren, hatte die islamische Welt getreue Abschriften der griechischen Werke bewahrt, zu denen auch die Schriften von Euklid und Ptolemeios gehörten. Den Arabern gelangen im Bereich der abstrakten Mathematik nur wenige Fortschritte, wohl aber bei den Rechenmethoden. Durch die Forderungen ihrer Religion nach genauer Zeitbestimmung und nach einem verlässlichen Kalender vorangetrieben, hatten sie alle sechs trigonometrischen Funktionen erfunden, das Astrolabium perfektioniert und ein Handinstrument zur Bestimmung der Höhe von Sternen entwickelt.

Kirchliche und weltliche Herrscher des Westens unterstützten die Gelehrten bei ihrer Jagd auf das Wissen der Feinde nach Kräften und beteiligten sich an der Suche nach den verlorenen Geistesschätzen der Griechen, seien es die Originale oder die arabischen Übersetzungen. Im frühen 12. Jahrhundert reiste der Engländer Adelard von Bath als mohammedanischer Student verkleidet nach Syrien. Später übertrug er Euklids *Elemente* ins Lateinische, diesmal *mit* den Beweisen. Ein Jahrhundert danach brachte Leonardo von Pisa, der auch als Fibonacci bekannt ist, aus Nordafrika den Begriff der Null und das indisch-arabische Zahlensystem mit, das wir noch heute benutzen. Der Zustrom an Wissen, das aus der Antike überliefert war, gab den neuen Universitäten Auftrieb.

Die Bühne für ein neues Goldenes Zeitalter, ähnlich dem griechischen, war bereitet. Der Vergleich war den damaligen Zeitgenossen nicht fremd. Der englische Mönch Bartholomäus Anglicus schrieb zum Beispiel: »Paris ist nur mit Athen vergleichbar. Was vordem die Stadt Athen war, die Mutter der freien Künste und der Geisteswissenschaften, das ist heute Paris nicht nur für Frankreich, sondern für ganz Europa.«[2] Unglücklicherweise standen dieser Entwicklung erhebliche Hindernisse im Weg.

Als der Mathematiker Andrew Wiles 1993 (mit Erfolg) versuchte, den so genannten »großen Fermatschen Satz« zu beweisen, konnte er einen akademischen Lebensstil pflegen, der ihm die Möglichkeit völliger Kontemplation bot. Wiles arbeitete ungefähr 350 Jahre nach Fermat. 350 Jahre *vor* Fermat stand die mittelalterliche Mathematik auf ihrem Höhepunkt. Das Leben eines mittelalterlichen Professors bestand allerdings nicht aus Seminarveranstaltungen, wo Kaffee und Schnittchen gereicht wurden, aus Tagen ungestörter Konzentration, unterbrochen durch einen Spaziergang auf dem Campus, oder aus Plaudereien mit großen Mathematikern, die zu einem Besuch einflogen und von der Fakultät mit einem Festessen beim Italiener geehrt wurden. Man weiß: Europa war im Mittelalter kein Garten Eden, und wenn wir in einen billigen Sciencefiction-Film geraten, wo der verrückte Professor am Rad seiner Zeitmaschine herumspielt, sollten wir lieber darum beten, dass die Wahl nicht auf das 13. oder 14. Jahrhundert fällt.

Zu jener Zeit herrschten dampfend heiße Sommer und eisige Winter. Nach Sonnenuntergang konnten die Gebäude kaum geheizt werden und waren fast ohne Licht. Auf den Straßen rannten Wildschweine auf der Suche nach Tierkadavern herum, aus den Metzgerläden rann das Blut geschlachteter Tiere und aus den Türen der Geflügelhandlungen flogen einem abgeschlagene Hühnerköpfe entgegen. Abwassersysteme gab es nur in den großen Städten. Selbst König Ludwig IX.

von Frankreich wurde einmal von Objekten getroffen, die jemand von oben auf die Straße schüttete und die wir hier nicht im Einzelnen beschreiben wollen. Auch die für das Wetter zuständigen Götter waren nicht in Stimmung: Europa stand in der Mitte des 13. Jahrhunderts am Beginn einer Kälteperiode, die man heute »Kleine Eiszeit« nennt.[3] In den Alpen rückten zum ersten Mal seit dem 8. Jahrhundert die Gletscher wieder vor, und in Skandinavien blockierten Eisschollen den Schiffsverkehr auf dem Atlantik. Es kam zu Ernteausfällen, die Produktivität der Landwirtschaft ging gegen Null. Hungersnöte waren weit verbreitet, und in England aßen die einfachen Leute Hunde, Katzen sowie andere neuartige Gerichte, die in einem Bericht nur verschämt als »unreine Dinge« bezeichnet wurden. Selbst die Aristokraten mussten leiden: Sie verspeisten ihre eigenen Pferde. Bei einer Hungersnot im Rheinland mussten an den Galgen in Mainz, Straßburg und Köln Wachposten aufgestellt werden, um die ausgehungerten Bewohner daran zu hindern, die Gehenkten abzuschneiden und aufzuessen.

Ende September 1347 landete eine Flotte aus dem Orient in Messina im Nordosten Siziliens. Zum Pech für den europäischen Kontinent hatten die Seeleute zwar ausreichende Geometriekenntnisse, um den Weg in den Hafen zu finden, wussten aber nichts von Medizin: Alle an Bord waren tot oder lagen im Sterben. Die Mannschaft wurde unter Quarantäne gestellt, aber die Ratten flitzten vom Schiff und trugen den »Schwarzen Tod« an Land. Bis 1351 starb die Hälfte der europäischen Bevölkerung. Der florentinische Historiker Giovanni Villani schrieb in seiner *Nuova Cronica*: »Es war eine Krankheit, bei der bestimmte Beulen in der Leistengegend und in der Achselhöhle auftauchten, die Opfer spuckten Blut, und nach drei Tagen waren sie tot. … Viele Landstriche und Städte wurden entvölkert. Die Seuche dauerte bis …«[4] Villani ließ am Ende seines Berichts Platz für das Jahr, in dem die Seuche endgültig vorbei sein würde, um es später nachzutragen. Es scheint, als habe er einen Fluch auf sich gezogen: 1348 starb er selbst an der Pest. Der Platz in seinem Bericht blieb leer.

Die Universitäten waren von diesen schlimmen Bedingungen nicht ausgenommen.[5] In der Regel verfügte eine Universität nicht einmal über eigene Gebäude. Die Studenten lebten in einer Art Wohngemeinschaft, die Professoren unterrichteten in gemieteten Räumen – in Kirchen, ja Bordellen. Die Klassenzimmer waren wie die Wohnungen schlecht beleuchtet und beheizt. Einige mittelalterliche Hochschulen arbeiteten nach einem System, das wir heute wahrlich als »mittelalterlich« bezeichnen würden: Die Professoren wurden direkt von den Studenten bezahlt. In Bologna behandelten die Studenten ihre Dozenten sogar nach der Devise »hire and fire« und bestraften sie für unerlaubte Abwesenheit, wenn sie zu spät kamen oder wenn sie schwierige Fragen nicht beantworten konnten. War die Vorlesung zu langweilig, zu einfach oder zu schwer, oder war der Dozent zu langsam, zu schnell oder zu leise, dann johlten sie oder warfen mit Gegenständen. In Leipzig hielt es die Universität für nötig, ein Gesetz zu verkünden, das jedes Werfen von Steinen auf die Professoren untersagte. Noch bis 1495 verbot ein deutsches Statut jedem Universitätsangehörigen ausdrücklich, Erstsemester mit Urin zu überschütten. In vielen Städten machten die Studenten Krawalle und prügelten sich mit den Einheimischen. Überall in Europa gehörte es zum Schicksal der Hochschullehrer, mit einem Benehmen konfrontiert zu werden, das *Animal House* wie einen Lehrfilm für gute Manieren aussehen lassen würde.

Die damalige Wissenschaft war ein Mischmasch alter Kenntnisse, eng verflochten mit Religion, Aberglaube und Übernatürlichem.[6] Der Glaube an Astrologie und Wunder war allgemein verbreitet, und selbst für große Gelehrte wie Thomas von Aquin war die Existenz von Hexen selbstverständlich. 1224 gründete Friedrich II. in Neapel als erster weltlicher Herrscher eine Universität, in der er auch selbst, unbehelligt durch die Einwände einer Ethikkommission, Experimente an Menschen durchführte.[7] So erhielten einmal zwei überglückliche Gefangene die gleiche üppige und köstliche Mahlzeit. Einer der beiden wurde daraufhin ins Bett geschickt, der andere musste bei einer anstrengenden Jagdpartie mitmachen. Dann schnitt Friedrich beide auf, um zu untersuchen, wer die Mahlzeit besser verdaut hatte. *Couch Potatoes* werden über das Ergebnis entzückt sein: Es war der Mann, der geschlafen hatte.

Von »Zeit« hatten die Menschen nur eine vage Vorstellung.[8] Bis zum 14. Jahrhundert wusste niemand genau, wie spät es war. Der helle

Teil des Tages war in 12 Stunden eingeteilt, deren Dauer je nach Jahreszeit variierte, und die nach dem Sonnenstand bestimmt wurden. In London, das auf 51,5° nördlicher Breite liegt, ist die Zeit zwischen Sonnenauf- und Untergang im Juni mehr als doppelt so lang wie im Dezember, die Dauer einer Stunde variierte daher dort zwischen 39 und 83 Minuten. Die erste Uhr, die gleich lange Stunden schlug, gab es um 1330 in San Gottardo in Mailand. Die erste öffentliche Uhr wurde 1370 an einem der Türme des Königsschlosses in Paris angebracht, dem jetzigen Palais de Justice, wo sie noch heute an der Ecke des Boulevard du Palais und des Quai de l'Horloge zu besichtigen ist.

Zur genauen Messung kurzer Zeitintervalle gab es keine Instrumente. Wie sich eine Geschwindigkeit änderte, konnte nur ganz grob in Worten beschrieben werden. Grundeinheiten wie die Sekunde verwendeten die mittelalterlichen Wissenschaftler kaum, kontinuierliche Größen gaben sie nur ungefähr an, indem sie ihren »Grad« nannten oder sie mit anderen Größen verglichen. »Ein bestimmtes Stück Silber wiegt ein Drittel eines gerupften Huhns oder doppelt so viel wie eine Maus«, mehr konnte man nicht sagen. Die Schwerfälligkeit dieses Systems wurde noch dadurch verstärkt, dass im Mittelalter das Standardwerk für numerische Probleme die *Arithmética* jenes Boetius war, der uns schon als Verfälscher der Schriften Euklids begegnete. Boetius benutzte zur Beschreibung von Verhältnissen keine Brüche, also keine Zahlen, die mithilfe der Arithmetik weiter verarbeitet werden konnten. Die Kartographie war nicht minder primitiv, dienten doch Karten im mittelalterlichen Europa weniger der genauen geographischen Beschreibung oder der Wiedergabe räumlicher Zusammenhänge, sondern eher symbolischen, geschichtlichen, dekorativen oder religiösen Zwecken, zu deren Verfolgung geometrische Prinzipien uninteressant waren und kein Maßstab eingehalten werden musste.

Das größte Hindernis neben all diesen hemmenden Einflüssen war jedoch die katholische Kirche: Die Gelehrten des Mittelalters standen unter ihrem Zwang und mussten alles für wahr halten, was die Bibel vorgab. Alles – von der Maus bis zur Stubenfliege – hatte seinen Platz im Heilsplan Gottes, einem Plan, den man nur anhand der Heiligen Schrift verstehen konnte. Auflehnung war gefährlich. Die Kirche hatte alle Gründe, eine Wiedergeburt der Vernunft zu fürchten. War die Bibel Gottes Wort, dann musste die Kirche darauf bestehen, dass die Autorität der Heiligen Schrift in *allen* Bereichen unantastbar blieb: in den Fragen der Moral ebenso wie in denen der Naturwissenschaft. Zwischen der Naturbeschreibung der Bibel und den Erkenntnissen, die man aus der Beobachtung oder aus mathematischen Überlegungen gewonnen hatte, ergaben sich zahlreiche Widersprüche. Durch die Förderung der Universitäten untergrub die Kirche daher unbeabsichtigt ihre eigene Autorität in Fragen der Naturerkenntnis (und der Moral) – eine Entwicklung, der sie nicht untätig zusehen wollte.

Die Hauptströmung der Naturphilosophie war im späten Mittelalter die Scholastik, deren Zentrum in den neuen Universitäten, vor allem in Oxford und Paris, lag. Die Scholastik versuchte, eine Art geistigen Waffenstillstand zu schließen und verwandte viel Energie darauf, ihre naturwissenschaftlichen Theorien mit der Religion zu versöhnen. Zur zentralen Frage ihrer Philosophie wurde nicht die Natur des Universums, sondern eine »Meta-Frage«: Erklärt allein das von der Bibel vermittelte Wissen die Welt, oder kann man zu diesem Wissen auch durch die Anwendung der Vernunft gelangen?

Der erste bedeutende Scholastiker, Peter Abälard[9], lehrte im 12. Jahrhundert in Paris. Er trat dafür ein, die »Wahrheitsfrage« durch logische Diskussion zu entscheiden. Eine derartige Haltung war im mittelalterlichen Frankreich gefährlich. Die Bücher Abälards wurden verbrannt, er selbst wurde exkommuniziert – und entmannt: Seine Ansichten über die Ehe stimmten nicht mit denen Fulberts, eines Onkels seiner Geliebten Heloise, überein, der zufällig Kanoniker der katholischen Kirche war.

Auch der berühmteste Scholastiker, Thomas von Aquin, war ein Vertreter der Vernunft, konnte aber von der Kirche Wohlwollen erwarten. Er näherte sich dem Wissen als treuer Glaubender und mit dem Wunsch, seine Bücher nicht auf dem Scheiterhaufen enden zu sehen. Daher setzte er weniger auf eine Auseinandersetzung mit offenem Ausgang, sondern akzeptierte, dass die Wahrheit im christlichen Glauben begründet ist, um dann zu versuchen, sie mit den Mitteln der Ratio zu beweisen.

Thomas von Aquin wurde von der Kirche nicht verdammt. Einer seiner Zeitgenossen jedoch, der Scholastiker Roger Bacon, griff ihn scharf an. Bacon war einer der ersten Naturphilosophen, der großen Wert auf Experimente legte. Während Abälard in einen Konflikt geriet, weil er die Vernunft über die Heilige Schrift stellte, bestand Bacons Ketzerei darin, auf die Wahrheit zu setzen, die sich aus der Beobachtung der Natur ergibt. 1278 wurde er für vierzehn Jahre in Klosterhaft genommen. Er starb kurz nach seiner Freilassung.

Wilhelm von Ockham, ein Franziskaner aus Oxford, der später in Paris lebte, ist für »Ockhams Rasiermesser« bekannt, ein methodisches Prinzip, das auch heute noch in der Wissenschaft Geltung hat. Einfach ausgedrückt geht es bei diesem »Ökonomieprinzip« um Folgendes: Man soll sich bemühen, Theorien auf so wenig Annahmen wie möglich aufzubauen. Eines der Motive der String-Theorie ist beispielsweise, fundamentale Konstanten wie die Ladung des Elektrons, die Zahl und Art der Elementarteilchen und die Zahl der Dimensionen des Raums *abzuleiten,* statt sie wie in früheren Theorien als Axiome *einzuführen.* Die Mathematiker verfolgen ähnliche Strategien: Wenn man eine geometrische Theorie aufstellt, will man die Zahl der nötigen Axiome auf ein Minimum reduzieren. Ockham wurde in die Auseinandersetzung über die Ordensregeln zwischen den Franziskanern und Papst Johannes XXII. hineingezogen und exkommuniziert. Er entkam aus Avignon und fand Zuflucht bei Kaiser Ludwig dem Bayern in München. 1349 starb er dort, als die Pestepidemie ihren Höhepunkt erreicht hatte.

Die Scholastiker leisteten einen großen Beitrag zur geistigen Wiedergeburt der westlichen Welt. Einer ihrer Nutznießer war ein französischer Kleriker aus einem Dorf bei Caen, dessen mathematische Werke wegweisend waren, der aber nie berühmt wurde. In der Kathedrale von Notre-Dame sind die Kerzen, die sein Bruder Henri gestiftet hat, längst erloschen. Auf Erden wird seiner wenig gedacht, und selbst bei einer Reise zum Mond muss man die Rückseite besuchen, um auf seinen Namen zu stoßen: Ein Krater ist dort nach Nikolaus von Oresme benannt.

10
Der diskrete Charme der Graphen

□○△○□

Mitten im Regenwald des Amazonas rudert eine Frau auf einem Seitenarm des Flusses, der die Heimat blutgieriger Fische und stechwütiger Moskitos ist. Sie kennt sich gut aus und legt bei ein paar Hütten im Dschungel an, deren wenige isoliert lebende Bewohner kaum jemals von Besuchern beehrt werden. Die Frau ist keine Gestalt aus dem Mittelalter, wir befinden uns im 21. Jahrhundert. Wer ist sie? Vielleicht eine Ärztin? Eine deutsche Entwicklungshelferin? Nein: Sie ist die Avon-Beraterin – mit einem Musterkoffer voll Cremes, Lotionen, Parfum und Kosmetika.

Zurück im New Yorker Hauptquartier analysieren die dafür zuständigen Angestellten ihren weltweiten Kampf gegen die trockene Haut, und wenden dabei Techniken an, die von einem Mann erfunden wurden, an den sie ganz gewiss noch nie einen Gedanken verschwendet haben. »International« in blau, »national« in rot – so kann man sich das vorstellen – wird das jährliche Anwachsen des Avon-Profits in den verschiedenen Sparten graphisch aufgetragen. Der Geschäftsbericht analysiert den kumulativen Gewinn, den Nettoabsatz und die Profite. Dies und vieles andere wird in bunten, ausgefeilten Linien-, Balken- und Tortengraphiken dargestellt.

Ein Kaufmann im Mittelalter hätte für eine derartige Präsentation seiner Daten nur verstörte Blicke und ratlose Fragen geerntet: Was bedeuten diese bunten geometrischen Muster und was haben sie auf einem Dokument mit römischen Zahlen zu suchen? Makkaroni mit Käse waren schon erfunden (es gibt ein englisches Rezept aus dem 14. Jahrhundert),[10] aber noch nicht die Kombination von Zahlen mit geometrischen Figuren. Heute ist die graphische Darstellung von Ergebnissen so selbstverständlich, dass wir sie kaum noch zur Mathematik zählen: Selbst der größte mathematische Ignorant bei Avon könnte erklären, dass eine aufwärts führende Linie des Profits eine schöne Sache ist. Aber aufwärts oder abwärts: Die Erfindung der graphischen Darstellung war ein wesentlicher Schritt auf dem Weg zu einer Theorie des Raums.

Den Griechen war es nicht gelungen, Algebra und Geometrie zusammenzubringen. Ein dunkler Punkt in ihrer Geschichte: Hier stand die Philosophie im Weg. Heute lernt jeder in der Schule, was eine Zahlengerade ist: grob gesprochen eine Gerade, deren Punkte den negativen und positiven ganzen Zahlen, allen Brüchen und allen anderen dazwischen liegenden Zahlen zugeordnet sind. Diese »anderen« sind die irrationalen Zahlen, die weder ganze Zahlen noch Brüche sind, die es aber – was Pythagoras nicht zugeben wollte – trotzdem gibt. Sie müssen daher auch auf der Zahlengeraden ihren Platz haben, die ohne sie unendlich viele Löcher hätte.

Wie wir gesehen haben, entdeckte Pythagoras, dass ein Einheitsquadrat eine Diagonale hat, deren Länge durch keine der damals bekannten Zahlenarten darstellbar ist: die Quadratwurzel aus 2, eine irrationale Zahl. Legt man diese Diagonale neben die Zahlengerade mit dem einen Ende bei Null, markiert ihr anderes Ende den Punkt auf der Geraden, der der Quadratwurzel aus 2 entspricht. Wenn Pythagoras jede Diskussion über irrationale Zahlen unterband, durfte er eine Beziehung von Geraden mit Zahlen nicht zulassen. So kehrte er sein Problem unter den Teppich – und verbot zugleich eines der fruchtbarsten Konzepte in der Geschichte des menschlichen Denkens.

Einer der wenigen Vorteile, die sich aus dem Verlust der griechischen Werke ergaben, war der schwindende Einfluss der pythagoräischen Ansichten über die irrationalen Zahlen. Es verging allerdings noch viel Zeit, bis die Theorie dieser Zahlen mit den Arbeiten Georg Cantors und seines Zeitgenossen Richard Dedekind im späten 19. Jahrhundert eine solide Grundlage bekam. Bis dahin ignorierten die meisten Mathematiker und Naturwissenschaftler, dass es die irrationalen Zahlen eigentlich nicht gab – und benutzten sie, wenn auch unwissentlich, trotzdem. Offensichtlich überwog der Lohn, eine richtige

Lösung zu erhalten, das Unbehagen, auf dem Weg zur Lösung mit Zahlen zu operieren, die nicht existierten.

Heute ist die Verwendung »regelwidriger« Mathematik in der Naturwissenschaft und insbesondere in der Physik gang und gäbe. Die Theorie der Quantenmechanik, die in den zwanziger und dreißiger Jahren des vorigen Jahrhunderts aufgestellt wurde, gründete sich zunächst auf eine Funktion, die der englische Physiker Paul Dirac einführte und die er Deltafunktion nannte. Nach den damals geltenden Regeln der Mathematik war die Deltafunktion gleich Null. Auch nach Dirac war sie überall gleich Null, vielmehr fast überall, denn in einem Punkt war sie unendlich groß und lieferte nach Anwendung bestimmter Rechenoperationen und unter bestimmten Bedingungen greifbare Lösungen, die von Null verschieden waren. Erst später konnte der französische Mathematiker Laurent Schwartz das System so verbessern, dass auch die Deltafunktion Platz in ihm fand: Ein ganz neuer Zweig der Mathematik, die Theorie der Distributionen, war geboren.[11] Die Quantenfeldtheorie der modernen Physik kann man auch zu den »regelwidrigen« Theorien dieser Art zählen. Zumindest hat noch niemand nachweisen können, ob diese Theorie den mathematischen Regeln nach überhaupt existiert.

Die Philosophen des Mittelalters waren darin geübt, das Eine zu sagen und das Andere zu schreiben – oder auch das Eine für wahr zu halten, ebenso wie das Andere – was immer gerade ihre Haut retten konnte. So schien in der Mitte des 14. Jahrhunderts Nikolaus von Oresme nicht besorgt über den Widerspruch, den die irrationalen Zahlen bei der Erfindung der Graphen verursachten. Die Frage, ob ganze Zahlen und Brüche ganzer Zahlen ausreichten, um die Zahlengerade »dicht« zu füllen, ignorierte er einfach. Er konzentrierte sich lieber darauf, wie man sein neues graphisches Verfahren verwenden könnte, um quantitative Verhältnisse zu analysieren.

Ein Graph ist die Abbildung einer Funktion und stellt dar, wie sich ein Wert ändert, wenn man einen anderen, von dem er abhängig ist, variiert. Der Avon-Profit in der Dritten Welt in Abhängigkeit von der Zeit, der Kalorienverbrauch eines Joggers in Abhängigkeit von der gelaufenen Strecke, der Höchstwert der Temperatur an einem bestimmten Tag in Abhängigkeit vom geographischen Ort: All das sind Beispiele für Funktionen, die man viel besser verstehen kann, wenn man sie als Graphen vor Augen hat.

Der Graph in unserem letzten Beispiel hat einen besonderen Namen: Es ist eine Karte – in diesem Fall die Karte eines der vielen Elemente des Wetters. Jede Karte ist eine Art Graph. Eine politische Karte stellt zum Beispiel die Namen der Städte und Länder (und vielleicht noch eine Reihe anderer »Daten«) in Abhängigkeit von ihrer geographischen Lage dar. Die Griechen der Antike haben schon vor Tausenden von Jahren von derartigen Karten Gebrauch gemacht, ohne ihre tiefere Bedeutung zu begreifen. Es ist nicht ganz klar, inwieweit Oresme sie erkannte, aber er rührte an eine zentrale Frage: Ist die Linie (oder die Fläche), aus welcher der Graph einer Sammlung von Daten oder einer Funktion besteht, nur eine abstrakte Zeichnung, oder hat sie eine tiefere Bedeutung für Geographie und Geometrie?

Wenn wir die Höhe gegen den Ort auftragen, erhalten wir die vertraute topographische Karte, deren Verbindung zu den realen Verhältnissen offensichtlich ist. Ein Berg, der die Form einer Ente hat, erscheint auf einer Reliefdarstellung in derselben Form, eben als Ente. Wenn wir nun – wie in dem oben genannten Beispiel – ein Wetterelement wie die Temperatur gegen den Ort auftragen, erhalten wir zwar nicht die »Form« oder »Gestalt« des Wetters, aber doch eine geometrische Form, die wir untersuchen können: eine Landschaft mit »Bergen« hoher Temperatur und frostigen »Tälern«. Setzen wir in dieser Weise die Geometrie mit verschiedenen Funktionen in Bezug, erkennen wir schnell, dass bestimmte Funktionen bestimmten geometrischen Formen entsprechen. Die Untersuchung dieser Formen, seien es Kurven oder Flächen, entspricht daher einer Untersuchung der jeweiligen Funktion – und umgekehrt. Damit sind Geometrie und Algebra vereinigt. Dieser Schritt verleiht der Erfindung der Graphen durch Oresme ihre große Bedeutung für die Mathematik.

Graphen können auch Nicht-Mathematikern bei der Analyse von Daten helfen, weil uns bestimmte einfache Formen – beispielsweise Geraden und Kreise – leicht ins Auge fallen. Wenn wir einen Haufen Punkte auf einem Blatt Papier betrachten, versucht unser Verstand, in der Anordnung vertraute Muster zu erkennen. Die Ordnung in den Daten, die solche geometrischen Muster widerspiegeln, würden wir vermutlich übersehen, wenn wir nur eine Tabelle vor uns hätten. Nehmen wir drei ziemlich langweilig aussehende Zahlenreihen:

Zeit	Alexeis Daten	Nicolais Daten	Mutters Daten
0	0,2	4,0	9,0
1	1,6	5,0	8,9
2	5,0	6,2	8,7
3	4,4	7,2	8,3
4	5,8	8,1	8,1
5	7,2	8,5	7,6
6	8,8	8,3	6,6
7	10,5	7,8	5,6
8	11,8	6,6	4,1
9	13,3	5,6	0,1
10	14,8	4,0	–

Jede der Spalten repräsentiert eine Reihe von Messungen, wobei jeder Messwert natürlich auch einen Messfehler aufweist. Wir benennen die erste Spalte nach Alexei, der die Messungen vorgenommen hat, die zweite nach Nicolai, die dritte Spalte nach der Mutter der beiden. Bei jeder der drei Messreihen stellt sich die Frage, ob sich ein bestimmtes Muster oder eine Systematik zeigt, wenn wir die Messungen in Abhängigkeit von der Zeit eintragen, und was wir aus dem Muster schließen können (Abbildung 5).

Bei Alexeis Daten ist leicht zu sehen, dass sie ziemlich genau auf einer Geraden liegen – abgesehen vom abweichenden Messpunkt zur Zeit 2, als er möglicherweise geniest hat oder von einem Freund mit einem Videospiel abgelenkt wurde. In Nicolais Graph bilden die Daten eine Parabel. Solch eine Kurve erhält man auch, wenn man eine elastische Feder ausdehnt und die Kraft in Abhängigkeit von der Länge aufträgt. Bei Nicolai ist es die Höhe eines Balls, den er nach

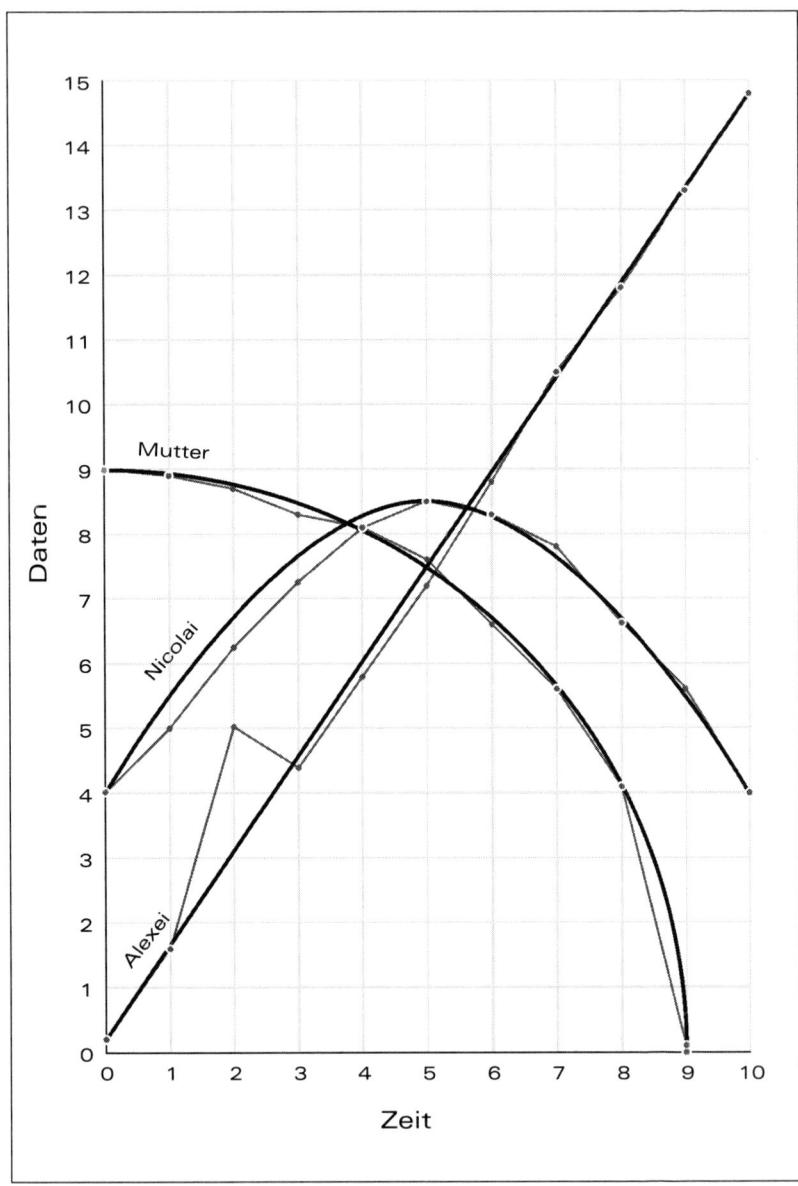

Abbildung 5
Geometrische Darstellung von Daten

oben geworfen hat. Die Messung fing an, als der Ball 4 m über dem Boden war, und endete, als er diese Höhe beim Herunterfallen wieder erreichte. Mathematisch gesehen wird diese Kurve durch eine Funktion beschrieben, in der die Messgröße mit dem Quadrat der Zeit (oder wie beim Beispiel der gedehnten Feder mit dem Quadrat der Länge) anwächst. Der Graph der Mutter entspricht dem oberen rechten Abschnitt eines Kreises, einem der häufigsten geometrischen Gebilde, die in unserem Leben eine Rolle spielen. Wie Alexeis Gerade gehört der Kreis zu den grundlegenden Formen bei Euklid. All diese Zusammenhänge bleiben uns verborgen, wenn wir die Zahlen nur als Tabelle betrachten.

Oresme wandte sein neues und wirkungsvolles geometrisches Verfahren an, um eine der damals berühmtesten Formeln zu beweisen, die »Merton-Regel«.[12] Zwischen 1325 und 1359 stellte eine Gruppe von Mathematikern am Merton-College in Oxford eine Formel für die quantitative Beschreibung der Bewegung auf. Zuvor konnte man zwar einen räumlichen Abstand und die Zeit numerisch bestimmen, nicht aber die »Geschwindigkeit« oder »Schnelligkeit«. Die Merton-Regel war gewissermaßen eine Messlatte für das Rennen zwischen einem Hasen und einer Schildkröte. Wir wollen uns eine Schildkröte vorstellen, die eine Minute lang mit einer gleichförmigen Geschwindigkeit von 1 km/h vor sich hin rennt. Dann stellen wir uns einen Hasen vor, der zur gleichen Zeit aus dem Stand startet, während der Minute immer schneller wird und nach ihrem Ablauf viel schneller als die Schildkröte hoppelt. Nach dem Gesetz von Merton gilt, dass der Hase am Ende der Minute mit der Schildkröte genau gleichauf liegt, wenn er dann doppelt so schnell ist wie die Schildkröte. Legt der Hase noch mehr zu, wäre er weiter als die Schildkröte, hätte er nicht die doppelte Geschwindigkeit erreicht, läge er zurück.

In der Theorie klingt die Regel so: Die Strecke, die zwei Objekte in einer bestimmten Zeit zurücklegen, ist genau gleich, wenn das eine Objekt sich mit konstanter Geschwindigkeit bewegt und das andere von Null gleichmäßig auf das Doppelte dieser Geschwindigkeit beschleunigt. Bedenkt man das damals nur dunkle Verständnis von Ort, Zeit und Geschwindigkeit sowie die unzulänglichen Möglichkeiten zur Messung dieser Größen, erscheint die Hypothese von Merton beeindruckend. Beweisen konnten die Gelehrten ihre Regel jedoch nicht ohne die Werkzeuge der Infinitesimalrechnung und der Algebra.

Oresme erbrachte den Beweis auf geometrische Weise mithilfe seiner Graphen. Er trug die Zeit entlang einer horizontalen Achse auf, die Geschwindigkeit entlang einer vertikalen. Eine Bewegung mit konstanter Geschwindigkeit entspricht dann einer horizontalen Geraden (parallel zur Zeitachse), eine gleichmäßig beschleunigte Bewegung einer Geraden, die in einem bestimmten Winkel ansteigt. Oresme erkannte, dass die Flächen unter diesen beiden Geraden – im einen Fall ein Rechteck, im anderen Fall ein Dreieck – der zurückgelegten Entfernung entsprechen. Die Entfernung, die das Objekt mit gleichmäßiger Beschleunigung zurückgelegt hat, ist damit die Fläche eines rechtwinkligen Dreiecks, dessen Grundlinie der abgelaufenen Zeit und dessen Höhe der erreichten Maximalgeschwindigkeit entspricht. Die von dem Objekt mit konstanter Geschwindigkeit zurückgelegte Entfernung entspricht der Fläche eines Rechtecks mit derselben Grundlinie wie das Dreieck, aber mit halber Höhe. Der Beweis ist auf den einfachen Nachweis reduziert, dass die beiden geometrischen Gebilde dieselbe Fläche haben. Um dies zu zeigen, kann man beispielsweise das Dreieck verdoppeln, indem man es über seine Hypotenuse aufklappt, und gleichzeitig das Rechteck verdoppeln, indem man es über seine obere Begrenzung aufklappt: Die beiden Flächen sind gleich.

Auf dieselbe »geometrische« Weise erklärte der französische Gelehrte ein Gesetz, das gewöhnlich Galilei zugeschrieben wird: Die Strecke, die ein gleichmäßig beschleunigtes Objekt zurücklegt, wächst mit dem Quadrat der Zeit. Um dies zu sehen, müssen wir nur wieder das oben beschriebene Dreieck betrachten. Sowohl die Grundlinie als auch die Höhe dieses Dreiecks sind proportional zur Zeit, seine Fläche ist proportional zum Produkt aus Grundlinie und Höhe und damit proportional zum Quadrat der Zeit.

Auch was das Verständnis der Natur des Raums betrifft, waren Oresmes Hypothesen erstaunlich. Ein weiterer Schritt, den er in Richtung auf Galileis Theorie machte, wurde später zu einem Fundament von Einsteins Relativitätstheorie, nämlich die Aussage, dass es nur

Sinn macht, Bewegungen relativ zu betrachten. Johannes Buridan, Oresmes Lehrer in Paris, hatte argumentiert, dass die Erde sich nicht drehen könne, weil dann ein Pfeil, den man senkrecht nach oben schießt, an einer anderen Stelle wieder aufkommen würde. Oresme widerlegte diese Behauptung mit einem einfachen Beispiel: Ein Segler auf dem Meer empfindet es als eine vertikale Bewegung, wenn er seine Hand am Mast heruntergleiten lässt, für einen Beobachter an Land erscheint die Bewegung der Hand diagonal, weil sich für ihn das Schiff vorwärts bewegt. Wer von beiden Beobachtern hat Recht?

Für Oresme war die Frage falsch gestellt: Man kann die Bewegung eines Körpers nur in Bezug zu einem anderen betrachten – wieder eine Aussage, die wir heute zumeist auf Galilei zurückführen. Oresme veröffentlichte nur wenig und bewies seine Hypothesen auch nicht in logischen Schritten. Auf vielen Gebieten stand er am Rande einer Revolution, ging dann aber – der Kirche wegen – wieder um einen Schritt zurück. Nach der Erkenntnis, dass Bewegungen relativ sind, warf Oresme sogar die Frage auf, ob sich die Erde um sich selbst oder möglicherweise um die Sonne dreht – eine umwälzende Idee, die schon in der Antike bekannt war, dann aber in Vergessenheit geriet und erst später durch die Arbeiten von Kopernikus und Galilei die Welt in Aufruhr versetzte. Oresme unterließ es nicht nur, seine Zeitgenossen zu überzeugen, er verwarf schließlich seine Idee. Die Umkehr entstammte nicht der Vernunft, sondern der Bibel. Der Gelehrte stützte sich auf Psalm 93,1, wo es heißt: »Der Herr ist geschmückt und umgürtet mit Kraft. Er hat den Erdkreis gegründet, dass er nicht wankt. Von Anbeginn steht Dein Thron fest. Du bist ewig.«

Auf anderen Gebieten gelangen Oresme gleichfalls tiefe Einsichten in die Natur der Welt – und wieder schreckte er vor der erkannten Wahrheit zurück. Er war auf revolutionäre Weise skeptisch gegenüber Dämonen und behauptete, man könne ihre Existenz nicht aus den Naturgesetzen ableiten. Doch als guter Christ räumte er ein, dass sie als Gegenstände des Glaubens existierten. Vielleicht meinte er seine eigenen uneindeutigen Aussagen, wenn er in der Tradition des Sokrates schrieb: »Ich weiß wirklich nichts, außer dass ich nichts weiß.« Sein treuer Glaube an die herrschenden Mächte wurde belohnt: Oresme, der in Armut aufgewachsen war, stieg zum königlichen Ratgeber, zum Botschafter und zum Erzieher Karls V. (des Weisen) auf. Mit Karls Unterstützung wurde er schließlich 1377, fünf Jahre vor seinem Tod, zum Bischof von Lisieux ernannt.

Zwar gibt es keinen Nachweis dafür, dass Galilei Oresmes Arbeiten benutzte, aber er war doch sein geistiger Erbe. Oresmes Revolution der Mathematik konnte sich noch nicht durchsetzen. Die Welt musste weitere zweihundert Jahre warten, bis die Kirche hinreichend geschwächt war und ein anderer Franzose die ganze Angelegenheit mit Vorsicht wieder aufgriff, um dann bei dieser Gelegenheit die Welt der Mathematik ein für alle Mal zu verändern.

11
Die Geschichte vom Soldaten

□○△○□

Am 31. März 1596 brachte eine französische Adelige, die unter einem trockenen Husten litt, der vielleicht ein Anzeichen von Tuberkulose war, ihr drittes Kind zur Welt.[13] Das Baby war schwach und kränkelte, die Mutter starb ein paar Tage später, und die Ärzte sagten voraus, dass das Kind bald folgen würde. Für den Vater muss es eine schlimme Zeit gewesen sein, aber er gab nicht auf. Die folgenden acht Jahre behielt er das Kind zu Hause und betreute es liebevoll, unterstützt von einer Pflegerin. Der Welt wurde so einer der bedeutendsten Philosophen geschenkt, der die nächste große Revolution in der Mathematik auslöste: René Descartes. Fast vierundfünfzig Jahre sollte er alt werden, bevor er dann doch das Opfer seiner schwachen Lungen wurde.

Als Descartes acht Jahre alt war, schickte ihn sein Vater in die später berühmte Jesuitenschule La Flèche. Der Rektor der Schule erlaubte dem Jungen, bis in den späten Morgen im Bett zu bleiben, und erst dann zu den anderen Schülern zu gehen, wenn er sich dazu in der Lage fühlte – keine schlechte Lebensweise, wenn man sie sich leisten konnte. Descartes behielt sie bis in die letzten Monate seines Lebens bei. Er war gut in der Schule, aber als er sie nach acht Jahren verließ, zeigte er bereits jenen Skeptizismus, für den seine Philosophie später berühmt werden sollte: Er vertrat die Ansicht, dass alles, was er in La Flèche gelernt hatte, entweder nutzlos oder falsch war. Dennoch widmete er sich in den folgenden zwei Jahren auf Wunsch seines Vaters noch sinnloseren Dingen – die ihm aber immerhin ein juristisches Diplom einbrachten. Schließlich brach Descartes das Studium ab und ging nach Paris. In den Nächten machte er seine Runden, tagsüber lag er im Bett und beschäftigte sich – natürlich erst ab dem Nachmittag – mit Mathematik. Er liebte diese Wissenschaft, und gelegentlich brachte sie ihm sogar etwas ein, da er am Spieltisch seinen Nutzen aus ihr ziehen konnte. Trotz allem jedoch langweilte er sich nach kurzer Zeit in Paris.

Was konnte ein junger Mann mit unabhängigem Geist zur damaligen Zeit tun, um etwas von der Welt zu sehen? Er ging zur Armee. In diesem Fall war es die Armee des Prinzen Moritz von Nassau, eine Armee aus echten Freiwilligen: Descartes erhielt für seine Dienste keinen Sold, und Prinz Moritz erhielt genau das, wofür er bezahlt hatte – nämlich nichts. Descartes nahm nie an einer Schlacht teil, und er schloss sich schon ein Jahr später, 1619, dem gegnerischen Heer des Herzogs Maximilian I. von Bayern an. Es mag ziemlich seltsam erscheinen, zuerst nicht für die eine Seite zu kämpfen und dann auch nicht für die andere, aber der Krieg zwischen Oranien und den Habsburgern war gerade durch einen Waffenstillstand unterbrochen, und Descartes war schließlich nicht aus politischen Gründen zu den Soldaten gegangen, sondern um weit herumzukommen.

René Descartes genoss die Zeit als Soldat: Er traf auf Menschen aus den verschiedensten Ländern und fand sogar die Ruhe, nach der er sich sehnte, um Mathematik und Naturwissenschaften zu studieren und über die Natur des Universums nachzudenken. Seine Reisen führten zu einer folgenreichen Begegnung. An einem Tag des Jahres 1618 befand sich der Soldat Descartes – damals noch in den Diensten des Prinzen von Nassau – in der kleinen Stadt Breda in Holland, als er sah, wie sich auf der Straße einige Leute um ein Plakat scharten. Er ging hin und bat einen älteren Zuschauer, den Text für ihn ins Französische zu übersetzen. Heute könnte ein solcher Aushang alles Mögliche bedeuten: eine Werbeanzeige, ein Parkverbot, ein Fahndungsplakat – aber sicher nicht eine öffentlich gestellte mathematische Aufgabe.

Descartes dachte über die Aufgabe nach und hatte den Eindruck, dass sie recht einfach sei. Der Übersetzer – vielleicht verärgert, vielleicht amüsiert – wollte es darauf ankommen lassen und forderte ihn auf, sie zu lösen. Descartes tat es. Der ältere Mann, er hieß Isaac Beekman (oder Beeckmann), war beeindruckt, was gar nicht so selbstver-

ständlich war, denn der junge französische Soldat war auf einen der
größten holländischen Mathematiker seiner Zeit getroffen.

Beekman und Descartes wurden so gute Freunde, dass Descartes
ihm später schrieb: »Sie allein haben mich Müßigen aufgeweckt«.[14]
Vier Monate später war es der Holländer, dem er zum ersten Mal seine
revolutionäre neue Geometrie erläuterte. Die Briefe, die Descartes in
den nächsten paar Jahren an seinen Freund schrieb, sind voll von Hinweisen auf die neue Verknüpfung zwischen Zahl und Raum.

Sein ganzes Leben lang war Descartes gegenüber der griechischen
Geometrie kritisch eingestellt. Sie erschien ihm oft unbeholfen und auf
unnötige Weise kompliziert. Wahrscheinlich ärgerte er sich vor allem
darüber, dass er härter als nötig arbeiten musste, wenn er auf sie
zurückgriff. Über eine Aufgabe, die der in Alexandria lehrende Grieche Pappos formuliert hatte, bemerkte Descartes, er verspüre noch
nicht einmal die Lust, überhaupt darüber zu schreiben. Er kritisierte
die Methode der Griechen, nach der jeder neue Beweis eine neue
Herausforderung darstellte: Die Analyse der »Alten« sei »stets so an
die Betrachtung von Figuren gebunden, dass sie den Verstand nicht
üben kann, ohne die Einbildungskraft sehr zu ermüden.«[15] Die Art
und Weise, wie die Griechen Kurven durch langwierige Beschreibungen definierten, missbilligte er ebenfalls. Die »mathematische Faul-
heit« des Franzosen war berüchtigt, führte aber letztendlich dazu, dass
er nach einem Grundschema suchte – und es auch fand –, mit dem das
Beweisen geometrischer Sätze weniger strapaziös sein würde. Nur so
konnte er weiterhin viel schlafen und trotzdem produktiver sein, als
irgendeiner der emsigen Gelehrten, die ihn kritisierten.

Als ein Beispiel für den Fortschritt, den Descartes erzielte, möge
seine Definition des Kreises dienen. Wir erinnern uns zunächst an
Euklids Worte:

Ein Kreis ist eine Ebene, von einer einzigen Linie [die Umfang oder
Bogen heißt] umfasste Figur mit der Eigenschaft, dass alle von
einem innerhalb der Figur gelegenen Punkt bis zur Linie [zum Umfang des Kreises] laufenden Strecken einander gleich sind.

Bei Descartes heißt es:

Ein Kreis sind alle x und y, die $x^2+y^2=r^2$ für eine konstante Zahl r befriedigen.

Selbst für jemand, der diese Gleichung nicht deuten kann, wird klar, dass die neue Definition einfacher und durchsichtiger ist. Nach ihr wird ein Kreis durch eine einzige Größe definiert. Descartes übersetzte den Raum in Zahlen und, was noch wichtiger ist: Er übersetzte langwierige geometrische Worterklärungen in knappe algebraische Begriffe.

Der erste Schritt war die Verwandlung der Ebene in einen Graph: Descartes zog als Erstes zunächst eine horizontale Gerade und nannte sie »x-Achse«, dann zog er eine senkrechte Gerade und nannte sie »y-Achse«. Bis auf einen kleinen Haken ist damit jeder Punkt auf der Ebene durch zwei Zahlen gekennzeichnet: Der vertikale Abstand von der x-Achse heißt y, der horizontale Abstand von der y-Achse heißt x. Der Punkt wird als »geordnetes Paar« (x,y) angegeben.

Und nun zu dem kleinen Haken: Wenn man wirklich wie oben beschrieben den Abstand zu den Achsen misst, gibt es zu jedem Koordinatenpaar (x,y) mehr als einen Punkt. Man nehme etwa zwei Punkte, die beide um eine Einheit über der x-Achse liegen, aber auf verschiedenen Seiten der y-Achse – der eine zwei Einheiten rechts, der andere zwei Einheiten links. Nach unserer Beschreibung hätten beide Punkte die Koordinaten (2,1). Dieselbe Doppeldeutigkeit kann sich bei Adressen in New York ergeben. Zwei Menschen, die »137, 80th Street« leben, könnten beide ihre Nase rümpfen und sagen: »Ich würde nie in *dieser* Gegend wohnen wollen.« Warum? Die *West Side Story* und die *East Side Story* sind wirklich zwei ganz verschiedene Geschichten, und um die Adresse eindeutig zu machen, muss man als Hausnummer »137 West« bzw. »137 East« angeben. Die Mathematiker lösen das Problem der mehrdeutigen Koordinaten in derselben Weise wie die Städteplaner das Problem mit den Adressen, nur dass sie Plus- oder Minuszeichen anstelle von Ost/West- oder Nord/Süd-Angaben verwenden. Sie versehen alle x-Koordinaten der Punkte links von der y-Achse (was der *West Side* entspricht) und alle y-Koordinaten der Punkte unterhalb der x-Achse (die *South Side*) mit einem Minus. In unserem Beispiel würde der erste Punkt die Bezeichnung (2,1) behalten, der zweite würde als (-2,1) beschrieben werden. Das entspricht einer Einteilung der Ebene in vier Quadranten: Nord/West, Nord/Ost, Süd/Ost und Süd/West. Alle Punkte in den beiden Süd-Quadranten haben negative y-Werte, alle Punkte in den West-Quadranten negative x-Werte. Dieses System nennen wir heute zu Ehren von Descartes »kartesisches Koordinatensystem«. Es wurde ungefähr gleichzeitig auch von Pierre de Fermat erfunden. Doch während Descartes die schlechte Angewohnheit hatte, Zitate in seinen Veröffentlichungen nicht nachzuweisen, besaß Fermat die noch schlechtere Angewohnheit, überhaupt nichts zu publizieren.[16]

Die Verwendung von Koordinaten war, wie wir schon gesehen haben, nicht neu:[17] Ptolemeios hatte im 2. Jahrhundert in seinen Karten die Länge und Breite von Orten eingezeichnet. Ihm war es jedoch nur um die geographische Beschreibung der Welt gegangen, die weit reichende Bedeutung seiner Koordinaten blieb ihm verborgen. Der wirkliche Fortschritt bei Descartes bestand also in dem neuen Gebrauch, den er von den Koordinaten machte.

Beim Studium der »klassischen« Kurven, deren Definition durch die Griechen der französische Gelehrte so abschätzig beurteilte, entdeckte er überraschende Zusammenhänge. Er zeichnete beispielsweise eine Anzahl Geraden und entdeckte, dass die x- und y-Koordinaten jedes Punktes einer Geraden in einer bestimmten, einfachen Weise miteinander verknüpft waren. Algebraisch wird diese Beziehung durch eine Gleichung der Form ax+by+c=0 ausgedrückt, wobei a, b und c Konstanten sind (also Zahlen wie 3 oder $4\frac{1}{2}$, was von der jeweiligen Geraden abhängt, die man untersucht). Mit anderen Worten: Jeder Punkt, der durch das Zahlenpaar (x,y) beschrieben wird, liegt dann – und nur dann – auf einer bestimmten Geraden, wenn die oben genannte Gleichung erfüllt ist. Die Gerade ist demnach eine Menge von Punkten, wobei sich die zweite Koordinate eines Punkts in einer ganz bestimmten Weise ändert, wenn man die erste ändert. Damit haben wir eine alternative algebraische Definition einer Geraden, die so einfach ist wie die oben zitierte Definition des Kreises, die demselben Prinzip folgt: Aus Änderungen der einen Koordinate ergeben sich wohldefinierte Änderungen der anderen.

Schon 300 Jahre zuvor erkannte Oresme, dass man Kurven durch die Beziehungen zwischen Koordinaten definieren kann. Auch er entwickelte die Form einer Geradengleichung. Aber zu Oresmes Zeiten steckte die Algebra noch in den Anfängen, und ohne eine bessere Schreibweise für seine Ideen kam der Mathematiker nicht weiter.[18] Die Kombination von Algebra und Geometrie, wie sie Descartes gelang, war eine weitere Verallgemeinerung der Ideen Oresmes, mit der nun alle Kurven der griechischen Mathematik – Geraden, Kreise, Ellipsen, Hyperbeln und Parabeln – in einfacher und knapper Weise als Gleichungsbeziehungen der x- und y-Koordinaten beschrieben werden konnten.

Die Tatsache, dass sich Klassen von Kurven durch bestimmte Gleichungen definieren lassen, hat für die Naturwissenschaft weit reichende Konsequenzen. Als Beispiel sollen noch einmal Nicolais Daten dienen, die, wie wir uns erinnern, die Höhe eines senkrecht nach oben geworfenen Balls darstellen.

Zeit	Höhe des Balls über dem Boden
0	4,0
1	5,0
2	6,2
3	7,2
4	8,1
5	8,5
6	8,3
7	7,8
8	6,6
9	5,6
10	4,0

Wenn man sie graphisch darstellt, bilden die Daten der Tabelle in Abbildung 5 (Seite 88) eine einfache geometrische Kurve, eine Parabel. Kennen wir die Form einer Parabelgleichung, haben wir die Möglichkeit, ein »Gesetz der Wurfhöhe« zu formulieren: Ist y der Höhenabstand zur Gipfelhöhe (8,5 m) und x die Zeitdifferenz bezüglich Zeitpunkt 5, so gilt, wie man nach etwas Rechnerei herausfindet, annähernd $y=0,18x^2$.

Wir wollen nun das Gesetz anwenden. Um beispielsweise die Höhe des Balls zur Zeit 8 zu erhalten, müssen wir als Zeitabstand 3 einsetzen: Es ist also $x=3$. Da das Quadrat von 3 gleich 9 ist, beträgt der Abstand zur Gipfelhöhe 0,18 mal 9, also 1,62 m und die Höhe über dem Boden ist 6,88 m. Dies stimmt einigermaßen mit dem gemessenen Wert von 6,6 m überein. Unser Gesetz »funktioniert« für die meisten Werte ganz ordentlich und kann auch auf Zwischenwerte angewandt werden, falls man sich nicht scheut, bei den x-Werten mit Brüchen zu arbeiten.

Das Gesetz der Ballhöhe definiert eine Beziehung zwischen x und y. Eine solche Beziehung nennen Mathematiker eine Funktion. In unserem Fall ist der Graph der Funktion eine Parabel. Die Physik befasst sich weitgehend mit Dingen, wie wir sie gerade betrieben haben: mit der Untersuchung von Daten auf Regelmäßigkeiten, mit der Entdeckung eines funktionalen Zusammenhangs und – was wir allerdings nicht getan haben – mit der Erklärung seiner Ursache.

So wie mit der kartesischen Methode physikalische Gesetze graphisch dargestellt werden können, kann man umgekehrt aus geometrischen Sätzen algebraische Konsequenzen ziehen. Man denke an die Formulierung des Satzes des Pythagoras mit kartesischen Begriffen. Wir stellen uns der Einfachheit halber ein rechtwinkliges Dreieck vor, dessen vertikale Seite an der y-Achse anliegt und vom Ursprung des Koordinatensystems bis zum Punkt A reicht. Die horizontale Seite längs der x-Achse reicht vom Ursprung bis zum Punkt B. Die Länge der vertikalen Seite ist dann die y-Koordinate des Punkts A, die der horizontalen die x-Koordinate von B.

Der Satz des Pythagoras besagt, dass die Summe der Quadrate über der vertikalen und horizontalen Seite, also x^2+y^2, dem Quadrat über der Hypotenuse entspricht. Wenn wir von der Definition ausgehen,

dass der Abstand zweier Punkte – in unserem Beispiel A und B – gleich
der Länge der Strecke zwischen A und B ist, entspricht das Quadrat
des Abstands von A und B dem Wert von x^2+y^2. Betrachten wir nun
zwei beliebige Punkte A und B in der Ebene. Wir können unsere
x- und y-Achse immer so legen, dass wir die eben beschriebene Situation erhalten: A liegt auf der vertikalen, B auf der horizontalen Achse,
und damit bildet das Quadrat des Abstands zwischen zwei beliebigen
Punkten A und B einfach die Summe der Quadrate ihres horizontalen
und vertikalen Abstands.[19]

Wie wir später sehen werden, ist die Formel, die Descartes zur
Berechnung des Abstands[20] angab, eng mit der Euklidischen Geo-
metrie verbunden. Aber sein allgemeiner Gedanke, die Abstände als
Funktion der Koordinatendifferenzen zu sehen, lieferte später den
Schlüssel für das Verständnis nicht nur der Euklidischen, sondern auch
der Nicht-Euklidischen Geometrie.

René Descartes wurde für zahlreiche Untersuchungen in den verschiedensten Gebieten der Physik berühmt, bei denen er seine geometrischen Erkenntnisse einsetzte. Als Erster stellte er das Gesetz der
Lichtbrechung in seiner heute gültigen trigonometrischen Form auf
und erklärte die Entstehung eines Regenbogens. Seine geometrischen
Methoden waren für das Erlangen neuer Kenntnisse so entscheidend,
dass er schrieb: »Meine gesamte Physik ist nichts als Geometrie.«[21]
Descartes wartete mit der Veröffentlichung seiner Geometrie der
Koordinaten neunzehn Jahre. Vor seinem vierzigsten Lebensjahr pub-
lizierte er überhaupt nichts. Wovor hatte er Angst? Vor dem »üblichen
Verdächtigen«: der katholischen Kirche.

Nach wiederholtem Drängen von Freunden stand Descartes schon
einige Jahre früher, 1633, kurz davor, ein Buch herauszugeben. Inzwischen hatte aber der italienische Kollege Galilei seinen *Dialog über
die beiden hauptsächlichen Weltsysteme* veröffentlicht, ein raffiniertes
Stück, in dem drei Personen über Astronomie diskutieren. Ganz eindeutig ein Stück für ein Off-Theater, aber aus irgendwelchen Gründen
beschlossen die Kirchenväter, einen Zensor darauf anzusetzen. Über
das Ergebnis der Prüfung waren sie nicht sehr erfreut, vielleicht weil
sie meinten, die Rolle des Ptolemeios würde vernachlässigt. Unglück-

licherweise überprüfte damals die Kirche mit dem Buch auch den Autor, und beide, Buch und Autor, konnten auf dem Scheiterhaufen landen. In Galileis Fall verbrannte man nur das Buch, der Verfasser wurde zum Widerruf gezwungen – und auf unbestimmte Zeit von der Inquisition ins Gefängnis geworfen. Descartes gehörte nicht zu Galileis Anhängern. Das zeigen seine kritischen Äußerungen, in denen er ihm Abschweifungen, mangelnde Systematik und fehlende Gründlichkeit vorwarf.[22] Bei aller Kritik teilte er jedoch viele der rationalen Einsichten Galileis und vor allem den ketzerischen Standpunkt, dass die Sonne und nicht die Erde der Mittelpunkt der Welt sei. Obwohl er in einem protestantischen Land lebte, nahm sich Descartes die Verurteilung des Kollegen zu Herzen und verzichtete auf die Veröffentlichung seines Buches, das – ganz bescheiden – *Traité du Monde* heißen sollte.

Schließlich fasste er doch wieder Mut. 1637 erschien sein erstes Buch, wobei sich Descartes bemühte, einen Angriff auf die Kirche so weit wie möglich zu kaschieren. Descartes hatte weit mehr als nur Geometrie zu bieten, und sehr viel davon findet sich in diesem ersten Werk. Allein das Vorwort umfasste 78 Seiten. Der Titel des Originalmanuskripts wurde für die Publikation ein wenig gekürzt, war aber trotzdem noch recht lang: *Discours de la méthode pour bien conduire sa raison et chercher la vérité dans les sciences.* Angehängt waren noch eine *Dioptrik,* ein Abschnitt über die *Meteore* und die *Geometrie.* Heute wird sein Hauptwerk meist nur als *Discours* oder *Discours de la méthode* zitiert.[23] Das Buch ist ein langer Essay, in dem Descartes seine Philosophie und seinen rationalen Ansatz zur Lösung naturwissenschaftlicher Probleme darlegt. In der *Geometrie,* dem dritten Anhang, zeigt er, welche Ergebnisse man mit dem Ansatz erreichen kann. Der Name Descartes taucht auf dem Titelblatt nicht auf, obwohl dafür Platz gewesen wäre: Der Verfasser fürchtete immer noch die Verfolgung. Unglücklicherweise schrieb sein Freund Marin Mersenne eine Einleitung, die keinen Zweifel über die Identität des Verfassers ließ. Wie er befürchtet hatte, wurde Descartes wegen seiner vermeintlichen Herausforderung der Kirche scharf angegriffen. Selbst seine Mathematik weckte heftige Kritik. Fermat, der, wie schon erwähnt, eine ähn-

liche Algebraisierung der Geometrie entwickelt hatte, machte Einwände, die sich allerdings nur auf triviale Punkte bezogen. Blaise
Pascal, ein weiterer glänzender französischer Philosoph und Mathematiker, verdammte das Buch in Bausch und Bogen. Aber persönliche
Fehden konnten den wissenschaftlichen Fortschritt nur kurze Zeit
aufhalten, und schon nach wenigen Jahren gehörte die *Geometrie* zum
Lehrplan fast jeder Universität.

Die Philosophie wurde allerdings nicht so bereitwillig aufgenommen. Am heftigsten attackierte ihn Voetius, das Oberhaupt der Fakultät für Theologie an der Universität von Utrecht.[24] Die Vorwürfe
waren die üblichen: Als Ketzerei galt der Glaube an die Vernunft und
daran, dass die Beobachtung entscheiden kann, was wahr ist. In Wirklichkeit ging Descartes allerdings noch weiter: Er hielt den Menschen
für fähig, die Natur zu kontrollieren und Therapien für alle Krankhei-
ten sowie das Geheimnis des ewigen Lebens zu finden.

Descartes hatte nur wenige Freunde und heiratete nie. Eine Affäre
gab es jedoch – mit einer Frau namens Helen, die 1635 ein Kind mit
Namen Francine zur Welt brachte. Vermutlich lebten die drei von 1637
bis 1640 sogar miteinander. Im Herbst 1640, mitten in den Auseinandersetzungen mit Voetius, verließ Descartes das Haus, um an einem
neuen Buch zu arbeiten. Francine wurde krank und bekam überall am
Körper purpurfarbige Flecken. Ihr Vater eilte nach Hause. Wir wissen
nicht, ob er noch rechtzeitig eintraf, auf jeden Fall starb das Mädchen
am dritten Tag der Erkrankung. Descartes und Helen beendeten bald
darauf ihr Verhältnis. Wäre nicht auf einem Vorsatzblatt von einem
seiner Werke ihr Leben und Sterben aufgezeichnet, hätten wir nie
erfahren, dass Francine die Tochter des Gelehrten war – und nicht
seine Nichte, wie er vorgab, um einen Skandal zu vermeiden.

12
Von der Schneekönigin
auf Eis gelegt

☐○△○☐

Einige Jahre nach Francines Tod rief die dreiundzwanzigjährige Königin Christina von Schweden Descartes an ihren Hof.[25] Seit Christina 1933 in einem Film von Greta Garbo gespielt wurde, haben wir die Vorstellung von einer eleganten, hoch gewachsenen, unbekümmerten, blonden Frau. Wie so oft entsprach die Hollywood-Geschichte nicht ganz den Tatsachen. Die wirkliche Christina war gedrungen, hatte schiefe Schultern und eine tiefe männliche Stimme. Sie hegte eine Abneigung gegen die üblichen Frauenkleider, wurde von einigen Zeitgenossen als Kavallerieoffizier charakterisiert und liebte schon als Kind das Geräusch von Gewehrfeuer. Mit dreiundzwanzig Jahren war sie bereits eine strenge Vorgesetzte, die für Schlappschwänze nichts übrig hatte. Sie schlief täglich nur fünf Stunden und fröstelte nicht beim Gedanken an die langen eisigen schwedischen Winter. Selbst Hunderte von Jahren später können wir uns unschwer ausmalen, dass Christinas Hof kaum das Ziel der Träume eines französischen Gelehrten war. Aber Descartes ging trotzdem nach Stockholm. Warum?

Christina war eine geniale Frau, die viel Energie auf ihre Studien verwandte, sich aber in ihrer nördlichen Heimat isoliert fühlte. Mit dem Ziel, in ihrem schneereichen Land ein Paradies des Geistes und einen Hort der Gelehrsamkeit weit weg vom Zentrum Europas zu schaffen, gab sie gewaltige Summen aus, um eine umfangreiche Bibliothek einzurichten. Wie Ptolemeios sammelte sie Bücher, aber – anders als er – auch deren Autoren. Das Schicksal von Descartes war besiegelt, als er 1644 Pierre Chanut kennen lernte und sich mit ihm anfreundete. Im darauf folgenden Jahr kam Chanut als Minister des französischen Königs nach Schweden und propagierte dort die Ansichten sei-

nes Freundes, während er ihm gegenüber Lobeshymnen auf die
Schneekönigin sang. Christina war sich mit Chanut einig, dass Descartes ein guter Fang sein würde. Sie sandte einen leibhaftigen Admiral zu
ihm nach Frankreich und versprach ihm, was er am meisten ersehnte:
den Bau einer Akademie, deren Direktor er werden würde, und ein
Haus im wärmsten Teil Schwedens. Descartes schwankte, nahm aber
schließlich an. Er hatte keinen Zugang zu www.weather.com, wusste
aber sicher über das Klima Bescheid – und auch über die Person, die
ihn erwartete: Am Tag bevor er abreiste, schrieb er sein Testament.

Der Winter 1649/50, in den Descartes geriet, war einer der härtesten
in der Geschichte Schwedens. Wenn er davon geträumt haben sollte,
den ganzen Tag unter dicken Decken liegend, warm, behaglich und vor
der klirrenden Kälte geschützt die Natur des Universums zu überdenken, dann gab es ein herbes Erwachen. Ihm wurde befohlen, jeden
Morgen um 5 Uhr bei Hof zu erscheinen und die Königin fünf Stunden lang in Moral und Ethik zu unterrichten. Descartes schrieb an
einen Freund, in Stockholm seien »die Gedanken der Menschen im
Winter so gefroren wie das Wasser.«[26] Im Januar dieses schrecklichen
Winters erkrankte sein Freund Chanut, mit dem er zusammen wohnte,
an Lungenentzündung. Descartes half bei seiner Pflege und wurde
dabei selbst krank. Da sein eigener Arzt nicht anwesend war, schickte
ihm Christina einen anderen, der sich jedoch schon häufig offen als
Feind des Gelehrten bekannt hatte und am schwedischen Hof wegen
seiner Eifersuchtsanfälle berüchtigt war. Descartes lehnte es ab, sich
von diesem Mann behandeln zu lassen – der ihm möglicherweise auch
gar nicht geholfen hätte, denn er wollte den Kranken zur Ader lassen.
Das Fieber stieg ständig. Die ganze folgende Woche litt er unter Anfällen von Delirium. Zwischen den Anfällen sprach Descartes über den
Tod und von der Philosophie. Er diktierte einen Brief an seine Brüder
und bat darum, nach der Pflegerin zu suchen, die in seiner Kindheit für
ihn gesorgt hatte. Einige Stunden später starb er. Es war der 11. Februar
1650. René Descartes wurde in Schweden begraben.

1663 erreichte Voetius das Ziel seiner beständigen Angriffe: Die
Schriften von Descartes wurden mit einem Bann belegt. Die Kirche
hatte aber inzwischen so viel von ihrer Macht verloren, dass dies in

manchen Kreisen die Popularität der indizierten Werke noch vergrößerte. Deshalb forderte die Regierung Frankreichs denn auch die Gebeine ihres großen Philosophen von Schweden zurück. Nach manchen Bittgesuchen schiffte man 1666 die Knochen nach Frankreich ein. Fast alle: Der Schädel wurde zurückbehalten.[27] Die sterblichen Überreste wurden noch einige Male umgebettet, bis sie schließlich in der Kirche Saint-Germain-des-Prés in Paris ihre letzte Ruhe fanden, wo eine kleine Tafel an Descartes erinnert. Der Schädel, der erst 1822 an Frankreich zurückgegeben wurde, bildet allerdings wieder eine Ausnahme: Ihn kann man heute unter einem Glassturz im Pariser Musée de l'Homme besichtigen.

Vier Jahre nach seinem Tod dankte Christina ab und trat zum Katholizismus über, wobei sie Descartes und Chanut ihre Erleuchtung zuschrieb. Schließlich zog sie nach Rom. – Vielleicht hatte sie von Descartes auch gelernt, welche Vorteile ein wärmeres Klima bietet.

III
Die Geschichte von Gauß

Können sich Parallelen im Raum schneiden?
Ein Held Napoleons löst die größte Revolution
in der Geometrie seit der Antike aus und
bereitet Euklid sein Waterloo.

13
Die Revolution des gekrümmten Raums

□○△○□

Euklid hatte das Ziel, ein in sich logisches geometrisches System zu schaffen, das mit der Struktur des Raums im Einklang war. Deshalb können wir aus seiner Geometrie herauslesen, welche Vorstellung vom Raum die Griechen hatten. Besitzt aber der Raum wirklich die Struktur, wie sie von Euklid beschrieben und von Descartes in Zahlen gefasst wurde? Oder gibt es noch andere Möglichkeiten?

Wir wissen nicht, ob Euklid von der Botschaft, dass seine *Elemente* über 2 000 Jahre heilig sein würden, begeistert gewesen wäre oder die Stirn gerunzelt hätte. Aber wie man im Software-Business sagen würde: 2 000 Jahre sind eine lange Zeit, um auf ein Upgrade zu warten. In dieser langen Zeit hat sich viel verändert: Die Struktur des Sonnensystems wurde entdeckt, die Welt wurde umsegelt, es entstanden Karten und Globen. Man trank zum Frühstück nicht mehr verdünnten Wein, und die Mathematiker der westlichen Welt entwickelten eine allgemeine Abneigung gegen das fünfte Euklidische »Parallelen«-Postulat. Es war nicht so sehr die Aussage, die sie störte, sondern die Einordnung als Postulat statt als Satz, der aus den anderen Postulaten bewiesen worden war.

Seit langem versuchten die Mathematiker, einen solchen Beweis zu finden, und oft waren sie nahe davor, eigenartige und aufregende neue Räume zu entdecken – aber immer stand ihnen ein einfacher Glaubenssatz im Weg: Das Euklidische Postulat ist wahr und beschreibt eine Eigenschaft des Raums, die er notwendigerweise haben muss. Ein einziger Mensch überwand diese Schranke: ein fünfzehnjähriger Junge namens Carl Friedrich Gauß, der, wie es der Zufall wollte, später von Napoleon als Held der Wissenschaft gefeiert wurde. Das junge Genie fand im Jahr 1792 den Grundstein für eine weitere Revolution des mathematischen Denkens, die im Gegensatz zu den vorausgegangenen nicht darin bestand, Euklid noch einmal zu verbessern, sondern – wie Informatiker sagen würden – darin, ein völlig neues Betriebssystem einzuführen. Mit ihm als Grundlage wurden schon bald die fremdartigen und faszinierenden gekrümmten Räume entdeckt und beschrieben, die von den Gelehrten so viele Jahrhunderte übersehen worden waren.

Damit stellte sich natürlich die Frage, ob *unser* Raum Euklidisch ist oder nicht. Diese Frage hat letztlich die Physik revolutioniert. Aber auch die Mathematik geriet in ein Dilemma: Wenn die Euklidische Raumstruktur nicht nur einfach eine Abstraktion der wahren Struktur des Raums war, was war sie dann? Und wenn man schon das Parallelen-Postulat anzweifeln konnte, was geschah mit dem restlichen Euklidischen Gebäude? Schon kurz nach der Entdeckung des gekrümmten Raums zerfiel es in Trümmer und – welch Überraschung – mit ihm auch die gesamte übrige Mathematik. Als sich der Staub legte, zeigte sich, dass nicht nur die Theorie des Raums, sondern auch die Mathematik und die Physik in ein neues Zeitalter eingetreten waren.

Um zu verstehen, was für ein großes Wagnis es war, Euklid zu widersprechen, muss man sich daran erinnern, wie tief verwurzelt seine Beschreibung des Raums war. Die *Elemente* galten schon zu seiner Zeit als Klassiker. Euklid hatte nicht nur definiert, was Mathematik ist, sein Buch spielte auch in der Erziehung und der Naturphilosophie eine zentrale Rolle als Modell für das logische Denken. Es war das Schlüsselwerk der geistigen Wiedererweckung im Mittelalter und zählte zu den ersten Schriften, die nach der Erfindung des Buchdrucks um 1450 gedruckt wurden. Von 1533 bis ins 18. Jahrhundert war es das einzige griechische Werk, das in der Originalsprache vorlag.[1] Bis ins 19. Jahrhundert hinein waren alle Bauwerke, die Perspektive jeder Zeichnung und jedes Gemäldes, jede Theorie und jede Gleichung, die in den Naturwissenschaften benutzt wurde, ganz selbstverständlich Euklidisch. Der Ruhm der *Elemente* war nicht unverdient, denn der Verfasser hatte unsere intuitive Vorstellung vom Raum in eine abstrakte logische Theorie übersetzt, die es erlaubte, daraus weitere

Schlüsse zu ziehen. Zu seinen größten Verdiensten zählt vielleicht, dass er seine Annahmen völlig offen legte und nie vorgab, die von ihm bewiesenen Sätze seien mehr als logische Ableitungen aus ein paar wenigen vorausgesetzten Postulaten. Eines dieser Postulate, das Parallelen-Postulat, hatte bei fast jedem Gelehrten, der sich mit Euklid auseinander setzte, eine gewisse Bestürzung hervorgerufen, weil es nicht so einfach und eingängig war wie die anderen. Erinnern wir uns an seine Formulierung:

Gefordert soll sein, 5. dass, wenn eine Gerade beim Schnitt mit zwei Geraden bewirkt, dass innen auf derselben Seite entstehende Winkel zusammen kleiner als zwei rechte werden, sich dann die zwei Geraden bei Verlängerung ins Unendliche auf der Seite treffen, auf der die Winkel liegen, die zusammen kleiner als zwei rechte sind.

Euklid verwandte dieses Postulat bei keinem der Beweise seiner ersten 28 Sätze. Dabei hatte er bis zu diesem Punkt schon dessen Umkehrung formuliert und eine Reihe anderer Aussagen gemacht, die für ein Postulat oder Axiom weit bessere Kandidaten abgegeben hätten – beispielsweise die fundamentale Tatsache, dass die Summe der Längen zweier Dreiecksseiten größer ist als die Länge der dritten. Wie kam Euklid dazu, ein so sperriges und abseitiges Postulat aufzustellen?

Während zweier Jahrtausende, in denen hundert Generationen lebten und starben, in denen sich fast alle Grenzen verschoben, politische Systeme aufkamen und wieder zerfielen und die Erde sich viele Billionen Kilometer um die Sonne bewegte, blieben die Denker Euklid verpflichtet und fragten ihren Abgott nicht nach irgendwelchen tiefen Geheimnissen, sondern nur nach diesem winzigen Punkt: Kann man das hässliche Parallelen-Postulat beweisen?

14
Ärger mit Ptolemeios

□○△○□

Den ersten Versuch zu einem derartigen Beweis machte Ptolemeios im 2. Jahrhundert.[2] Seine Argumentation war kompliziert, seine Methode im Kern einfach: Er formulierte das Postulat etwas anders und leitete daraus die Fassung ab, die bei Euklid geschrieben steht. Was ist davon zu halten? War er zu seinen Freunden gerannt und hatte »Heureka, ich habe eine neue Beweismethode gefunden: den Zirkelschluss!« gerufen? Die Geschichte hat gezeigt, dass die Mathematiker denselben Fehler immer wieder begingen. Allzu häufig entpuppten sich Annahmen, die so harmlos aussahen, dass man nicht glaubte, sie beweisen zu müssen, als das alte Parallelen-Postulat in neuem Gewand, das mit der übrigen Euklidischen Theorie in raffinierter Weise verbunden war.

Einige hundert Jahre nach Ptolemeios unternahm Proklos Diadochos den nächsten bemerkenswerten Versuch, das Postulat ein für alle Mal zu beweisen. Proklos wurde 412 geboren und in Alexandria erzogen. Später ging er nach Athen, wo er das Oberhaupt der Akademie wurde. Er verwendete viel Zeit auf die Analyse der Euklidischen Werke und hatte Zugang zu inzwischen längst verschollenen Büchern, etwa zur *Geschichte der Geometrie* des Eudemos von Rhodos, einem Zeitgenossen Euklids. Eudemos hatte einen Kommentar zum ersten Buch der *Elemente* geschrieben, der eine wichtige Quelle für vieles ist, was wir über die antike griechische Geometrie wissen.

Um die Argumentation des Proklos besser zu verstehen, wollen wir drei Dinge tun: Wir verwenden 1. die alternative Form des Postulats in der schon erwähnten Fassung von Playfair, formulieren 2. die Argumentation des Philosophen etwas um und übersetzen sie 3. aus dem Griechischen ins Deutsche.

Das Axiom in der Formulierung Playfairs lautet, um noch einmal daran zu erinnern, wie folgt:

Gegeben sei eine Gerade und ein Punkt, der nicht auf der Geraden liegt. Es gibt in derselben Ebene genau eine zweite Gerade, die durch den Punkt geht und zur gegebenen Geraden parallel ist.

Heutzutage können die meisten von uns Stadtpläne mit Straßennamen besser lesen als Zeichnungen von Geraden, die mit obskuren Symbolen wie α und λ bezeichnet sind. Deshalb verlegen wir den Beweis in eine Umgebung, die uns von unserer letzten Einkaufstour in die USA vertraut ist. Wir befinden uns in New York und stellen uns die 5th Avenue vor, ebenso wie eine Straße, die parallel zu ihr verläuft, etwa die 6th Avenue (Abbildung 6). Dabei wollen wir nicht vergessen, dass im Sinne von Euklid die beiden Straßen dann »parallel« sind, wenn sie sich nicht schneiden.

Über die Cafés und Hot-Dog-Stände der 6th Avenue erhebt sich ein ehrwürdiges Gebäude, in dem ein Verlag seinen Sitz hat, der gute Bücher veröffentlicht: The Free Press. Wie es der Zufall will, ist auch die amerikanische Originalausgabe dieses Buchs dort erschienen. Nicht um die Bedeutung des Verlags herabzuwürdigen, sondern um ein Beispiel zu haben, wollen wir ihm die Rolle des »außerhalb« liegenden Punkts zuweisen.

Dies ist schon *alles*, was wir nach den Methoden der traditionellen Mathematik über die beiden Straßen annehmen. Auch wenn wir in unserem konkreten Beispiel ganz bestimmte Straßen im Kopf haben, dürfen wir als Mathematiker ihre vielen weiteren Eigenschaften nicht berücksichtigen. Wenn wir also zufällig wissen, dass auch ein Verlag namens Random House in der Straße liegt, dass die 5th und die 6th Avenue einen bestimmten Abstand voneinander haben, oder dass an einer bestimmten Ecke ein Obdachloser seinen Stammplatz hat – vergessen wir es! Bei einem mathematischen Beweis dürfen nur ausdrücklich erlaubte Eigenschaften einbezogen werden, alle anderen kommen in Euklids *Elementen* nicht vor. (Dass wir in unserem Beispiel – ohne

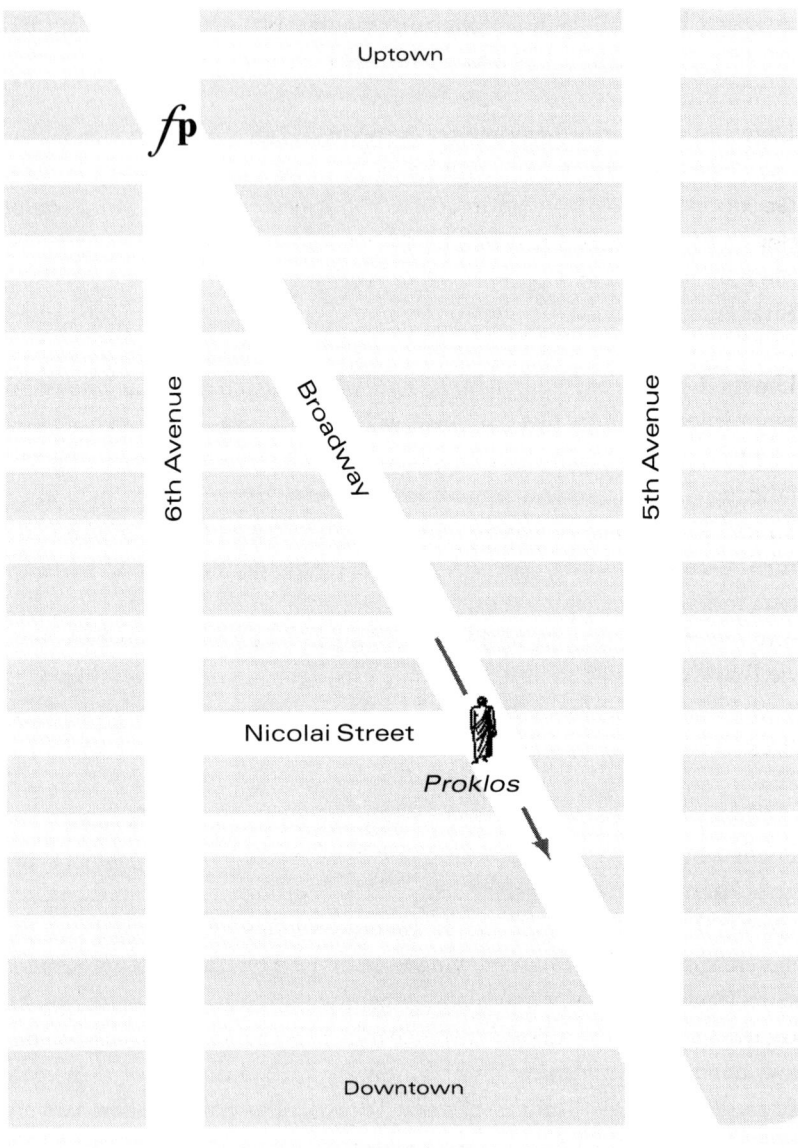

Abbildung 6
Der Beweis des Proklos

es zu wollen und ohne es zu merken – doch noch etwas zusätzlich vorausgesetzt haben, werden wir weiter unten sehen!)

Wir sind nun so weit, das Axiom von Playfair in einer der neuen Lage angemessenen Weise zu formulieren:

Gegeben sei die 5th Avenue und ein Verlag namens The Free Press, der nicht an dieser Straße liegt. Es gibt genau eine andere Straße, die parallel zur 5th Avenue verläuft und in der dieser Verlag seinen Sitz hat.

Um das Postulat zu beweisen und es in einen Satz zu verwandeln, müssen wir zeigen, dass jede andere Straße außer der 6th Avenue, an der The Free Press liegt, die 5th Avenue schneidet. Nach unserer Alltagserfahrung erscheint das »offensichtlich« so zu sein, denn eine solche Straße wäre eine Querstraße. Wir müssen das nur noch beweisen, natürlich ohne dabei das Parallelen-Postulat zu verwenden. Wir beginnen, indem wir uns eine dritte Straße vorstellen. Diese verläuft gerade, und in einem ihrer Häuser ist The Free Press beheimatet. Wir wollen sie Broadway nennen.

Bei seiner Beweisführung würde Proklos am Gebäude von The Free Press starten und den Broadway hinuntergehen. Nun stellen wir uns eine weitere Straße vor, die von dem Punkt, an dem Proklos gerade steht, nach Westen zur 6th Avenue abgeht und senkrecht auf sie trifft. Diese neue fiktive Straße wollen wir Nicolai Street nennen. 6th Avenue, Nicolai Street und Broadway bilden ein rechtwinkliges Dreieck. Geht nun Proklos weiter den Broadway hinab, so wird das Dreieck, das sich in der beschriebenen Weise bildet, immer größer. Die Dreieckseiten, auch die Seite namens »Nicolai Street«, werden beliebig groß. Irgendwann ist die Länge der »Nicolai Street« größer als der Abstand zwischen 5th und 6th Avenue. Also, würde Proklos sagen, muss der Broadway die 5th Avenue schneiden – und gerade das war zu beweisen!

Dieser Gedankengang klingt einleuchtend, hat aber einen Fehler. Zunächst wird die Angabe »immer länger« falsch gebraucht. Die »Nicolai Street« könnte auch immer länger werden, ohne länger als der

Häuserblock zwischen 5th und 6th Avenue zu sein, etwa wie die Zahlen der Folge 2/3, 3/4, 4/5, 5/6 … auch immer größer werden, ohne jemals 1 zu erreichen. Der Hauptfehler besteht jedoch darin, dass wie Ptolemeios auch Proklos eine unzulässige Voraussetzung macht. Er setzt eine Eigenschaft paralleler Straßen voraus, die zwar intuitiv einleuchtet, aber nicht bewiesen ist. Der Fehler liegt in der Verwendung des »Abstands der 5th von der 6th Avenue«. Erinnern wir uns an die Mahnung, zu vergessen, dass die 5th und die 6th Avenue einen bestimmten Abstand voneinander haben! Ohne diesen genau zu kennen, nimmt Proklos an, dass er konstant ist. Das entspricht unserer Erfahrung mit parallelen Geraden und auch der mit der 5th und 6th Avenue, den Beweis dafür kann aber nur das Parallelen-Postulat liefern. Die Aussage ist sogar mit dem Postulat identisch, es ist nur eine andere Formulierung.

Ein ähnliches Problem setzte auch Thabit ibn Qurrah matt, einen Gelehrten, der im 9. Jahrhundert in Bagdad lebte.[3] Wenn wir Thabits Beweisgang folgen, laufen wir die 5th Avenue hinunter und halten dabei immer nach rechts eine Stange senkrecht zur Straße, die so lang ist wie ein Häuserblock zwischen den Avenues. Welchen Weg beschreibt dabei das äußere Ende der Stange? Thabit würde behaupten, dass es eine Gerade sei, sagen wir die 6th Avenue. So würde er dann das Parallelen-Postulat »beweisen«. Die Linie, die das äußere Ende seiner Stange zeichnet, ist ganz sicher eine Kurve irgendeiner Art, aber auf welche Autorität kann er sich berufen, wenn er behauptet, dass es eine Gerade ist? Sie werden es sicher schon erraten: Diese Autorität kann allein das Parallelen-Postulat sein. Nur im Euklidischen Raum ist eine Folge von Punkten, die alle den gleichen Abstand von einer Geraden haben, auch eine Gerade. Thabit machte denselben Fehler wie Ptolemeios.

Der arabische Gelehrte rührte an sehr tief gehenden Problemen der Struktur des Raums. Euklids Geometrie beruht darauf, dass man Figuren – beispielsweise Dreiecke – bewegen und überlagern kann. Auf diese Weise kann man die Kongruenz oder die Formgleichheit geometrischer Gebilde untersuchen. Versuchen Sie in Ihrer Vorstellung ein Dreieck zu bewegen. Die natürlichste Weise ist, jede der drei Seiten, die jeweils Ausschnitte einer Geraden sind, in dieselbe Richtung und um denselben Betrag zu verschieben. Wenn nun aber die Folge von Punkten, die alle denselben Abstand von einer Geraden haben, *keine* Gerade darstellt, sind auch die Seiten des verschobenen Dreiecks keine Geraden mehr: Durch die Bewegung wird die Figur verzerrt. Könnte es sein, dass der Raum eine derartige Eigenschaft besitzt? Statt diesen Gedanken bis zu seinem wunderbaren Ziel zu verfolgen, nahm Thabit das Gespenst der Verzerrung unglücklicherweise als »Beweis« dafür, dass seine Annahme über den überall gleichen Abstand seiner beiden Linien gerechtfertigt war.

Nicht lange nach Thabit ließ die Förderung der Naturwissenschaften durch den Islam nach. In einer Stadt klagte sogar ein Gelehrter, es sei dort erlaubt, Mathematiker zu töten. Der Grund für diese Bedrohung lag aber vermutlich weniger in der Verachtung für ein paar Verrückte, sondern in der Gewohnheit der Mathematiker, Astrologie zu betreiben – eine Praxis, die der Islam zur schwarzen Magie zählte und als gefährlich ansah.

Erst 1663 wurden die geometrischen Arbeiten Thabits und seiner Schüler wieder zum Leben erweckt. In diesem Jahr hielt der englische Mathematiker John Wallis Vorlesungen, in denen er einen Nachfolger Thabits, Nasir Eddin al-Tusi, zitierte. Wallis, 1616 in Ashford (Kent) geboren, sah mit fünfzehn Jahren seinen Bruder ein Buch über Arithmetik lesen und begann, sich dafür zu begeistern. Obwohl er am Emmanuel College in Cambridge Theologie studierte und 1640 zum Priester ordiniert wurde, widmete er sich weiterhin der Mathematik. Es war die Zeit des Englischen Bürgerkriegs mit den religiös motivierten Auseinandersetzungen zwischen Karl I. und dem englischen Parlament. Wallis setzte sein großes mathematisches Geschick dazu ein, Botschaften zu ver- und zu entschlüsseln. Er unterstützte die Seite des Parlaments und erhielt dafür 1649 als Anerkennung den Savilian-Lehrstuhl für Geometrie in Oxford, nachdem der Vorgänger Peter Turner wegen seiner royalistischen Ansichten entlassen worden war. Was auch immer der Anlass war: Für Oxford war dies ein guter Tausch. Turner hatte sich lediglich als Freund des Erzbischofs von Canterbury, einem Vertreter der politischen Rechten, einen Namen gemacht,

aber nie eigene mathematische Arbeiten veröffentlicht. Wallis wurde
dagegen zum führenden englischen Mathematiker in der Ära vor
Newton und übte auf diesen einen großen Einfluss aus. Heute sind
selbst Nicht-Mathematiker mit einer seiner Erfindungen vertraut: Er
führte das Symbol ∞ für »unendlich« ein. Wallis wollte die Euklidische Geometrie reformieren, indem er das unangenehme Parallelen-
Postulat durch ein unmittelbar einleuchtendes ersetzte, das wie folgt
lautet:

Es sei eine beliebige Seite eines beliebigen Dreiecks gegeben. Man
kann das Dreieck so weit vergrößern oder verkleinern, bis diese
gewählte Seite eine vorgegebene Länge hat. Dabei bleiben die Winkel des Dreiecks unverändert.

Bei einem Dreieck, dessen Winkel alle 60° betragen und dessen Seiten
alle die Länge 1 aufweisen, so behauptet das Postulat, betragen in allen
Dreiecken, die aus diesem durch Dehnen oder Schrumpfen entstehen,
zum Beispiel in Dreiecken mit den Seitenlängen 5, 5 und 5 oder 1/2,
1/2 und 1/2, alle Winkel weiterhin 60°. Man nennt solche Dreiecke
»ähnlich«. Wenn wir das Postulat von Wallis voraussetzen, ist das
Parallelen-Postulat leicht bewiesen, indem wir vorgehen wie Proklos.[4]
Der »Beweis«, den Wallis lieferte, wurde jedoch von der Mathematik
nie anerkannt, da er lediglich ein Postulat durch ein anderes ersetzte.
Kehrt man allerdings die Argumentationskette um, führt das zu einer
verblüffenden Aussage: Wenn es einen Raum gibt, in dem das Parallelen-Postulat *nicht* gilt, dann gibt es in ihm *keine* ähnlichen Dreiecke.

Wen interessiert das schon? Dreiecke kommen doch überall vor.
Und genau da liegt das Problem. Schneidet man ein Rechteck längs der
Diagonale auseinander, hat man zwei Dreiecke. Stützt man die Hand
in die Hüfte, so bilden Arm und Körper ein Dreieck. Obwohl jeder
Körper verschieden ist, kann man ihn – wie die meisten Objekte – in
guter Näherung aus einem Gitter von Dreiecken zusammensetzen:
Dieses Prinzip steht hinter den 3-D-Computergraphiken. Wenn aber
nun ähnliche Dreiecke gar nicht existieren, wäre in unserem Alltagsleben auf vieles kein Verlass mehr. Denken Sie beispielsweise an einen

hübschen Hosenanzug in einem Versandkatalog: Sie werden davon ausgehen, dass er, wenn ihn die Post gebracht hat, der Abbildung entspricht, auch wenn er ein paar Dutzend Male größer ist. Oder denken Sie an das Flugzeug, mit dem Sie in die Ferien fliegen: Sie werden sich darauf verlassen, dass der Flügel, der im verkleinerten Modell funktioniert hat, auch als Teil des riesigen Jets dieselben erfreulichen Eigenschaften aufweist. Und wenn Sie einen Architekten engagieren, der Ihr Haus um ein paar Zimmer erweitern soll, erwarten Sie, dass Bauzeichnung und Ausführung übereinstimmen. In einem Nicht-Euklidischen Raum würde nichts von alldem gelten. Die Kleidung, das Flugzeug, das neue Schlafzimmer – alles wäre verzerrt.

Vielleicht existieren ja derart bizarre Räume als mathematische Fantasiegebilde, aber könnte auch unser realer Raum solche Eigenschaften haben? Müssten wir das nicht bemerken? Nicht unbedingt! Wenn das Lächeln einer Frau um 10 Prozent vom Üblichen abweicht, wird ihr Lebensgefährte nachfragen, was los ist – aber nicht, wenn die Abweichung nur 0,00000001 Prozent beträgt. Betrachtet man nur kleine Objekte, sind auch Nicht-Euklidische Räume nahezu Euklidisch – und wir leben in einem relativ *kleinen* Eck unseres Universums. Wie bei der Quantentheorie, wo die physikalischen Gesetze seltsame neue Formen auch nur in Bereichen annehmen, die weit kleiner sind als die unserer Alltagswelt, kann es durchaus einen gekrümmten Raum geben, der, wenn wir uns in den Größenordnungen unseres »normalen« Lebens auf der Erde bewegen, dem Euklidischen so ähnlich ist, dass wir den Unterschied nicht wahrnehmen. Dennoch können – wie bei der Quantentheorie – die Auswirkungen dieser Krümmung auf die Physik gewaltig sein.

Wenn die Mathematiker die Möglichkeit gehabt hätten, ihre Entdeckungen aus einem anderen Blickwinkel zu betrachten, wären sie schon am Ende des 18. Jahrhunderts auf die Existenz Nicht-Euklidischer Räume mit sehr eigenartigen Eigenschaften gestoßen. Aber für diese Perspektive war die Zeit noch nicht gekommen. Die Mathematiker waren nur darüber frustriert, dass zwischen diesen seltsamen Eigenschaften keine Widersprüche auftauchten und damit nicht zu beweisen war, dass der Raum *doch* Euklidisch ist.

In den folgenden fünfzig Jahren fand eine Revolution statt – allerdings im Geheimen. Nach und nach entdeckten Forscher aus verschiedenen Ländern neue Raumstrukturen, aber die Erkenntnisse wurden entweder nicht veröffentlicht oder nicht genügend wahrgenommen. Erst als in der Mitte des 19. Jahrhunderts Gelehrte die Arbeiten eines kurz zuvor verstorbenen Mathematikers aus Göttingen studierten, drangen die Geheimnisse des Nicht-Euklidischen Raums an die Öffentlichkeit. Die meisten, die an ihrer Aufdeckung mitgewirkt hatten, waren wie jener Göttinger Mathematiker inzwischen schon tot.

15

Ein Napoleonischer Held

□○△○□

Am 23. Februar 1855 lag der Mann, der den Angriff gegen Euklid führte, alt und um jeden Atemzug kämpfend in seinem kalten Bett.[5] Sein Herz brachte das Blut kaum mehr in Umlauf, und die Lungen füllten sich mit Flüssigkeit. Mit jedem Herzschlag lief die noch verbleibende Zeit auf Erden ab: Eine Szene, die normalerweise nur einen Romanschriftsteller interessiert.

Ein paar Tage später wurde der alte Mann neben seiner Mutter beerdigt. Kein Grabstein zierte die Stelle. In seinem Haus fand man überall Geld versteckt – ein Vermögen, das in Schubladen, Pulte und Schränke gestopft war. Dabei war das Haus bescheiden: In einem winzigen Arbeitszimmer standen ein kleiner Tisch, Schreibpult und Sofa. Es gab nur einen einzigen Leuchter, und das kleine Schlafzimmer war nicht heizbar.

Der Verstorbene war fast sein ganzes Leben hindurch unglücklich und hatte nur wenige enge Freunde. Seine Ansichten über das Leben waren zutiefst pessimistisch. Die Jahrzehnte, die er an der Universität gelehrt hatte, galten ihm als verlorene Zeit voller lästiger, undankbarer Arbeit. In einer Welt ohne Unsterblichkeit sah er keinen Sinn, den Glauben an ein ewiges Leben konnte er aber nicht aufbringen. Er war hoch geehrt worden, und klagte trotzdem, dass »die herben Seiten des Lebens«[6] die Freuden hundertfach überstiegen. Als er den Schlüssel für die Revolution gegen Euklid gefunden hatte, wollte er nicht, dass die Öffentlichkeit davon erfuhr. Für die damalige wie die heutige Wissenschaft ist er – zusammen mit Archimedes und Newton – einer der größten Mathematiker der Menschheitsgeschichte.

Carl Friedrich Gauß wurde am 30. April 1777 in Braunschweig

geboren, fünfzig Jahre nach Newtons Tod. Er stammte aus einem armen Viertel einer armseligen Stadt, deren Glanzzeit über 150 Jahre zurücklag. Seine Eltern waren Kleinbürger: Mutter Dorothea konnte weder lesen noch schreiben und arbeitete als Dienstmagd, Vater Gebhard verdingte sich für geringen Lohn in verschiedenen bescheidenen Stellungen, die vom Ausheben von Gräben über das Mauern von Wänden bis zur Rechnungsführung eines Bestattungsunternehmers reichten.

Über die Kindheit von Gauß gibt es viele Anekdoten. Es heißt, er habe schon die Arithmetik beherrscht, bevor er überhaupt reden konnte, und habe einmal als Baby mit dem Finger auf einen Stand mit Esswaren gezeigt und seine Mutter angefleht »Hunger! Will haben!«, um nach dem Einkauf in Tränen auszubrechen, weil er mit Worten nicht ausdrücken konnte, was er bemerkt hatte: Der Händler hatte die Mutter um 35 Groschen betrogen. Die berühmteste dieser Geschichten von der Frühreife des Knaben, die offensichtlich nicht allzu weit von der Wahrheit entfernt liegen, spielt an einem Samstag. Gauß war damals um die drei Jahre alt. Sein Vater zählte den Wochenlohn für eine Gruppe von Arbeitern zusammen. Das Rechnen dauerte eine Weile und Gebhard Gauß registrierte nicht, dass ihm sein Sohn zusah. Nehmen wir an, das Kind wäre ein »normaler«, kleiner zwei- oder dreijähriger Junge gewesen. Der hätte wahrscheinlich ein Glas Milch über die Rechnungen geschüttet und »Milch, will Milch« gebrüllt. Ganz anders Carl, der so etwas sagte wie: »Falsch addiert. Richtig ist ...«

Weder Gebhard noch Dorothea hatten dem Kleinen gezeigt, wie man addiert, niemand hatte ihm überhaupt irgendetwas an Arithmetik beigebracht. Carls Verhalten war so außergewöhnlich und überdurchschnittlich, dass man sich nur wundern konnte. In ihm schien ein böser Geist zu wohnen – wenn nicht der Teufel selbst, dann zumindest ein mehr als zehn Jahre altes Kind. Die Eltern waren dergleichen gewohnt, hatte sich doch ihr Sohn auch schon das Lesen selbst beigebracht.

Unglücklicherweise kam Gebhard nicht auf die Idee, das Talent seines Sohns zu fördern und einen Privatlehrer einzustellen oder ihn auf eine gute Schule zu schicken. Das ist irgendwie verständlich, weil die

Familie arm war, aber vielleicht hätte Gebhard doch einen Weg finden können. Stattdessen beauftragte er Carl, wöchentlich die Lohnabrechnung zu überprüfen und nahm den Kleinen manchmal zu Freunden mit, um sie zu unterhalten: eine Kuriositätenschau mit dem Knaben als einzigem Darsteller. Der kleine Carl sah schlecht und konnte daher manchmal die Zahlenreihen nicht lesen, die ihm sein Vater zum Aufaddieren vorlegte. Carl war zu scheu, um etwas zu sagen, er saß nur da und nahm es lieber auf sich, versagt zu haben. Bald schickte Gebhard seinen Sohn nachmittags zum Flachsspinnen, damit er einen Beitrag zum Familieneinkommen leistete.

In späteren Jahren hatte Gauß für seinen Vater nur offene Verachtung übrig und berichtete: »In seinem Haus war es sehr herrisch, rau und unfein«.[7] Zum Glück gab es in der Familie zwei, die seine Begabung erkannten: seine Mutter und deren Bruder Johann. Während Gebhard eine Schulausbildung für sinnlos hielt, glaubten Dorothea und Johann an das Talent des Knaben und bekämpften den Widerstand des Vaters bei jeder Gelegenheit. Für die Mutter war ihr Sohn vom Augenblick seiner Geburt an der größte Stolz und alle Freude. Jahre später brachte Carl einen Studienkollegen mit in sein bescheidenes Heim: Wolfgang Bólyai, einen ungarischen Adeligen, der allerdings weit davon entfernt war, reich zu sein. Dorothea nahm den Freund zur Seite und fragte, ob Carl denn wirklich so gut sei, wie alle sagen, und wenn, wohin ihn das führen würde. Bólyai antwortete, dass Carl dazu ausersehen sei, der größte Mathematiker Europas zu werden: Dorothea brach in Tränen aus.

Carl ging zum ersten Mal mit sieben Jahren zur Schule. Die örtliche Realschule glich in keiner Weise La Flèche, der berühmten Jesuitenschule, in die Descartes achtjährig eintrat. Die Beschreibungen, die Gauß von ihr gab, reichen von »dreckiges Gefängnis« bis zu »Höllenloch«. Der Gefängniswärter oder Höllenmeister hieß Büttner und handelte nach der Devise: »Tu was ich sage, oder es gibt Prügel.« Im dritten Schuljahr wurde Carl endlich erlaubt, Arithmetik zu lernen, wofür er schon mit zwei Jahren intelligent genug gewesen war.

Büttner liebte es, das Interesse seiner jungen Schüler an Mathematik zu wecken, indem er sie in der Rechenstunde Zahlenkolonnen zusammenzählen ließ, die bis zu hundert Zahlen umfassten. Der Lehrer war sich selbst für derartige unterhaltsame Aufgaben zu schade und wählte immer Zahlen, die er mit einer einfachen Formel aufaddieren konnte. Die Formel behielt er natürlich freundlicherweise für sich.

Eines Tages stellte er der Klasse die Aufgabe, alle Zahlen von 1 bis 100 aufzuaddieren. Kaum hatte Büttner alles erklärt, gab Carl, der jüngste Schüler, seine Schiefertafel ab – eine Stunde, bevor die anderen fertig waren. Als Büttner zum Schluss alle Schiefertafeln überprüfte, sah er, dass Carl der einzige von fünfzig Schülern war, der die richtige Lösung gefunden hatte. Außerdem waren auf seiner Tafel keine Spuren irgendwelcher Rechnungen zu sehen: Offensichtlich hatte er die Additionsformel herausgefunden und die Rechnung im Kopf ausgeführt.

Vermutlich hatte sich der junge Gauß überlegt, dass man statt *einem* Zahlensatz von 1 bis 100 *zwei* solcher Sätze nehmen kann, um dann die Addition in folgender Weise umzuorganisieren: Man addiert 100 zu 1, 99 zu 2, 98 zu 3 usw. und erhält zuletzt 100 Summen, die jeweils 101 betragen. Die Summe der Zahlen von 1 bis 100 muss also die Hälfte von 100×101 betragen, nämlich 5050. Das ist der Sonderfall einer Formel, die schon Pythagoras kannte. Genauer gesagt: Die Formel wurde von den Pythagoräern in ihrer Geheimgesellschaft als Passwort verwendet!

Büttner war verblüfft. So schnell er bei Nachzüglern mit dem Stock zur Hand war, so sehr schätzte er auch Genialität. Gauß schlug später, als er an der Universität Mathematik unterrichtete, seine Studenten nie, aber sein alter Lehrer hatte ihm wohl die Hochachtung gegenüber Genialität und die Verachtung des Durchschnitts mit auf den Weg gegeben. Er schrieb einmal über drei Studenten in einem seiner Seminare: »Ich lese in diesem Winter zwei Kollegia für drei Zuhörer, wovon einer nur mittelmäßig, einer kaum mehr mittelmäßig vorbereitet ist, und dem dritten sowohl Vorbereitung als Fähigkeit fehlt.«[8] Dieser Kommentar sagt viel über sein pädagogisches Geschick. Die meisten seiner Studenten achteten ihn als Lehrer nicht sonderlich.

Doch zurück zur Schulzeit: Büttner bestellte auf eigene Kosten in Hamburg das modernste und beste Lehrbuch der Arithmetik, das auf dem Markt war. Carl hatte endlich den Mentor gefunden, den er so dringend brauchte. Er arbeitete das Buch, das für ihn keine große Herausforderung darstellte, schnell durch, und Büttner erkannte, dass er ihm nichts mehr beibringen konnte. Er gab auf, um sich vermutlich wieder mit dem Stock den weniger begabten Schülern zuzuwenden, die sich schon vernachlässigt gefühlt hatten, und der nun neun Jahre alte Carl war wieder einen Schritt näher an einer Karriere mit wenig Lohn, Schwielen an den Händen und Arbeitspausen mit Bier und belegten Stullen.

Sein erster Mentor verlor jedoch das Genie nicht ganz aus den Augen. Er beauftragte seinen begabten siebzehnjährigen Gehilfen Johann Bartels, zu sehen, was man tun könne. Johann hatte damals die faszinierende Aufgabe, Federkiele zuzuschneiden und den Schülern zu erklären, wie man sie benutzt. Büttner wusste, dass Bartels eine geheime Leidenschaft für die Mathematik hegte. Bald schon studierten die beiden Jungen zusammen, verbesserten Beweise in Lehrbüchern und halfen einander beim Finden neuer Ideen. Einige Jahre gingen vorüber. Gauss wurde Teenager. Jeder, der einmal einen Teenager zum Sohn hatte, einen Teenager kennt oder gar selbst einer war, weiß, dass das Ärger bedeuten kann. Bei Gauß war die Frage nur: Für wen?

Wenn man heute ein rebellischer Teenie ist, heißt das, nächtelang mit einem Girlfriend herumzuziehen, das in seiner Zunge einen Diamantknopf trägt. Zu Zeiten von Gauß war Body-Piercing dem Schlachtfeld vorbehalten, aber die Auflehnung gegen die Moralvorstellungen war nicht weniger »in« als heute. Die große geistige Bewegung, die im damaligen Deutschland den Geniekult und die Rebellion gegen die herrschenden Regeln predigte, war der »Sturm und Drang«. Gauß lässt sich sicher nicht als Anhänger dieser Bewegung vereinnahmen, er war aber ein Genie und handelte auf seine Weise im Sinne des »Sturm und Drang«, indem er revoltierte – wenn auch nicht gegen die Eltern oder das politische System, so doch immerhin gegen Euklid.

Mit zwölf begann er, die Euklidischen *Elemente* kritisch zu untersuchen, und konzentrierte sich dabei – wie schon andere – auf das Parallelen-Postulat. Seine Kritik war allerdings neu und ketzerisch. Während die Gelehrten zuvor versucht hatten, eine brauchbare Formulierung des Postulats zu finden, oder zu zeigen, dass es aus anderen Postulaten abgeleitet werden konnte, stellte Gauß die unverschämte Frage, ob es überhaupt gültig sei und ob man sich den Raum nicht auch gekrümmt vorstellen könne.

Gauß war fünfzehn, als er als erster Mathematiker der Geschichte eine in sich logisch geschlossene Geometrie für denkbar hielt, in der Euklids Parallelen-Postulat nicht gelten würde. Damals war er vom Beweis dieser Aussage noch so weit entfernt wie von einem Entwurf der neuen, Nicht-Euklidischen Geometrie und musste sich trotz seines Talents immer noch mit der Gefahr auseinander setzen, ein weiterer Straßenarbeiter zu werden und Gräben ausheben zu müssen. Zum Glück für Gauß und die Wissenschaft kannte sein Freund Bartels jemanden, der jemanden kannte, der wiederum jemanden kannte, der den Namen Ferdinand, Herzog von Braunschweig, trug.

Über Bartels erfuhr Ferdinand von einem vielversprechenden mathematischen Genie und bot an, dessen Studium zu finanzieren. Nun gab es nur noch ein Hindernis: den Vater. Gebhard schien zu glauben, dass das Ausheben von Gräben der einzige Weg sei, um es zu etwas zu bringen. Es war Dorothea, die zwar keines der Bücher ihres Sohns lesen konnte, aber immer hartnäckig für ihn eintrat. Schließlich erhielt Carl die Erlaubnis, das herzogliche Angebot anzunehmen. Mit fünfzehn Jahren trat er ins Gymnasium ein und 1795, er war inzwischen achtzehn, begann er mit dem Studium an der Universität Göttingen.

Der Herzog und Gauß wurden gute Freunde. Ferdinand von Braunschweig unterstütze ihn auch nach dem Studium, aber Gauß war klar, dass das nicht immer so weitergehen würde. Es gab Gerüchte, die Großzügigkeit des Herzogs habe sein Vermögen schneller aufgezehrt, als es gut für ihn war. Darüber hinaus war dieser schon über sechzig, und sein Nachfolger war möglicherweise weniger freigebig. Doch trotz all dieser Ungewissheiten war das nächste Jahrzehnt die intensivste geistige Periode im Leben von Gauß.

1804 verliebte er sich in eine entzückende, fröhliche junge Frau namens Johanna Osthoff. Unter ihrem Zauber wurde Gauß, der so oft als arrogant und äußerst selbstgerecht erschienen war, einfach und bescheiden. An Bólyai schrieb er über Johanna:

Die schönste [Bekanntschaft] ist die eines herrlichen Mädchens, ganz wie ich mir immer eine Gefährtin meines Lebens gewünscht habe. Ein wunderschönes Madonnengesicht, ein Spiegel des Seelenfriedens und der Gesundheit, zärtliche etwas schwärmerische Augen, ein tadelloser Wuchs, das ist etwas, ein heller Verstand und eine gebildete Sprache, das ist auch etwas, *aber nun eine stille, heitre, bescheidne, keusche Engelsseele, die keinem Wesen wehtun kann, das ist das beste.*[9]

Carl und Johanna heirateten 1805. Ein Jahr später wurde ein Junge geboren, den sie Joseph tauften, 1808 eine Tochter namens Minna. Aber das Glück war nur von kurzer Dauer: Schon im Herbst 1806 kostete die Wunde durch eine Musketenkugel in einer Schlacht gegen Napoleon dem Herzog das Leben. Gauß konnte vom Fenster seiner Göttinger Wohnung aus sehen, wie der tödlich verwundete Freund und Gönner vorbeigefahren wurde. Es zählt zur Ironie der Geschichte, dass später gerade Napoleon die Stadt Göttingen vor der Zerstörung bewahrte, weil der in seinen Augen größte Mathematiker aller Zeiten dort lebte.

Friedrichs Tod brachte Gauß und seine Familie natürlich in finanzielle Bedrängnis. Aber das sollte noch das geringste Problem sein: In den nächsten Jahren starben sowohl sein Vater als auch sein Onkel Johann, der ihn immer so treu unterstützt hatte. Dann gebar Johanna im Jahr 1809 ein drittes Kind, Louis. Schon Minnas Geburt war kompliziert gewesen, aber nun nach der Geburt von Louis wurden Mutter und Kind schwer krank, und nach einem Monat starb Johanna. Auch Minna lebte nur kurze Zeit.

Obwohl Gauß bald ein zweites Mal heiratete und noch Vater dreier weiterer Kinder wurde, schien das Leben ihm nach Johannas Tod nie wieder allzu viel Freude zu bringen. An Bólyai schrieb er:

Es ist wahr, mein Leben ist mit vielem geschmückt gewesen, was die Welt für beneidenswert hält. Aber glaube mir, ... die *herben* Seiten des Lebens, wenigstens des meinigen, die sich wie der rote Faden dadurch ziehen ... werden nicht zum hundertsten Teil aufgewogen von dem Erfreulichen.[10]

Einer von Carls Enkeln fand 1927 kurz vor seinem eigenen Tod unter den Papieren seines Großvaters einen Brief, der mit Spuren von Tränen überdeckt war. In ihm hatte Carl geschrieben:

Einsam schleiche ich unter den fröhlichen Menschen, die mich hier umgeben. Machen sie mich meinen Schmerz auf Augenblicke vergessen, so kommt er nachher mit doppelter Stärke zurück. ... Selbst der heitere Himmel macht mich nur trauriger.[11]

16
Der Sturz des Parallelen-Postulats

□○△○□

Gauß würde nicht als einer der größten Mathematiker aller Zeiten gelten, hätte er nicht auf ganz unterschiedliche Gebiete der Mathematik großen Einfluss gehabt. Manchmal wird er aber auch »nur« als ein Wissenschaftler des Übergangs angesehen, der zwar die mit Newton begonnene Entwicklung zum Abschluss brachte, aber keine neuen Grundlagen für die folgenden Generationen schuf. Das gilt zumindest nicht für seine Geometrie des Raums: Sie sollte die Mathematiker und Physiker hundert Jahre lang beschäftigen. Für die von ihm eingeleitete Revolution gab es nur ein Hindernis: Er hielt seine Arbeiten geheim.

Als Gauß 1795 in Göttingen mit dem Studium begann, stellte er fest, dass man dort dem Parallelen-Postulat großes Interesse entgegenbrachte. Abraham Kästner, einer seiner Lehrer, sammelte Literatur über die Geschichte des Postulats, und ein Doktorand Kästners, Georg Klügel, schrieb als Dissertation eine Analyse von achtundzwanzig vergeblichen Versuchen, es zu beweisen. Aber nicht einmal Kästner war offen für die Idee von Gauß, dass das Postulat einfach falsch sein könnte. Kästner meinte, nur ein Verrückter könne an der Wahrheit des Postulats zweifeln. Also behielt Gauß seine Gedanken für sich.[12] Später verspottete Gauß Kästner, der sich auch als Schriftsteller versuchte, als »den führenden Mathematiker unter den Poeten und den führenden Poeten unter den Mathematikern«.

Zwischen 1813 und 1816 gelang Gauß, der inzwischen als Professor mathematische Astronomie lehrte, der entscheidende Durchbruch, auf den die gelehrte Welt seit Euklid gewartet hatte: Er stellte Gleichungen zur Beschreibung eines Dreiecks in einem neuen, Nicht-Euklidischen Raum auf, dessen geometrische Struktur wir heute »hyper-

bolisch« nennen. 1824 hatte Gauß offensichtlich seine Theorie vollständig ausgearbeitet. Am 6. November dieses Jahres schrieb er an
Franz A. Taurinus, einen Anwalt, der sich auch mit Mathematik befasste: »Die Annahme, dass die Summe der 3 Winkel kleiner sei als
180°, führt auf eine eigene, von der unsrigen (Euklidischen) ganz verschiedene Geometrie, die in sich selbst durchaus consequent ist, und
die ich für mich selbst ganz befriedigend ausgebildet habe.«[13] Damals
veröffentlichte Gauß diese Ergebnisse nicht. Er bestand auch gegenüber Taurinus und anderen darauf, dass sie nicht publik gemacht werden durften. Warum? Gauß fürchtete nicht die Kirche, wie die mathematischen Revolutionäre vor ihm, sondern die (weltlichen) Philosophen, die, was die »reine Lehre« betraf, deren Nachfolge angetreten
hatten.

Heute kümmern sich Mathematiker und Physiker wenig darum,
was Philosophen von ihren Theorien halten. Als man den berühmten
amerikanischen Physiker Richard Feynman fragte, was er von Philosophie halte, fiel ihm nur »bullshit« ein.[14] Zu Zeiten von Gauß hatten
sich die Naturwissenschaften und die Philosophie jedoch noch nicht
völlig auseinander entwickelt: Physik wurde unter dem Begriff »Naturphilosophie« betrieben. Umwälzende wissenschaftliche Argumen-
tationen bestrafte man zwar nicht mehr mit dem Tod, aber Ideen, die
dem Bereich des Glaubens entstammten oder bloßer Intuition ent-
sprangen, waren den reinen Verstandesprodukten immer noch gleich-
gestellt. Zu einer der Modeerscheinungen, über die sich Gauß besonders amüsierte, gehörte das Tischrücken. Dazu saßen ansonsten intel-
ligente Menschen um einen Tisch und legten ihre Hände auf die Platte.
Nach vielleicht einer halben Stunde fing der Tisch an, sich zu bewegen
oder zu drehen. Wahrscheinlich begann dieser nur, sich über die
Runde zu langweilen, die an ihm Sitzenden interpretierten die eigen-
tümlichen Tischbewegungen aber lieber als Seelenbotschaft eines
Toten. Was die Gespenster genau mitteilten, blieb unklar, sicher war
nur, dass Tote den Tisch immer an der Wand gegenüber stehen haben
wollten. Einmal war in Heidelberg die gesamte juristische Fakultät
zugegen, als ihr Tisch sich quer durch den Raum bewegte. Man stelle
sich einen Haufen schwarz gekleideter bärtiger Juristen vor, die ge-

messenen Schrittes neben dem Tisch hergehen, damit kämpfen, ihre Hände an dem ihnen bestimmten Platz zu lassen und die Ortsveränderung des Tisches einem okkulten animalischen Magnetismus zuschreiben – statt ihrem eigenen Schieben! Solche Dinge galten für die Welt damals als vernünftig – der Gedanke, Euklid könne sich geirrt haben, nicht.

Gauß wusste von zu vielen Gelehrten, die in zeitraubende Fehden verwickelt waren, um selbst zu riskieren, in etwas Ähnliches hineingezogen zu werden. Ein warnendes Beispiel war Wallis, dessen Werk Gauß sehr schätzte. Dieser war mit dem englischen Philosophen Thomas Hobbes in einen bitteren Disput darüber geraten, wie man am besten die Fläche eines Kreises berechnete. Hobbes und Wallis tauschten über zwanzig Jahre lang öffentlich Beleidigungen aus und vergeudeten ihre Zeit mit der Abfassung von Schmähschriften mit Titeln wie *The Marks of the Absurd Geometry, Rural Language, etc. of Doctor Wallis*.[15]

Am meisten fürchtete Gauß die Anhänger von Immanuel Kant, der 1804 gestorben war.[16] Kant hatte 1740 an der Universität Königsberg mit dem Theologiestudium begonnen, aber bald eine Vorliebe für Mathematik und Physik entwickelt. 1770 begann er mit der Arbeit an seinem berühmtesten Werk, der *Kritik der reinen Vernunft*, das 1781 erstmals erschien. Dort schrieb der Philosoph über den (Euklidischen) Raum: »Der Raum ist eine notwendige Vorstellung, a priori, die allen äußeren Anschauungen zum Grunde liegt.«[17] Als Empiriker vertrat Gauß die Ansicht, dass sich alles mit logischer Strenge ableiten ließe, und die meisten Mathematiker hielt er von vornherein für inkompetent.[18] Kants Werk verwarf er allerdings nicht sogleich, er studierte es vielmehr gründlich, ja machte sich sogar die Mühe, es fünfmal zu lesen. Das Problem, das Gauß trotzdem mit Kant hatte, wird vielleicht verständlicher, wenn wir uns die Kompliziertheit eines Satzes vor Augen führen, in dem dieser den Unterschied zwischen analytischen und synthetischen Urteilen erläutert:

In allen Urteilen, worinnen das Verhältnis eines Subjekts zum Prädikat gedacht wird (wenn ich nur die bejahende erwäge, denn auf die verneinende ist nachher die Anwendung leicht), ist dieses Verhält-

nis auf zweierlei Art möglich. Entweder das Prädikat B gehört zum
Subjekt A als etwas, was in diesem Begriffe A (versteckter Weise)
enthalten ist; oder B liegt ganz außer dem Begriff A, ob es zwar mit
demselben in Verknüpfung steht. Im ersten Fall nenne ich das Urteil
analytisch, in dem andern synthetisch.[19]

Gauß meinte, diese Unterscheidung von analytischen und synthetischen Urteilen würde sich entweder in Trivialitäten totlaufen oder sei
falsch. Wie schon seine Theorie des Nicht-Euklidischen Raums gab er
aber auch diese Gedanken nur Menschen preis, denen er vertraute. Mit
der Auswahl dieser Vertrauten scheint Gauß allerdings nicht immer
Glück gehabt zu haben. Ob es nun geistiger Diebstahl war oder nur
eine Laune des Schicksals, es rief auf jeden Fall viel Erstaunen und
Kopfschütteln hervor, als anstelle von Gauß zwei Kollegen, mit denen
er in Kontakt stand, die Resultate des mathematischen Durchbruchs,
der ihm in den Jahren 1815 bis 1824 gelang, veröffentlichten.

Am 23. November 1823 schrieb Johann Bólyai, der Sohn des lang-
jährigen Freunds von Gauß, seinem Vater Wolfgang, dass er eine »neue
völlig unterschiedliche Welt aus dem Nichts heraus geschaffen habe«.
Mit anderen Worten: Er nahm für sich in Anspruch, den Nicht-Euklidischen Raum entdeckt zu haben. Im selben Jahr untersuchte der Russe
Nikolai Iwanowitsch Lobatschewski im fernen Kasan die Folgen der
Verletzung des Parallelen-Postulats in einem Geometrie-Lehrbuch, das
nicht veröffentlicht wurde.[20] Lobatschewski war ein Schüler von Johann Bartels, der mittlerweile Professor in Kasan war. Wolfgang Bólyai
und Bartels hatten schon lange Interesse am Nicht-Euklidischen Raum
gezeigt und Gauß für eine Diskussion seiner Ideen gewonnen.

War es bloßer Zufall? Das Genie Gauß hatte eine großartige Theorie entwickelt, freute sich darüber, sie mit Freunden diskutieren zu
können, weigerte sich aber, sie zu publizieren. Kurze Zeit danach
tauchten Freunde sowie Bekannte der Freunde auf und behaupteten,
sie hätten dieselbe große Entdeckung gemacht. Der seltsame Zufall
reichte auf jeden Fall, um ein Lied über Lobatschewski anzuregen, in
dem so belastende Zeilen stehen wie: »Schreib ab und lass deinen
Augen nichts entkommen, was andere geschrieben haben ...«[21] Die

meisten Historiker glauben heute, dass es weniger die Einzelheiten, sondern der Geist und die Grundidee des Gaußschen Werks waren, die weitergereicht wurden, und dass Bólyai und Lobatschewski – zumindest damals – von den Anstrengungen des jeweils anderen nichts wussten.

Unglücklicherweise erfuhr auch sonst kein Mensch von der Neuigkeit: Den in typischer Weise dunklen Äußerungen der Mathematiker hörte niemand zu. Es half auch nicht weiter, dass Lobatschewski seine Arbeiten in einer unbekannten Zeitschrift namens *Kazan Messenger* in russischer Sprache veröffentlichte und dass die Ergebnisse von Johann Bólyai im Anhang von *Tentamen Juventutem Studiosam in Elementa Matheseos*[22], einem Buch seines Vaters, begraben waren. Erst vierzehn Jahre später stolperte Gauß über diesen Artikel, und Wolfgang Bólyai schrieb ihm über die Arbeiten seines Sohnes, doch Gauß wollte weiterhin nichts publizieren und damit das Risiko eingehen, selbst im Mittelpunkt der Auseinandersetzung zu stehen. Er schrieb an Bólyai einen netten Glückwunsch, nicht ohne dabei zu erwähnen, dass er auch schon ähnliche Ergebnisse gefunden hatte, und schlug großzügigerweise vor, Lobatschewski zum »korrespondierenden Mitglied der Königlichen Akademie der Wissenschaften« Göttingens zu wählen, was dann 1842 auch geschah.

Johann Bólyai veröffentlichte keine weiteren mathematischen Schriften. Die Aufzeichnungen, die man nach seinem Tod fand, zeigten, dass er seltsamerweise insgeheim ein Euklidianer geblieben war. Selbst nach der Entdeckung des Nicht-Euklidischen Raums versuchte er noch, das Parallelen-Postulat zu beweisen – und somit sein eigenes Werk zu widerlegen! Lobatschewski wurde schließlich Rektor der Universität von Kasan. Beide wären vermutlich längst in Vergessenheit geraten, hätten sie nicht mit Gauß in Verbindung gestanden. Man könnte es Ironie des Schicksals nennen, dass die Nicht-Euklidische Revolution erst mit dem Tod von Gauß begann.

Carl Friedrich Gauß war ein sorgfältiger Chronist seiner Zeit. Es machte ihm Vergnügen, skurrile Datensätze zu sammeln, etwa das Lebensalter verstorbener Freunde in Tagen oder die Zahl der Stufen, die er von dem Observatorium, an dem er arbeitete, zu seinen Lieb-

lingsplätzen in der Stadt steigen musste.[23] Er zeichnete auch den Fortgang seiner Arbeiten auf. Nach seinem Tod machten sich Kollegen und
Schüler an das Studium dieser Notizen und seiner Korrespondenz,
wobei sie seine Forschungen über den Nicht-Euklidischen Raum
sowie die Arbeiten von Bólyai und Lobatschewski entdeckten. 1867
wurden deren Artikel in die zweite Auflage von Richard Baltzers ein-
flussreichem Buch *Elemente der Mathematik* aufgenommen und
damit zu einer Standardquelle für alle, die über die neuen Geometrien
arbeiteten.

1868 beendete der italienische Mathematiker Eugenio Beltrami ein
für alle Mal die Versuche, das Parallelen-Postulat zu beweisen: Er
zeigte, dass auch die Geometrie der kurz zuvor entdeckten Nicht-
Euklidischen Räume in sich konsistent ist, wenn dies für die Euklidische Geometrie gilt. – Wie wir sehen werden, ist Letzteres aber nie
bewiesen oder widerlegt worden.

17
Verloren im
hyperbolischen Raum

□○△○□

Was ist ein Nicht-Euklidischer Raum? Der hyperbolische Raum, mit
dem sich Gauß, Bólyai und Lobatschewski befassten, entsteht, wenn
man das Parallelen-Postulat durch die Annahme ersetzt, dass es zu
jeder Geraden nicht nur eine, sondern viele parallele Geraden gibt, die
durch einen beliebigen, außerhalb der ursprünglichen Geraden liegenden Punkt gehen. Wie Gauß an Taurinus schrieb, ist dann die Winkelsumme von Dreiecken immer um einen gewissen Betrag, den »Winkeldefekt«, kleiner als 180°. Wallis stieß bekanntermaßen auf eine weitere
Folge: Es gibt keine ähnlichen Dreiecke. Beide Gedanken sind miteinander verknüpft, da sich der Winkeldefekt mit der Dreiecksgröße
verändert: Je größer ein Dreieck, umso größer der Winkeldefekt, und
je kleiner das Dreieck, umso mehr nähert es sich einem Euklidischen
an, ohne allerdings diese Form ganz erreichen zu können. Im hyperbolischen Raum steht man vor einem ähnlichen Problem wie bei der
Lichtgeschwindigkeit oder dem Traumgewicht: So nah man dem Ideal
auch kommt, erreichen wird man es nie.

Die kleine Änderung bei dem so harmlos aussehenden Parallelen-
Postulat erzeugte eine regelrechte Schockwelle, die sich durch alle
Euklidischen Sätze fortpflanzte und jeden, der auf der Struktur des
Raums beruhte, veränderte. Es war, als hätte Gauß die Glasscheibe aus
Euklids Fenster herausgenommen und durch eine verzerrende Linse
ersetzt.

Weder Gauß noch Lobatschewski noch Bólyai waren in der Lage,
diese neue Art von Raum anschaulich darzustellen. Das gelang erst
Eugenio Beltrami und in einer vereinfachten Weise Jules Henri Poincaré, dem Mathematiker, Physiker, Philosophen und Vetter des späte-

ren Präsidenten der Französischen Republik, Raymond Poincaré. Henri war schon immer der weniger berühmte der beiden Vettern, aber auch er besaß die Gabe, elegant zu formulieren: »Mathematiker werden geboren, nicht gemacht«, hatte er verkündet und damit ein Klischee in die Welt gesetzt – und ein wenig seinen Ruhm gesichert. Seine Arbeiten aus den achtziger Jahren des 19. Jahrhunderts, in denen er ein konkretes Modell des hyperbolischen Raums entwickelte, kennt nur die mathematische Fachwelt.[24]

Poincaré ersetzte die abstrakten Begriffe »Gerade« und »Ebene« durch konkrete Gebilde wie Kurven, Oberflächen oder sogar Körper und formulierte die Axiome der hyperbolischen Geometrie mit diesen neuen Begriffen. Das ist erlaubt, solange nur die Bedeutungen, die den Begriffen von den Postulaten zugewiesen werden, genau definiert und in sich schlüssig sind. Man könnte beispielsweise den Nicht-Euklidischen Raum als die Oberfläche eines Zebras darstellen und dabei die Haarwurzeln Punkte und die Streifen Geraden nennen – man muss nur die Axiome widerspruchsfrei übertragen. Angewandt auf die Zebraoberfläche würde das erste Postulat Euklids lauten:

Gefordert soll sein, dass man von jeder Haarwurzel zu jeder anderen Haarwurzel den Abschnitt eines Streifens legen kann.

Dieses Postulat ist offensichtlich im Zebraraum *nicht* gültig, da die Streifen eine gewisse Breite haben. Zwei Haarwurzeln, die an der gleichen Stelle längs eines Streifens, aber in einem gewissen Abstand nebeneinander liegen, sind *nicht* Endpunkte irgendeines Streifenabschnitts. In Poincarés Modell treten keine Zebras auf, die unendliche »Ebene« wird vielmehr durch eine begrenzte Scheibe ersetzt, die einer Crêpe ähnelt, die unendlich dünn ist und einen perfekten kreisförmigen Rand hat. Die »Punkte« sind die Dinge, die seit Descartes als Punkte bezeichnet werden: in unserem Beispiel etwa die Pünktchen von feinen weißen Zuckerkristallen. Poincarés »Geraden« wären dann die gekrümmten braunen Backspuren. Technischer ausgedrückt: Die »Geraden« sind »Kreisbogenausschnitte, welche die Grenze der Scheibe in rechten Winkeln schneiden.«[25] Um diese Gebilde von dem zu unterscheiden, was wir gemeinhin unter Geraden verstehen, wollen wir sie Poincaré-Geraden nennen.

Nachdem Poincaré dieses anschauliche Bild entwickelt hatte, musste er die neuen geometrischen Begriffe verdeutlichen. Ein entscheidender Begriff war die Kongruenz, also jene Formgleichheit, die Euklid vorausgesetzt hatte und die man nachweisen kann, indem man geometrische Gebilde überlagert und zur Deckung bringt. Euklid sagt in seinem siebten Axiom dazu: »Was einander deckt, ist einander gleich«. Wie wir gesehen haben, kann man Figuren im Raum nur dann ohne Verzerrung bewegen, wenn das Euklidische Parallelen-Postulat gilt. Das siebte Axiom ist daher im Nicht-Euklidischen Raum nutzlos. Poincarés Vorschlag war, die Kongruenz durch ein System der Längen- und Winkelmessung zu definieren. Danach wären zwei Figuren kongruent, wenn die Längen ihrer Seiten und die von den Seiten eingeschlossenen Winkel übereinstimmen. Das erscheint einleuchtend, ist aber nicht unproblematisch.

Eine Vorschrift für die Winkelmessung war kein Problem. Der Mathematiker definierte den Winkel zwischen zwei Poincaré-Geraden als den Winkel zwischen ihren Tangenten in dem Punkt, in dem sie sich schneiden. Die Definition einer Länge oder eines Abstands zu finden, gestaltete sich weit schwieriger. Es lag nahe, dass es Probleme geben würde, da in dem Modell eine unendlich ausgedehnte Ebene in ein begrenztes Gebiet gestopft wurde. Erinnern wir uns zum Beispiel an das zweite Euklidische Postulat:

Gefordert soll sein, dass man eine begrenzte gerade Linie [eine Strecke] zusammenhängend gerade verlängern kann.

Mit der üblichen Definition von »Abstand« gilt dieses Postulat auf unserer Crêpe ganz offenkundig nicht, weil man auf den Rand trifft. Poincaré definierte daher den Abstand in der Weise neu, dass der Raum sich immer mehr zusammenzieht, je mehr man sich dem Rand des Poincaré-Universums nähert. So wird die auf den ersten Blick endliche Fläche der Crêpe in eine unendliche verwandelt. Die Annahme klingt ganz plausibel, aber Poincaré konnte schließlich den Abstand

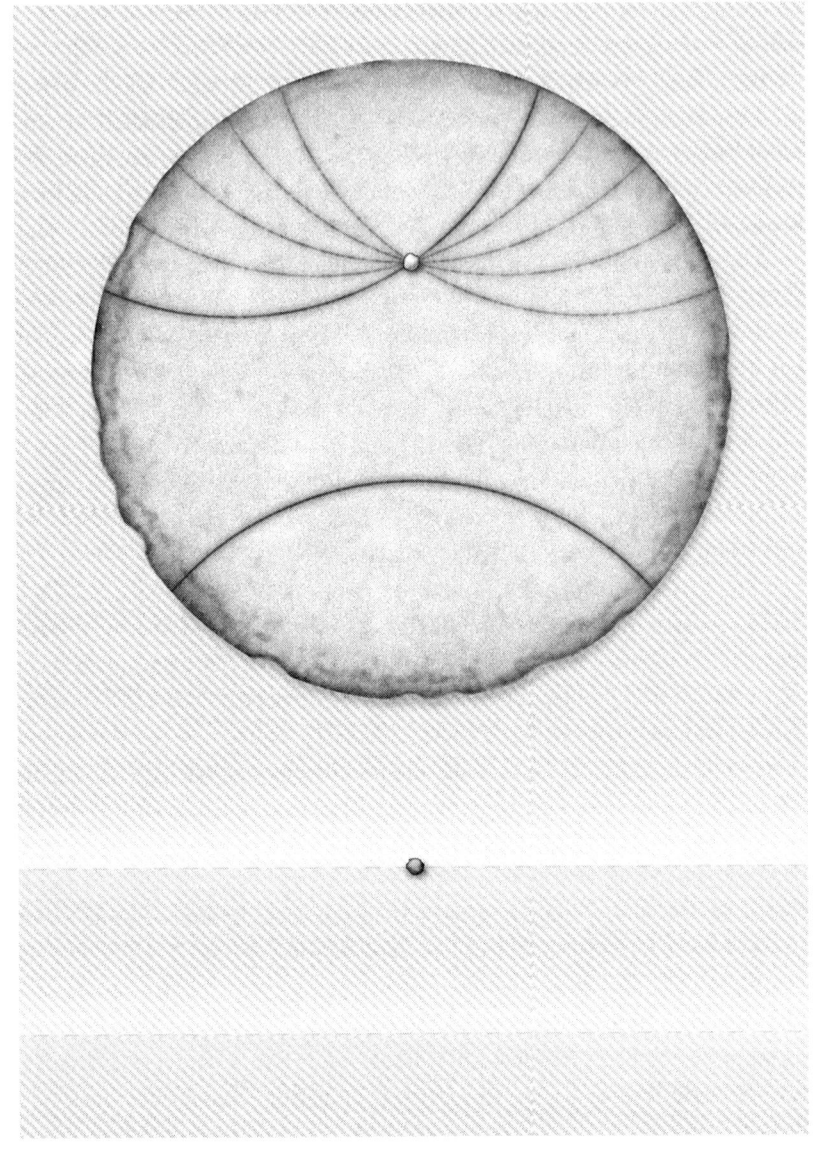

Abbildung 7
Parallelen in einem hyperbolischen Raum (oben) und in einem
Euklidischen Raum (unten)

nicht nach Lust und Laune definieren. Um zu einem annehmbaren Resultat zu kommen, unterlag seine neue Definition strengen Anforderungen. Der Abstand zwischen zwei Punkten musste immer größer als Null sein. Sicher musste sein, dass die Poincaré-Gerade zwischen zwei Punkten die kürzeste Verbindung, die so genannte Geodäte, darstellte – in gleicher Weise, wie im Euklidischen Raum die Gerade die kürzeste Verbindung zwischen zwei Punkten bildet.

Wenn man alle zur Definition des hyperbolischen Raums nötigen Grundlagen überprüft, wird man feststellen, dass Poincarés Modell sie in logisch konsistenter Weise interpretiert (Abbildung 7). Wir wollen uns die interessanteste dieser Grundlagen näher ansehen: das berühmte Parallelen-Postulat. Die hyperbolische Formulierung lautet für Poincarés Modell (in der uns schon bekannten Playfairschen Version) wie folgt:

Gegeben sei eine Poincaré-Gerade und ein nicht auf ihr liegender Punkt. Es gibt viele andere Poincaré-Geraden, die durch diesen Punkt gehen und die vorgegebene Poincaré-Gerade nicht schneiden.

Poincarés Modell des hyperbolischen Raums ist ein Versuchslabor, das es erlaubt, einige ungewöhnliche Sätze und Eigenschaften zu zeigen, an deren Aufdeckung die Mathematiker zuvor so hart gearbeitet hatten. Ein Beispiel ist der Versuch, ein Viereck zu zeichnen. Wir beginnen mit einer Poincaré-Grundlinie. Dann zeichnen wir auf ihr zwei Poincaré-Strecken, die senkrecht auf derselben Seite der Grundlinie stehen. Zuletzt versuchen wir, die beiden Strecken mit einer weiteren zu verbinden, die wie die Grundlinie senkrecht auf ihnen steht. Wir merken, dass dies unmöglich ist: Im Nicht-Euklidischen Raum der Poincaré-Welt gibt es keine Vierecke!

Was erreichte Poincaré mit seinem Modell? Möglicherweise spendeten ein paar bebrillte Mathematiker der Universität von Paris nach einem Kolloquiumsvortrag durch höfliches Klopfen auf die Bänke Henri und seiner Theorie Beifall. Vielleicht luden sie ihn danach zum Postkolloquium ein – mit Absinth und Crêpes, auf denen er mit Marmelade Vierecke malen konnte. Aber warum sollte jemand ein Jahrhundert später über diese Dinge ein Buch schreiben und warum sollte jemand ein solches Buch lesen?

Poincarés Modell ist nicht nur ein Modell des hyperbolischen Raums, es *ist* ein hyperbolischer Raum, und zwar ein zweidimensionaler. In der mathematischen Fachsprache heißt das: Die Mathematiker haben bewiesen, dass alle möglichen mathematischen Beschreibungen der hyperbolischen Ebene »isomorph« sind. Sie sind gleich, keine ist besser als die andere. Wenn der Raum, in dem wir leben, hyperbolisch ist, dann wird er sich genau so verhalten wie das Poincarésche Modell – von der Ausnahme abgesehen, dass er drei Dimensionen hat.

Einige Jahrzehnte nach der Entdeckung des hyperbolischen Raums wurde ein weiterer Nicht-Euklidischer Raum entdeckt: der elliptische Raum. Diesen erhält man, wenn man eine andere Verletzung des ursprünglichen Parallelen-Postulats zulässt und erlaubt, dass es überhaupt keine Parallelen gibt – was bedeuten würde: *Alle* Geraden in einer Ebene schneiden sich irgendwo. Einen zweidimensionalen Raum dieser Art kannten schon die Griechen der Antike, und auch Gauß wusste von ihm, aber niemand kam darauf, dass er ein Vertreter der elliptischen Räume war. Und das aus gutem Grund: Man hatte nämlich bewiesen, dass elliptische Räume nicht existieren können, wenn das Parallelen-Postulat gilt – welche seiner Formulierungen man auch immer wählt. Letzten Endes stellte sich heraus, dass das Problem nicht die elliptischen Räume waren, sondern die Euklidische Axiomatik.[26]

18
Von Ameisen und Menschen

□○△○□

In den zehn Jahren nach 1816 reiste Gauß durch Deutschland, um das Land zu vermessen.[27] Der springende Punkt bei dieser Arbeit war, den Abstand zwischen Städten und anderen Orientierungspunkten zu bestimmen und diese Daten in eine Karte einzutragen. Das ist aus einer Reihe von Gründen nicht so einfach, wie es zunächst scheinen mag.

Zunächst waren die Vermessungsinstrumente nicht weit reichend genug. Gauß musste deshalb große gerade Strecken aus kürzeren Segmenten zusammensetzten. Jede der einzelnen Längenmessungen wies natürlich bestimmte Fehler auf, die sich schnell summierten. Andere Wissenschaftler hätten sich vielleicht die Haare gerauft und den Druck auf das Personal erhöht, um winzige Verbesserungen zu erzielen und dann die Ergebnisse in einer Weise vermarktet, die ihre Bedeutung herausgestrichen hätte. Gauß reagierte anders und stellte stattdessen eine Theorie der Wahrscheinlichkeitsrechnung und Statistik auf. Dabei fand er ein Gesetz, nach dem sich zufällige Fehler, wie sie bei Vermessungsarbeiten auftreten, in einer Glockenkurve um den Mittelwert verteilen – in einer Form, die später Gaußverteilung genannt wurde.

Nachdem der Mathematiker das Fehlerproblem gelöst hatte, stellte er sich der Aufgabe, aus dreidimensionalen Daten eine zweidimensionale Karte zu zeichnen, wobei in der dritten Dimension, der Höhe, die Erdkrümmung zu berücksichtigen war. Die Oberfläche einer Kugel hat eine andere Geometrie als eine Euklidische Fläche. Dies ist die mathematische Version eines Dilemmas, dass alle Eltern kennen, wenn sie einen Ball in Geschenkpapier einpacken wollen. Sie würden sich –

von mathematischen Feinheiten abgesehen – vielleicht wie Gauß anstellen, nämlich das Papier in kleine Quadrate zerschneiden und diese um den Ball herum mit Klebeband zusammenflicken. Um die Feinheiten der Methode, die Gauß 1827 in einer Zeitschrift veröffentlichte und mit der er dieses Problem zu lösen suchte, entstand ein neues Teilgebiet der Mathematik, die Differenzialgeometrie.

Die Differenzialgeometrie ist eine Theorie gekrümmter Flächen, die mit den kartesischen Koordinaten beschrieben und dann unter Anwendung der Differenzialrechnung analysiert werden. Man könnte meinen, dass es für dieses Verfahren nur einen engen Anwendungsbereich gibt, der sich vielleicht auf Kaffeetassen, Flugzeugflügel oder eine Nase erstreckt, aber nicht auf Dinge wie die Struktur unseres Universums. Gauß sah das anders und präsentierte in seiner Veröffentlichung zwei grundlegende Erkenntnisse. Zunächst machte er geltend, dass auch eine Fläche oder Oberfläche als »Raum« betrachtet werden kann (was wir in diesem Buch schon lange tun). Wir können uns beispielsweise die Erdoberfläche als einen Raum vorstellen – selbst wenn von Flugreisen dabei keine Rede ist.

Der zweite bahnbrechende Gedanke, den Gauß darlegte, war, dass man die Krümmung des Raums allein schon aus den Eigenschaften einer Oberfläche erschließen kann – und dazu keinen weiteren Raum braucht, in dem sie enthalten ist. Mathematisch an einem Beispiel ausgedrückt: Die Geometrie einer zweidimensionalen gekrümmten Fläche kann ohne Bezug zu einem Euklidischen Raum mit drei Dimensionen untersucht werden. Dass ein Raum in sich selbst »gekrümmt« sein konnte, ohne sich also in irgendeinen anderen Raum hineinzukrümmen, war eine Vorstellung, die sich später in Einsteins allgemeiner Relativitätstheorie als notwendig erweisen sollte. Die Annahme lässt uns auch hoffen, die Krümmung unseres eigenen Raums bestimmen zu können, denn schließlich können wir unser Universum nicht verlassen und von »außen« auf unser begrenztes dreidimensionales Reich herabschauen.

Um zu verstehen, wie man eine solche Krümmung bestimmen kann, ohne einen umgebenden Raum als Referenz zu haben, wollen wir uns Alexei und Nicolai als zweidimensionale Wesen vorstellen. Sie mögen in einer Zivilisation leben, deren Raum dem von (flügellosen) Ameisen gleicht und vollkommen auf die Erdoberfläche beschränkt ist. In ihm gibt es keine Flugreisen, und der Weltrekord im Hochsprung liegt bei null Millimeter. Wie unterscheiden sich die Erfahrungen der beiden von unseren?

Nehmen wir den Rekord im Hochsprung. Es ist nicht nur so, dass Alexei nicht vom Boden wegkommt, er könnte sich überhaupt nicht vorstellen, wie es ist, den Boden zu verlassen. Das ist kein Grund für uns 3-D-Wesen, uns gegenüber dieser zweidimensionalen Ameisen-Welt überlegen zu fühlen. Vielleicht findet gerade jetzt eine Party von 4-D-Wesen statt, die gigantische Margaritas schlürfen, auf uns »herab-blicken« und sich über unsere dreidimensionale Beschränktheit amü-sieren. Ähnlich wie krabbelnde Ameisen, die keine Vorstellung von einer 3-D-Welt haben, können wir armen Wesen nicht »hinauf« in die 4-D-Welt springen.

Wie sieht denn die flache Welt von Alexei und Nicolai für Bergstei-ger aus? Es gibt in dieser Welt Berge! Die beiden könnten den Gipfel des Mount Everest erreichen, er ist schließlich Teil der Erdoberfläche, aber sie hätten dabei nicht das Gefühl, in die Höhe zu steigen. Wenn Alexei am Fuß des Berges in Richtung Gipfel loswandert, schiebt ihn eine geheimnisvolle Kraft, die uns 3-D-Wesen als Schwerkraft bekannt ist, zum Ausgangspunkt zurück – als hätte der Berggipfel eine fremd-artige abstoßende Eigenschaft. Durch die geheimnisvolle Kraft würde sich auch die Geometrie des Raums verzerren: Jedes Dreieck würde in den Bergen eine unerklärlich große Fläche umfassen. Wir können das verstehen, denn die Oberfläche eines Bergs ist größer als sein Grund-riss, Alexei und Nicolai würde es jedoch als eine Verzerrung des Raums erscheinen.

Die beiden könnten sich weder Stöcke vorstellen, die aus dem Sand herausragen noch eine Sonne, die außerhalb ihres Raums steht und von dort Schatten wirft. Ein Schiff, das am Horizont verschwindet, würde nicht aus Rumpf und Masten bestehen, sondern wäre (wie alles andere und auch sie selbst) flach. Alle Hinweise, die unsere Ahnen auf die Kugelgestalt unserer Erde fanden, würden Alexei und Nicolai fehlen. Sie würden nur etwas über die Entfernungen und die Beziehungen

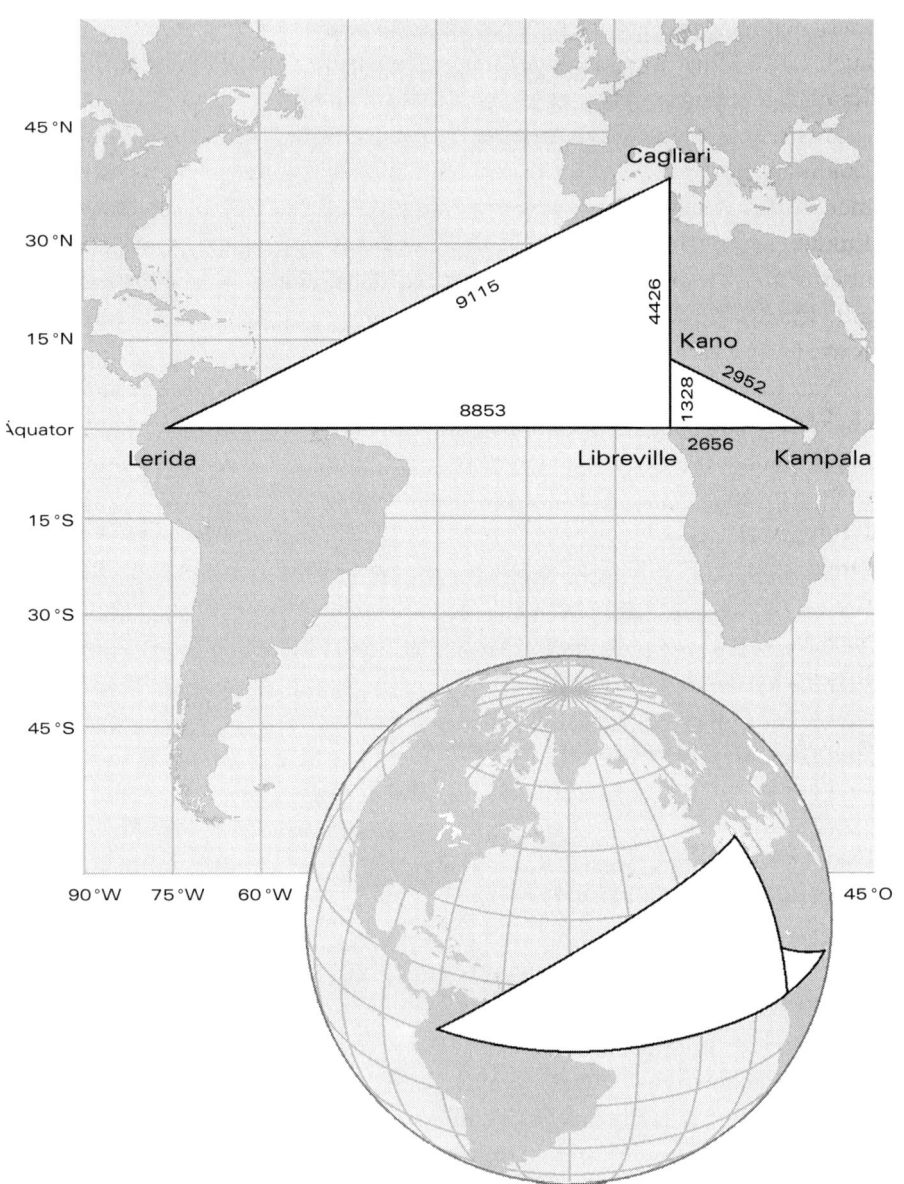

Abbildung 8
Dreiecke auf dem Globus

zwischen Punkten in ihrem Raum wissen – und doch könnten beide auch ohne Hinweise aus der dritten Dimension feststellen, dass ihr Raum Nicht-Euklidisch ist.

In dieser seltsamen Welt möge es nun eine Gelehrte geben, die Non-Euklidia heißt. Sie ist bei ihren Untersuchungen in ihrem Arbeitszimmer in der Akademie von Alexandria zu denselben Schlüssen wie Euklid gekommen, aber bevor sie ihre *Elemente* veröffentlicht, will sie überprüfen, ob die Theorie auch außerhalb der Wände ihres Zimmers gilt. Ihr Doktorand Alexei bringt ihr dazu aus der Bibliothek eine Karte (Abbildung 8).

Auf der Karte ist Libreville in Gabun eingetragen, das bei 9° östlicher Länge auf dem Äquator liegt und den Eckpunkt mit einem rechten Winkel in einem Dreieck darstellt. Geht man um 12° nach Norden, trifft man auf Kano in Nigeria, geht man 24° nach Osten, landet man in Kampala in Uganda und hat damit die anderen zwei Eckpunkte des Dreiecks. Eines der grundlegenden Gesetze der Euklidischen Geometrie ist der Satz des Pythagoras. Non-Euklidia bittet Alexei, diesen Satz anhand von Messungen und Rechnungen zu überprüfen. Das Ergebnis ist:

Summe der Quadrate über den Katheten:
8817920 Quadratkilometer.

Summe des Quadrats über der Hypotenuse (Kano–Kampala):
8714304 Quadratkilometer.

Non-Euklidia ärgert sich angesichts dieser Ergebnisse über die Schlampigkeit ihres Mitarbeiters. Sie wiederholt die Rechnungen selbst und muss eingestehen, dass Alexei Recht hat. Die Gelehrte macht nun den zweiten Schritt, den Theoretiker gerne vollziehen, um ihre Theorie zu verteidigen: Sie schreibt die Differenz den Messfehlern zu und schickt Nicolai, einen anderen Studenten, um neue Daten aus der Bibliothek zu holen. Dieser kommt mit einem weit größeren Dreieck zurück (siehe wieder Abbildung 8). Der Ausgangspunkt ist auch diesmal Libreville, der zweite Eckpunkt ist Cagliari in Italien (39° nördlicher

Breite), der dritte Lerida in Kolumbien (71° westlicher Länge). Nicolai
kommt zu folgendem Rechenergebnis:

Summe der Quadrate über den Katheten:
97 965 085 Quadratkilometer.

Summe des Quadrats über der Hypotenuse (Cagliari–Lerida):
83 083 225 Quadratkilometer.

Dieses Mal erscheint die Differenz noch größer. Wie konnte sich Non-
Euklidias Kollege Pythagoras nur so irren? Und wie konnte Euklid
Dutzende von Dreiecken vermessen und dabei dieses Problem niemals
bemerken? Alexei hat eine Idee: Bei Euklid waren es Dreiecke, die verglichen mit den jetzigen winzig waren. Und Nicolai erinnert daran,
dass die Diskrepanz mit der Größe des Dreiecks gewachsen ist. Nach
seiner Hypothese waren alle zuvor in dem winzigen Labor oder in den
Straßen der Stadt untersuchten Dreiecke so klein, dass die Abweichung unentdeckt blieb.

Die alexandrinische Professorin beschließt, Alexei und Nicolai aus
Drittmitteln auf eine Expedition nach New York zu schicken. Von
dort – 40°45' Nord, 74°00' West – soll Alexei 10' nach Westen gehen,
was ihn ungefähr in die Innenstadt von Newark führen würde. Nicolai
hingegen soll 10' nach Norden gehen – nach New Milford in New Jer-
sey. In guter Näherung bilden die drei Punkte ein rechtwinkliges Dreieck mit den Seiten New York–New Milford (18,44 Kilometer), New
York–Newark (13,97 Kilometer) und New Milford–Newark (23,14
Kilometer). Non-Euklidia überprüft wieder den Satz des Pythagoras:

Summe der Quadrate über den Katheten:
535 Quadratkilometer.

Summe des Quadrats über der Hypotenuse (Newark–New Milford):
535 Quadratkilometer.

Sind die Dreiecke nur klein genug, scheint alles zu stimmen. Während
sich die Anfänge einer Nicht-Euklidischen Geometrie in ihrem Kopf

ausbreiten, schickt Non-Euklidia ihre Studenten auf eine letzte Expedition. Die beiden sollen von New York nach Madrid reisen, das mit 40° Nord und 4° West ziemlich genau östlich von New York liegt (Abbildung 9). Sie haben den Auftrag, diese Reise nicht nur einmal, sondern viele Male auf immer wieder leicht unterschiedlichen Routen zu unternehmen und dabei immer die genaue Länge der Reiseroute zu bestimmen. Die Suche soll wie bei Kolumbus der kürzesten Strecke zwischen den beiden Kontinenten, der Geodäte, gelten.

Führt die kürzeste Verbindung zwischen New York und Madrid einfach entlang dem Breitenkreis? Nein! Die Reise ist kürzer, wenn man der in der Karte dargestellten gekrümmten Linie folgt, also zuerst mit dem Schiff nach Nordosten segelt, sich dann immer mehr südlich wendet und zuletzt fast nach Südosten fährt. Dieser Linie würde auch eine Bowlingkugel folgen, wenn man sie in New York genau nach Osten losschickte und der Weg ohne Hindernisse wäre. Zugvögel fliegen ebenfalls längs einer Geodäte in ihre Winterquartiere, und die Seile der 2-D-Seilzieher im alten Ägypten markierten Geodäten, wenn sie zwischen zwei Punkten ausgespannt wurden.

Das ist leicht zu verstehen, wenn wir die Erde von einem Platz im Weltall aus betrachten. Wenn man sich auf der Erdkugel vorwärts bewegt, liegen die Richtungen »Nord« und »Ost« nicht fest, sie drehen sich vielmehr auf dem Weg von New York nach Madrid im dreidimensionalen Raum. Der kürzeste Weg zwischen New York und Madrid (oder zwischen allen anderen Punkten auf dem Globus) geht entlang einer Kurve, die man Großkreis nennt. Großkreise sind Kreislinien auf dem Globus, deren Mittelpunkt mit dem Erdmittelpunkt zusammenfällt. Sie tragen diesen Namen, weil es die größten Kreise sind, die man auf der Erdoberfläche zeichnen kann. Die Großkreise bilden das Gegenstück zu den Poincaré-Geraden im Poincaréschen Universum, Kurven, die man natürlicherweise Geraden nennen würde und die in den Euklidischen Axiomen die Rolle von Geraden spielen. Alle Längenkreise sind Großkreise, unter den Breitenkreisen ist es dagegen nur der Äquator, denn alle anderen haben ihren Mittelpunkt auf einem Punkt der Erdachse, der nördlich oder südlich des Erdmittelpunkt liegt.

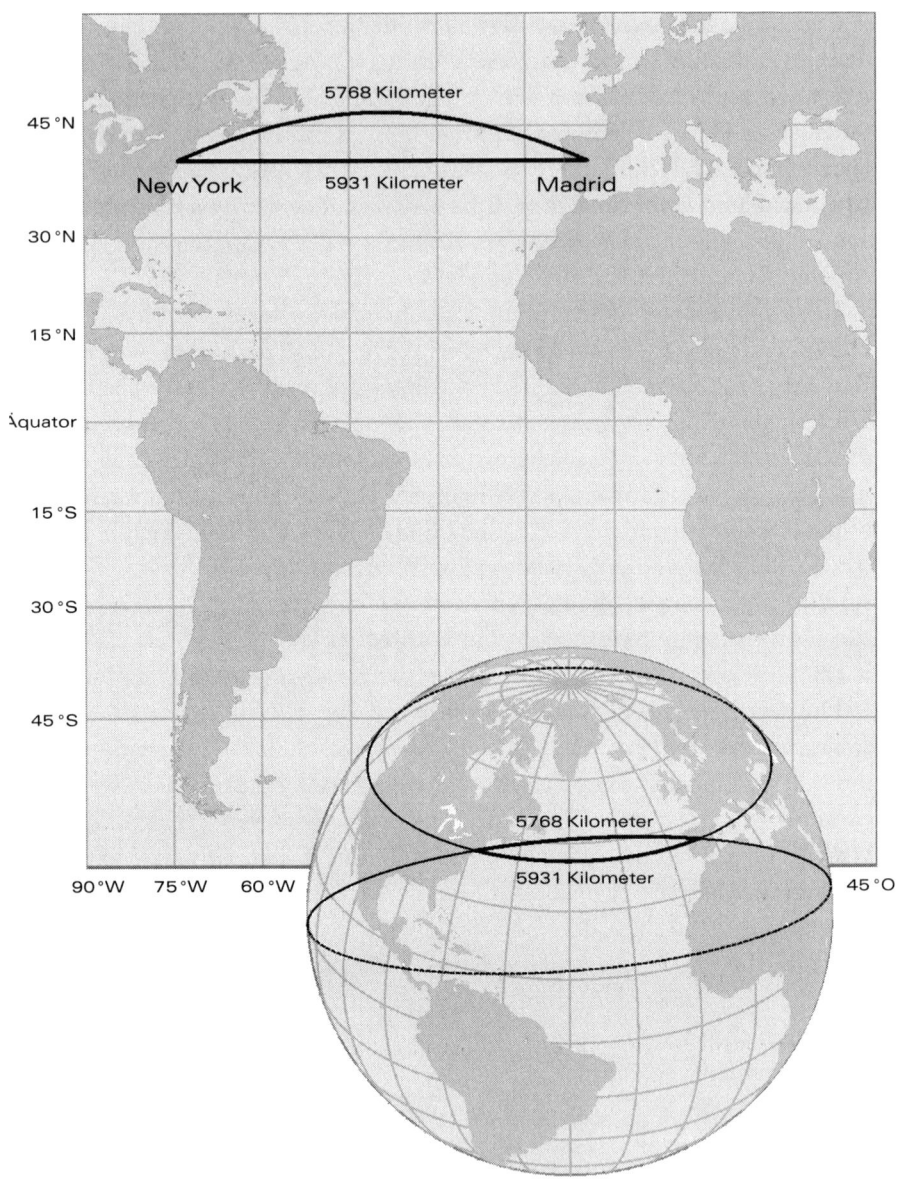

Abbildung 9
New York–Madrid

Der Blick auf die Erde aus dem All unterscheidet sich vom Blick, den die an den Boden gefesselten Erdbewohner ebenso wie unsere fiktive Gelehrte Non-Euklidia haben. Für sie gibt es keinen Erdmittelpunkt und keinen umgebenden Außenraum. Von ihren Studenten angeregt würde Non-Euklidia schließen, dass der Raum, in dem sie lebt, ein Nicht-Euklidischer Raum ist – kein hyperbolischer Raum, sondern ein Raum, der für die Oberfläche einer Kugel angemessen ist: ein elliptischer Raum.

In ihrem Raum schneiden sich alle »Geraden«, also alle Großkreise. Die Winkelsumme aller Dreiecke ist größer als 180°, in hyperbolischen Räumen wäre sie *kleiner* als 180°. So beträgt zum Beispiel in einem Dreieck, das ein Stück des Äquators als Grundlinie, einen Längenkreis durch Greenwich und einen weiteren bei 90° östlicher Länge als Seiten hat, die sich im Nordpol schneiden, die Winkelsumme 270°. Wie ein hyperbolischer Raum sieht auch der elliptische Raum »Euklidischer« aus, je kleiner seine Dimensionen sind. Die Differenz der Winkelsumme ist gegenüber 180° geringer, je kleiner ein Dreieck ist. Hier liegt der Grund, warum man die Abweichungen so lange nicht bemerkt hat.[28]

Die Geometrie elliptischer Räume, die auch »sphärische Geometrie« genannt wird, war schon in der Antike gut bekannt. Man wusste, dass die Großkreise Geodäten sind, man kannte geometrische Formeln für sphärische Dreiecke und verwendete sie bei der Herstellung von Karten. Elliptische Räume stimmten jedoch nicht mit den Euklidischen Grundgesetzen überein. Die Erkenntnis, dass eine Kugeloberfläche ein elliptischer Raum ist, blieb deshalb Georg Friedrich Bernhard Riemann, einem Schüler von Gauß, vorbehalten. Riemann machte sie in den letzten Lebensjahren seines Lehrers. Sie hat wohl mehr als jede andere die Revolution vorangetrieben, welche die Entdeckung gekrümmter Räume darstellte.

19
Die Geschichte von den zwei Aliens

□○△○□

Georg Riemann wurde 1826 in Breselenz bei Dannenberg geboren, einem kleinen Dorf nicht weit vom Geburtsort von Gauß entfernt.[29] Er hatte fünf Geschwister, die fast alle früh starben. Auch seine Mutter starb, als er noch klein war. Bis zu seinem zehnten Lebensjahr wurde er zu Hause von seinem Vater, einem evangelischen Pfarrer, unterrichtet. Sein Lieblingsfach war Geschichte, wobei er sich ganz besonders für die polnische Nationalbewegung interessierte. Das alles klingt nicht nach einem lockeren Partyleben – und das war es auch nicht: Georg war fast pathologisch schüchtern, bescheiden – und brillant. Wenn man an Gauß und Riemann denkt, könnte man auf die Idee kommen, dass im 19. Jahrhundert in der Gegend um Hannover und Göttingen eine überlegene Rasse von einem anderen Stern eine Kolonie gebildet und zumindest zwei geniale Kinder in ärmlichen Familien ausgesetzt hatte. Wenn es auch keine Geschichten gibt, in denen Riemann als Wunderkind auftritt, so erscheint er uns doch wie Gauß ein wenig zu klug, um einer von uns sein zu können.

Als Riemann neunzehn Jahre alt war, gab ihm Herr Schmalfuß, der Direktor des Gymnasiums, ein schweres Buch in die Hand: Adrien-Marie Legendres *Essai sur la théorie des nombres,* das 1798 in Paris erschienen war – ein dickes Werk, voll gestopft mit abstrakter Theorie, an dessen Lektüre man sich leicht hätte verheben können.[30] Für Riemann war das Buch eine leichte Übung. Er blätterte es durch, ohne sich besonders zu konzentrieren, und gab es nach sechs Tagen mit dem Kommentar »ganz nett geschrieben« zurück. Einige Monate später wurde er über den Inhalt des Werks geprüft: Das Ergebnis war hervorragend und man konnte schon fast ahnen, dass Riemann selbst später seine eigenen grundlegenden Beiträge zur Zahlentheorie liefern würde.

1846 schrieb sich Georg Riemann an der Göttinger Universität ein, wo Gauß als Professor lehrte. Er studierte zunächst Theologie, wechselte aber bald zu seiner größten Liebe, der Mathematik. Nach einer kurzen Zeit in Berlin kehrte er 1849 wieder nach Göttingen zurück, um zu promovieren. Seine Dissertation, die er 1851 einreichte, wurde unter anderem auch von Gauß begutachtet, der damals schon zur Legende geworden war – und als legendär hart gegenüber den Studenten galt.

Riemanns Werk gehörte zu den wenigen Arbeiten, die Gauß beeindruckten. In seinem Gutachten schrieb er: »Die von Riemann eingereichte Dissertation bildet einen schlagenden Beweis für die gründlichen und scharfsinnigen Untersuchungen des Verfassers, … für einen schöpferisch tätigen, echt mathematischen Geist und für eine herrlich fruchtbare Ursprünglichkeit.«[31] Gauß merkte noch an, dass er zuvor schon ähnliche Untersuchungen angestellt, diese aber nicht veröffentlicht hatte. (Die Durchsicht seiner nachgelassenen Aufzeichnungen zeigte später, dass all seine Behauptungen stimmten.) Riemann, damals siebenundzwanzig, war hocherfreut, wollte sich habilitieren und Privatdozent werden. Damals brachte ein solches akademisches Amt noch nicht das bescheidene Gehalt ein, das man heute bekommt: Es brachte überhaupt kein Gehalt, war aber für Riemann die ersehnte Ausgangsposition für eine Professur – und ein wenig Geld gab es dann doch, denn die Studenten zahlten schließlich für den Unterricht.

Die letzte Hürde war die Probevorlesung. Riemann gab drei Themen an, zwischen denen die Fakultät auswählen durfte. Es war damals üblich, das vom Kandidaten zuerst genannte Thema auszuwählen. Für alle Fälle hatte sich Riemann nicht nur auf das erste, sondern auch auf das zweite Thema gut vorbereitet – aber Gauß, immer gut für Scherze dieser Art, wählte das dritte.

Für dieses Thema hatte sich Riemann zwar interessiert, wusste aber nicht allzu viel darüber. Kein Akademiker würde auch damit rechnen, dass er über die Reptilien von Sri Lanka referieren soll, wenn er Spezialist für die Geschichte Luxemburgs ist – selbst wenn die Reptilien auf Platz drei seiner Liste stehen. Als Gauß, der damals schon schwer krank war und dem der Arzt den baldigen Tod vorausgesagt hatte, Riemanns drittes Thema wählte, wird sich dieser wohl selbst gefragt haben, an was er bei der Formulierung gedacht hatte: Das Thema lautete »Über die Hypothesen, welche der Geometrie zugrunde liegen« und bezog sich auf ein Gebiet, das Gauß sein ganzes Leben über immer sehr am Herzen lag.

Riemanns Reaktion war nur zu verständlich: Er bekam in den folgenden Wochen einen Nervenzusammenbruch, starrte die Wände an und war durch den auf ihm lastenden Druck wie gelähmt. Dann kam das Frühjahr, er riss sich endlich zusammen und schrieb in sieben Wochen das Manuskript für den Vortrag. Am 10. Juni 1854 stellte er seine Hypothesen vor.

Seinen Vortrag formulierte er mit den Begriffen der Differenzialgeometrie. Den Schwerpunkt legte er mehr auf die infinitesimal kleinen Gebiete einer Oberfläche als auf die großräumigen geometrischen Merkmale. Der Ausdruck »Nicht-Euklidisch« fiel zwar nicht, aber die Absicht der Arbeit war klar: Riemann erklärte, wie man eine Kugeloberfläche als zweidimensionalen elliptischen Raum interpretieren konnte.

Ähnlich wie Poincaré definierte auch Riemann die Begriffe Punkt, Gerade und Fläche auf seine Weise neu. Als Ebene wählte er die Kugeloberfläche. Punkte waren – wie bei Poincaré – Orte auf dieser Fläche, die – nach Descartes – durch Zahlenpaare oder Koordinaten, also Länge und Breite, gekennzeichnet waren. Riemanns Geraden waren die Großkreise, die Geodäten auf der Kugel.

Für Riemanns Modell musste wie bei Poincaré bestätigt werden, dass es eine konsistente Interpretation der Postulate erlaubt. Jetzt ist es an der Zeit, wieder an den Beweis zu erinnern, nach dem ein elliptischer Raum überhaupt nicht existiert. Riemanns Theorie erwies sich als problematisch: Einen Raum zu entwerfen, der auf einer neuen Art von Parallelen-Postulat beruhte, war die eine Sache. Aber Riemanns Raum stand auch im Widerspruch zu den anderen Euklidischen Postulaten. Denken wir zum Beispiel an das zweite:

Gefordert soll sein, dass man eine begrenzte gerade Linie [eine Strecke] zusammenhängend gerade verlängern kann.

Erfüllen Teilstücke eines Großkreises auf einer Kugel ebenfalls diese Forderung? Vor Riemann wurde das Postulat so interpretiert, dass es Teilstücke von beliebiger Länge geben muss. Aber auf einem Großkreis ist die Länge begrenzt: Kein Teilstück kann größer sein als der Großkreis selbst, die maximale Länge ist also 2πr, wenn r der Radius der Kugel ist.

Selbst in der Mathematik lohnt es sich gelegentlich, die Gesetze zu übertreten. Für Riemann musste das zweite Postulat nicht garantieren, dass die Segmente beliebig lang sein können, sondern nur, dass sie unbegrenzt sind – und *das* gilt auch auf Großkreisen. In der Mathematik sitzen die Fachkollegen über solche Aussagen zu Gericht und stellen peinliche Fragen: Was hat diese Neuinterpretation des Gesetzes durch den jungen Riemann für Folgen? Steht sie im Einklang mit anderen Gesetzen? Kann man sie in Übereinstimmung bringen?

In diesem Fall war nach der Klärung des Widerspruchs mit dem zweiten Postulat keineswegs alles in Ordnung. Riemanns Definition der Geraden führte zu weiteren Problemen, für die er keine Lösung angeben konnte. So verletzen zum Beispiel Großkreise die Annahme, dass sich zwei Geraden nur in einem Punkt schneiden können – die Großkreise schneiden sich in zwei Punkten, die sich auf der Kugel gegenüberliegen – die Längenkreise zum Beispiel im Nord- und Südpol.

Auch die Neudefinition des Euklidischen Postulats über das »Dazwischenliegen« wurde schwierig. Bei Euklid heißt es:

Gefordert soll sein, dass man von jedem Punkt nach jedem Punkt die Strecke ziehen kann.

Um einen Punkt auf einer Geraden zwischen zwei gegebenen Punkten zu erhalten, würde Euklid eine Strecke zwischen die beiden Endpunkte legen. Jeder Punkt auf dieser Strecke – die Endpunkte ausgenommen – liegt dann »zwischen« den Endpunkten. Bei Riemann gibt es immer zwei Möglichkeiten, ein Punktepaar entlang einem Großkreis zu verbinden. Liegt Indonesien zwischen dem äquatorialen Afrika und dem äquatorialen Südamerika? Um die Frage zu beantwor-

ten, kann man längs des Äquators eine »Gerade« ziehen, die beide
Kontinente verbindet, und dann prüfen, ob sie durch Indonesien geht.
In der Riemannschen Welt kann man aber von Südamerika auf zwei
Wegen nach Afrika gelangen: in westliche und in östliche Richtung.
Der eine Weg auf dem Großkreis »Äquator« durchquert Indonesien,
der andere nicht.

Aufgrund dieser Uneindeutigkeit sind alle Beweise Euklids, bei
denen Punkte mit Strecken verbunden werden, auf der Oberfläche
einer Kugel nicht mehr haltbar. Das hat seltsame Folgen. Wir wollen
uns zum Beispiel eine überschaubare Riemannsche Welt vorstellen, die
anstelle der 6000 km der Erde nur einen Radius von 60 km hat. An
einem Tag mit guter Sicht könnten wir nach vorn schauen und uns
selbst von hinten betrachten. Ist dann unser Rücken vor uns oder hinter uns? Oder nehmen wir einen Hula-Hoop-Reifen. Sein Radius
beträgt etwa 1 m. Wenn wir den Reifen um unsere Hüften kreisen lassen, ist es keine Frage, dass wir innerhalb des Reifens stehen. Nun vergrößern wir den Reifen auf 1 km Radius. Das wäre viel für einen Hula-
Hoop-Reifen, aber immer noch wenig im Vergleich zu der Riemann-
Welt mit einem Radius von 60 km. Wenn wir den Reifen fallen lassen,
sind wir immer noch sicher, uns *innerhalb* von ihm zu befinden. Dann
dehnen wir den Reifen auf einen Radius von 60 km aus. Wenn wir ihn
jetzt fallen lassen, legt er sich wie ein Äquator um die kleine Riemann-
Welt – und plötzlich können wir nicht mehr beurteilen, ob wir uns
innerhalb oder außerhalb des Reifens befinden. Dehnen wir nun den
Ring noch weiter aus, was in der Riemann-Welt heißt, dass wir ihn
noch weiter von uns wegdrücken, wobei er aber natürlich immer am
Boden bleibt: Der Ring *schrumpft* wieder, er sieht zuletzt wieder aus
wie zu Beginn des Experiments und weist einen Radius von 1 m auf.
Sein Mittelpunkt liegt aber in einem Punkt, der sich auf der gegenüber-
liegenden Seite des Globus befindet. Jetzt ist es für uns ganz eindeutig,
dass wir außerhalb des Reifens stehen. Wie kann es möglich sein, dass
wir vom Inneren des Reifens nach außen gelangen, nur indem wir den
Reifen vergrößern? Mit der Auflösung des Begriffs »dazwischen« sind
auch »dahinter«, »davor«, »innen« und »außen« nicht mehr eindeutig:
Der simple elliptische Raum steckt voller Widersprüche.

Um diese verzwickten Verhältnisse zu klären, mussten eine ganze Anzahl von Grundlagen neu durchdacht werden. Gauß hatte das natürlich vorausgesehen. 1832 schrieb er an Wolfgang Bólyai: »Bei einer vollständigen Durchführung müssen solche Worte wie ›zwischen‹ auch erst auf klare *Begriffe* gebracht werden, was sehr gut ausgeht, was ich aber nirgends geleistet finde.«[32] Auch Riemann konnte keine Lösung bieten. Da er sich in erster Linie auf kleinste Bereiche der Kugeloberfläche konzentrierte, schienen ihn globale Widersprüche wie die geschilderten nicht abzuschrecken.

Riemanns Probevortrag aus dem Jahr 1854 ist eines der größten Meisterwerke der Mathematik. Wegen der vielen noch ungelösten Probleme erfüllte er jedoch nicht sofort das gesamte mathematische Universum mit neuem Licht. Kurze Zeit nach dem Vortrag starb Gauß. 1857 wurde Riemann endlich außerordentlicher Professor und erhielt ein karges Gehalt von etwa 300 Thalern jährlich. Davon musste er sich und drei seiner Schwestern, die noch lebten, ernähren. Als Dirichlet, der Nachfolger von Gauß, 1859 starb, kam Riemann auf die frei gewordene Stelle. Drei Jahre später heiratete er, ein Mädchen wurde geboren, und für Riemann lief nun – mit Familie und anständiger Bezahlung – alles etwas besser. Das Glück war leider nur von kurzer Dauer: Er bekam eine Brustfellentzündung, die in Tuberkulose überging, und starb 1866 mit knapp vierzig Jahren.

Die Wirkung von Riemanns Arbeiten blieb zu seinen Lebzeiten gering. Erst später wurden sie zum Grundstein für Einsteins allgemeine Relativitätstheorie. Wäre Riemann nicht so unbesonnen gewesen, die Geometrie mit auf seine Themenliste zu setzen, und wäre Gauß nicht auf die Idee gekommen, dieses Thema auszuwählen, hätte Einstein den mathematischen Apparat, den er für seine Revolution in der Physik benötigte, gar nicht vorgefunden. Aber nicht nur für Einstein, sondern auch schon vor seiner Zeit hatten Riemanns Arbeiten schwerwiegende Folgen für die mathematische Welt. Beim Fall des Parallelen-Postulats zeigte sich, dass nicht nur die Geometrie, sondern die gesamte Mathematik an ihm gehangen hatte.

20
Facelifting nach 2000 Jahren

□○△○□

Riemanns Vortrag wurde erst 1868 veröffentlicht – zwei Jahre nach seinem Tod und ein Jahr, nachdem in Baltzers Buch die Arbeiten von Bólyai und Lobatschewski einer breiteren Öffentlichkeit vorgestellt worden waren. Nach und nach zog man aus Riemanns Arbeiten den Schluss, dass Euklid eine ganze Reihe von Fehlern gemacht hatte: Sein System enthielt Annahmen, die nicht als solche genannt wurden, und andere, die nicht sorgfältig genug formuliert waren. Wir versuchen heute, alle Annahmen auf Axiome zurückzuführen und nichts zu akzeptieren, was »nur« auf der Grundlage der »Realität« oder des »gesunden Menschenverstands« wahr ist. Das ist eine ziemlich moderne Haltung, die den Sieg von Gauß über Kant widerspiegelt, und wir können Euklid kaum dafür kritisieren, einen solchen Sprung damals noch nicht gewagt zu haben.

Es zählt zu den strukturellen Problemen des Euklidischen Systems, dass undefinierte Begriffe nicht zwingend notwendig sind. Die einzige Möglichkeit, Zirkelschlüsse im Rahmen einer Sprache (auch der mathematischen) mit einer begrenzten Zahl von Wörtern zu vermeiden, ist aber die Einführung solcher undefinierter Begriffe. Wir wissen heute, dass sie auch in mathematischen Systemen auftreten, und versuchen, ihre Zahl so gering wie möglich zu halten. Man muss mit größter Vorsicht vermeiden, undefinierte Größen mit Bedeutung aufzuladen, selbst wenn die Bedeutung sich »offensichtlich« aus unserer physikalischen Vorstellung ergibt. Thabit machte diesen Fehler, als er es für »offensichtlich« hielt, dass eine Kurve, die überall den gleichen Abstand zu einer Geraden hat, auch selbst eine Gerade ist. Wie wir gesehen haben, gibt es in Euklids System – vom Parallelen-Postulat abgesehen – nichts, was dies sicherstellt. Wenn wir undefinierte Begriffe verwenden, müssen wir alle Assoziationen, die das Wort in uns weckt, ignorieren. Der große Göttinger Mathematiker David Hilbert meinte, dass man anstelle von Punkt, Gerade und Kreis immer auch Tisch, Stuhl und Bierkrug sagen können muss.[33]

Ein Begriff, der nicht »explizit« definiert wird, wie die Mathematiker und Logiker sagen, bleibt nicht lange frei von Bedeutungen: Er gewinnt sie durch die Postulate und Sätze, in denen er Verwendung findet, und wird dadurch »implizit« definiert. Nehmen wir einmal an, wir ersetzen nach Hilberts Rat die undefinierten Begriffe Punkt, Gerade und Kreis wirklich durch Tisch, Stuhl und Bierkrug. Diese würden, mathematisch gesprochen, neue Bedeutungen durch Postulate wie die folgenden drei (in Annäherung an Euklid formulierten) erhalten:

1. Gegeben seien zwei Tische. Durch diese beiden Tische als Endpunkte kann ein Stuhl gezogen werden. 2. Jeder Stuhl kann unbegrenzt in jede Richtung verlängert werden. 3. Gegeben sei ein Tisch. Mit ihm als Mittelpunkt kann mit beliebigem Radius ein Bierkrug gezogen werden.

Euklid machte auch rein logische Fehler, indem er Sätze bewies und dabei unzulässige Zwischenschritte vornahm. Er behauptet beispielsweise in seiner allerersten Beweisführung, es sei möglich, über jeder beliebigen Strecke ein gleichseitiges Dreieck zu konstruieren. Zum Beweis zeichnet er je einen Kreis um die beiden Endpunkte der Strecke mit einem Radius von der Länge der Strecke. Der Punkt, in dem sich die beiden Kreise schneiden, liefert ihm den dritten Eckpunkt des Dreiecks. Nun erhält man zweifellos einen solchen Schnittpunkt, wenn man die Kreise zeichnet, aber in Euklids Beweiskette fehlt das formale Argument, das die Existenz des Punktes garantiert. Das System enthält kein Postulat, das die Kontinuität von Geraden oder Kreisen garantiert und damit nachweist, dass sie keine Lücken haben. Einige andere Annahmen bleiben gleichfalls ungenannt und werden stillschweigend in den Beweisen verwendet, so die Annahmen, dass es

Punkte und Geraden gibt, dass nicht alle Punkte auf einer Geraden liegen und dass auf jeder Geraden mindestens zwei Punkte liegen.

In einem weiteren Beweis setzt Euklid stillschweigend voraus, dass einer von drei Punkten auf einer Geraden notwendigerweise zwischen den beiden anderen liegt. Es gibt keine Möglichkeit, dies mithilfe seiner Postulate oder Axiome nachzuweisen. In Wirklichkeit ist diese Annahme eine Forderung nach »Geradheit«: Sie verbietet Geraden, die gekrümmt sind, da diese dann geschlossene Kurven bilden könnten – beispielsweise einen Kreis, auf dem man von keinem der Punkte sagen könnte, er läge »zwischen« den beiden anderen: Verhältnisse, wie wir sie schon oben anhand des elliptischen Raums diskutiert haben. Einige der Einwände gegen Euklids Beweise mögen kleinlich, harmlos oder trivial erscheinen und keine größeren Konsequenzen vermuten lassen. Doch auch aus »unbedeutenden« Sätzen kann man gewichtige Schlüsse ziehen. Aus der Aussage, dass es *ein* Dreieck mit der Winkelsumme von 180° gibt, resultiert zum Beispiel, dass alle Dreiecke diese Eigenschaft haben – womit das Parallelen-Postulat bewiesen wäre.

1871 zeigte der preußische Mathematiker Felix Klein, wie man die offensichtlichen Widersprüche in Riemanns Kugelmodell des elliptischen Raums beheben kann, und setzte damit gegenüber Euklid neue Maßstäbe. Mathematiker wie Beltrami und Poincaré schlugen bald darauf ihre neuen Modelle und geometrischen Theorien vor. 1894 stellte der italienische Logiker Giuseppe Peano eine neue Gruppe von Axiomen zur Definition der Euklidischen Geometrie auf.[34] Und 1899 veröffentlichte David Hilbert, ohne Peanos Arbeiten zu kennen, die erste Version seiner geometrischen Theorie, wie sie heute weitgehend anerkannt ist.

Hilbert weihte sein Leben vollkommen der Klärung der Grundlagen der Geometrie (und trug später mit dazu bei, Einsteins allgemeine Relativitätstheorie zu entwickeln). Er überarbeitete bis zu seinem Tod im Jahr 1943 seine Formulierungen viele Male. Sein erster Schritt war, die undefinierten Annahmen Euklids in explizite Sätze zu verwandeln. Der Mathematiker baute sein System – zumindest in der siebten Fassung seines Hauptwerks, die 1930 erschien – auf acht undefinierte

Begriffe auf und erhöhte die Anzahl der Axiome von zehn bei Euklid auf 20.[35] Seine Axiome sind in vier Gruppen eingeteilt und umfassen auch solche, die bei Euklid nicht vorkommen:

Axiom I-3: Auf einer Geraden gibt es stets wenigstens zwei Punkte. Es gibt wenigstens drei Punkte, die nicht auf einer Geraden liegen.[36]

Axiom II-3: Unter irgend drei Punkten einer Geraden gibt es *nicht mehr als* einen, der zwischen den beiden anderen liegt.[37]

Hilbert und einige seiner Kollegen konnten zeigen, dass alle Eigenschaften des Euklidischen Raums aus den Axiomen resultieren.

Die Revolution des gekrümmten Raums nahm tiefen Einfluss auf alle Gebiete der Mathematik. Von der Zeit Euklids bis zu der Zeit, in der man die Arbeiten von Gauß und Riemann nach deren Tod entdeckte, war die Mathematik vor allem eine pragmatische Wissenschaft. Euklids Raumstruktur interpretierten die Gelehrten als Beschreibung unseres realen Raums, die Mathematik war in gewissem Sinn nichts anderes als Physik. Niemand fragte, ob eine mathematische Theorie in sich konsistent war, jeder versuchte den Beweis in der realen Welt zu finden. Um die Jahrhundertwende neigten die Mathematiker nun immer mehr zu der Ansicht, dass Axiome willkürliche Behauptungen darstellen, die lediglich die Grundlage für ein System bilden. Die Untersuchung solcher Systeme glich einem Glasperlenspiel, der mathematische Raum war eine abstrakte logische Struktur. Die Natur des physikalischen Raums wurde jetzt zu einem besonderen Thema, das von der Physik und nicht von der Mathematik behandelt wurde.

Für die Mathematiker ergaben sich ganz neue Fragen zur inneren Logik ihrer Systeme. Der Beweis, der in den früheren Jahrhunderten mit den Fortschritten in der Rechentechnik in den Hintergrund getreten war, wurde wieder wichtig. Ist Euklids Geometrie in sich konsistent? Der erste und direkteste Weg, die Konsistenz eines logischen Systems nachzuweisen, führt über den Beweis aller überhaupt möglichen Sätze und die Gewissheit, dass diese sich nicht widersprechen. Da die Zahl der Sätze unbegrenzt ist, eignet sich dieser Ansatz nur für Forscher, die auf ein ewiges Leben hoffen. Hilbert versuchte es mit einer anderen Taktik. Wie Descartes und Riemann identifizierte er Punkte im Raum mit Zahlen oder vielmehr – im zweidimensionalen Raum – mit einem Paar realer Zahlen. Damit war Hilbert in der Lage, alle grundlegenden geometrischen Aussagen und Axiome in arithmetische zu überführen. Der Beweis irgendeines geometrischen Satzes wurde zu einer arithmetischen oder algebraischen Manipulation von Zahlen. Da jeder geometrische Beweis logisch aus den Axiomen folgte, musste auch seine arithmetische Interpretation logisch aus den arithmetisch formulierten Axiomen resultieren. Würde irgendein Widerspruch auf der geometrischen Ebene bestehen, gäbe es ihn auch auf der arithmetischen: War die Arithmetik in sich konsistent, so war es auch Hilberts Formulierung der Geometrie – ganz gleich, ob es sich nun um die Euklidische oder die Nicht-Euklidische handelte. Auf diesem Wege wies Hilbert nicht die *absolute* Konsistenz der Geometrie nach, sondern die *relative*.

Wegen der unendlichen Zahl möglicher Sätze ist die absolute Konsistenz der Geometrie, der Arithmetik und daher der gesamten Mathematik eine weit schwierigere Frage. Um einer Antwort näher zu kommen, entwickelten die Mathematiker eine abstrakte Theorie der Objekte, die mit diesen nur auf einer höchst allgemeinen Ebene umgeht und alle Besonderheiten und dummen Angewohnheiten vernachlässigt, mit denen sie in der Wirklichkeit zu tun haben. Diese Theorie, mit der inzwischen jeder Schüler im Mathematikunterricht Bekanntschaft macht, heißt Mengenlehre.

Schon in ihren einfachsten Ansätzen ist die Mengenlehre mit Widersprüchen konfrontiert, etwa mit dem berühmten Paradoxon, das Kurt Grelling und Leonard Nelson 1908 in der ziemlich unbekannten Zeitschrift *Abhandlung der Friesschen Schule* veröffentlichten. Die beiden Autoren untersuchten Mengen von Wörtern. Sie begannen mit der Menge aller Adjektive, die sich selbst beschreiben: Das Wort »vielsilbig« ist zum Beispiel tatsächlich vielsilbig. Dieser Menge steht die Menge aller Adjektive gegenüber, die sich *nicht* selbst beschreiben, beispielsweise »faszinierend«, »empfehlenswert« oder »miserabel«. Diese zweite Menge wird gewöhnlich *heterologisch* genannt. So weit, so gut – aber die Geschichte hat einen Haken: Ist »heterologisch« ein heterologisches Wort? Wenn es eines ist, dann beschreibt es sich selbst – und ist daher *nicht* heterologisch. Ist es kein heterologisches Wort, dann beschreibt es sich nicht selbst, ist also heterologisch: Wir stehen vor einem Paradoxon, oder, nicht-mathematisch ausgedrückt, vor einer Situation ohne Ausweg.

1903 forderte Betrand Russell in einem Buch mit dem bescheidenen Titel *Principles of Mathematics*, dass jede Art von Mathematik aus der Logik ableitbar sein sollte. Er machte auch den Versuch, diese Forderung zu erfüllen oder zumindest zu zeigen, wie man sie erfüllen könnte, und legte zwischen 1910 und 1913 zusammen mit seinem Oxforder Kollegen Alfred North Whitehead sein dreibändiges Hauptwerk, die *Principia Mathematica*, vor.[38] Vielleicht weil es noch gewichtiger war als die *Principles* von 1903, erschien es mit einem lateinischen Titel. In den *Principia* behaupten Russell und Whitehead, jede Mathematik auf ein einheitliches System grundlegender Axiome reduziert zu haben, aus denen alle Sätze der Mathematik bewiesen werden können – eine Behauptung, die Euklid schon bezüglich seiner Geometrie aufgestellt hatte. In ihrem System werden selbst so fundamentale Größen wie Zahlen als empirische Konstrukte angesehen, die mittels einer tieferen, noch grundlegenderen axiomatischen Struktur gerechtfertigt werden müssen.

Hilbert war skeptisch. Er bestritt, dass Mathematiker einen strengen Beweis für die Behauptungen von Russell und Whitehead liefern könnten. Die Streitfrage klärte 1931 Kurt Gödel durch ein bestürzendes Theorem:[39] Er bewies, dass in einem System genügender Komplexität – wie etwa dem der Mengenlehre – mindestens eine Aussage existieren muss, von der man nicht beweisen kann, ob sie wahr oder falsch ist. Demnach muss es also auch eine wahre Aussage geben, die nicht beweisbar ist. Der Anspruch Russells und Whiteheads ist damit widerlegt. Die beiden Logiker scheiterten nicht an ihren eigenen Fähigkeiten, sondern an der Undurchführbarkeit ihres Vorhabens: Es ist überhaupt unmöglich, wirklich *alle* mathematischen Sätze abzuleiten.

Die Mathematiker arbeiteten weiterhin daran, die Grundlagen ihrer Wissenschaft zu erforschen, aber keine der Entdeckungen seit Gödel konnte das Bild allzu sehr verändern. Es gibt immer noch keinen allgemein anerkannten Ansatz zu einer Axiomatisierung der Mathematik. Das Rätsel, das Euklid erstmals zu lösen versuchte, beschäftigt nach wie vor die mathematischen Gemüter. Unterdessen ist die Macht der Mathematik, mehr zu sein als nur ein Glasperlenspiel im Elfenbeinturm, nirgends offenkundiger geworden als bei Einstein, der die neu entdeckten mathematischen Räume zur Beschreibung des Raums, in dem wir leben, verwendete. Obwohl sich die Geometrie völlig verändert hatte, blieb sie das Fenster zum Verständnis des Universums.

IV
Die Geschichte von Einstein

Wie kommt es, dass der Raum gekrümmt ist?
Ein Angestellter des Berner »Amts für geistiges
Eigentum« wird zum Helden des Jahrhunderts und
verschafft dem Raum seine vierte Dimension.

21
Revolution mit Lichtgeschwindigkeit

Gauß und Riemann hatten gezeigt, dass der Raum gekrümmt sein kann, und sie hatten die zu seiner Beschreibung nötige Mathematik geliefert. Die nächsten Fragen waren nun: Welche Eigenschaften besitzt der Raum, in dem wir leben, und – noch tiefer gehend – wodurch wird seine Struktur bestimmt?

Die Antwort, die 1915 auf eine so elegante und präzise Weise von Einstein gegeben wurde, hatte Riemann bereits 1854 in groben Zügen angedeutet:

> Die Frage über die Gültigkeit der Voraussetzungen der Geometrie im Unendlichkleinen hängt zusammen mit der Frage nach dem inneren Grunde der Maßverhältnisse des Raums. Es muss ... der Grund der Maßverhältnisse außerhalb, in darauf wirkenden bindenden Kräften, gesucht werden.[1]

Was hält die Dinge zusammen, und was hält sie auf Abstand? Riemann war seiner Zeit zu weit voraus, um auf der Grundlage seiner Erkenntnisse eine konkrete Theorie entwickeln zu können. Und er war seinen Kollegen zu weit voraus, als dass sie die Tragweite seiner Äußerungen verstanden hätten. Immerhin nahm sechzehn Jahre später ein Mathematiker von ihnen Notiz: Am 21. Februar 1870 stellte William Kingdon Clifford der Cambridge Philosophical Society eine Arbeit mit dem Titel »On the Space Theory of Matter«[2] vor. Clifford war fünfundzwanzig – ebenso alt wie Einstein, als dieser seine ersten Arbeiten zur speziellen Relativitätstheorie veröffentlichte. Und er machte eine mutige Aussage:

Ich behaupte nämlich, (1) dass die kleinen Gebiete des Raums tatsächlich analoger Natur sind wie die kleinen Hügel auf einer Fläche, welche im Mittel flach ist; … (2) dass diese Eigenschaft, gekrümmt oder deformiert zu sein, sich wellenartig ständig von einem Raumteil zum anderen fortpflanzt; (3) dass diese Änderung der Krümmung des Raums das ist, was sich tatsächlich ereignet in dem Vorgang, den wir die Bewegung der Materie nennen.[3]

Diese Vermutungen gingen viel mehr in die Einzelheiten als die Riemanns. Das wäre alles nicht weiter erwähnenswert, wenn sich nicht später herausgestellt hätte, dass Clifford mit seinen Schlüssen Recht behielt. Ein Physiker, der diese Zeilen heute liest, wird sich die Frage stellen, wie damals überhaupt jemand auf so etwas kommen konnte, ohne nicht wenigstens eine Hypothese zu haben. Während Einstein erst nach langen Jahren sorgfältiger Überlegung zu ähnlichen Feststellungen gelangte, verdanken sich Cliffords Aussagen eher einem genialen Einfall. Er, Riemann und Einstein waren alle von derselben mathematischen Idee inspiriert: Wenn sich Objekte, auf die keine Kräfte wirken, im Euklidischen Raum gleichförmig längs einer Geraden bewegen, könnten dann nicht andere Bewegungsformen der Krümmung eines Nicht-Euklidischen Raums zuzuschreiben sein?

Clifford arbeitete fieberhaft an einer tragfähigen Theorie, und das meistens nachts, da er tagsüber mit der Lehre sowie mit Verwaltungsaufgaben am Londoner University College ausgelastet war. Jedoch ohne das tiefe Verständnis der Physik, das später Einstein zum Zwischenschritt der speziellen Relativitätstheorie führte, und ohne zu berücksichtigen, welchen Einfluss die Zeit auf die Struktur der Welt hat, waren seine Erfolgsaussichten gering. Die Mathematik war der Physik vorausgegangen – eine schwierige Situation, die an den heutigen Stand der String-Theorie erinnert. Cliffords Bemühungen blieben erfolglos. Er starb 1879 im Alter von nur vierunddreißig Jahren, wie manche sagen, an Erschöpfung.

Ein großes Handicap war für Clifford, dass er mit seinen Bemühungen nahezu allein stand. In der Welt der Physik schien der Himmel damals noch sonnig und hell, und nur für wenige Forscher gab es

Gründe, die geltenden Gesetze anzuzweifeln, in denen sie keine Zeichen von Unstimmigkeit erkennen konnten. Über 200 Jahre lang meinte man, jedes Ereignis im Universum mit der Newtonschen Mechanik erklären zu können. Nach Newton ist der Raum »absolut«: Er ist ein festliegendes, von Gott geschaffenes Gerüst, an das man die kartesischen Koordinaten anlegen kann. Der Weg eines Objekts ist eine Gerade oder eine andere Kurve, die durch die Koordinaten der Punkte ihres Wegs bestimmt wird. Die Rolle der Zeit besteht darin, den Weg zu parametrisieren, sie setzt Marken und gibt an, wo sich das Objekt auf seinem Weg befindet. Wenn zum Beispiel Alexei die 5th Avenue mit einer konstanten Geschwindigkeit von einem Häuserblock je Minute hinuntergeht und dazu an der 42nd Street startet, dann erreicht er nach fünf Minuten genau 5th Avenue/37th Street. (Das stimmt natürlich nur unter der Annahme, dass Alexei ein unbelebtes Objekt ist, was vor allem immer dann nicht so ganz zutrifft, wenn er die Kopfhörer seines Walkman aufgesetzt hat.)

Die Newtonschen Gesetze geben den Ort in Abhängigkeit vom Parameter »Zeit« an. Nach Newton wird sich Alexei gleichförmig – in einer Geraden und mit konstanter Geschwindigkeit – bewegen, solange ihn keine äußere Kraft (etwa der Videoladen an der Ecke) angreift. Gibt es eine solche Kraft, so sagen es die Newtonschen Gesetze, bewegt sich Alexei nicht mehr gleichförmig. Sind Alexeis Trägheit sowie die Stärke und Richtung der angreifenden Kraft bekannt, geben die Gesetze quantitativ an, wie es weitergeht: Die Beschleunigung des Objekts (Alexei) ist zur angreifenden Kraft proportional und zur Masse umgekehrt proportional. Die »Kinetik«, die Beschreibung der Bewegung eines Objekts, das auf eine Kraft reagiert, ist aber nur die halbe Wahrheit. Zu einer vollständigen Theorie gehört noch eine »Dynamik«, eine Theorie, mit der man Stärke und Richtung der Kraft aus Quelle (Videoladen) und Ziel (Alexei) sowie dem Abstand der beiden voneinander bestimmen kann. Newton kannte eine solche Theorie nur für eine bestimmte Art von Kraft: die Schwerkraft.

Mit den Gleichungen der kinetischen und der dynamischen Theorie können wir im Prinzip den Weg eines jeden Objekts in Raum und Zeit darstellen: Alexeis Umlaufbahn um den Videoladen ebenso wie – ein trostloseres Beispiel – den Flug einer Interkontinentalrakete. Newton vollendete, was mit Pythagoras begonnen hatte: Er stellte ein mathematisches System auf, mit dem wir Bewegungen beschreiben können. Und seine Erkenntnis, dass die Bewegungen auf Erden und im Weltall von denselben Gesetzen gesteuert werden, war ein weiterer, ähnlich bedeutender Schritt: Newton vereinigte zwei alte, aber getrennte Wissenschaften – die Physik, die sich für die irdischen Alltagserfahrungen zuständig fühlte, und die Astronomie, die sich mit der Bewegung der Körper im All beschäftigte.

Wenn Newtons Ansichten über Raum und Zeit richtig sind, hat das mindestens zwei Konsequenzen: Erstens kann es keine Obergrenze der Geschwindigkeit geben, mit der sich Objekte einander nähern. Stellen Sie sich vor, es gäbe eine solche Grenzgeschwindigkeit c, und stellen Sie sich außerdem vor, eine (sehr schnelle) Fliege nähert sich Ihnen mit dieser Geschwindigkeit. Um sie zu vertreiben, spucken Sie auf das Tier. (Tun Sie es bitte der Wissenschaft wegen.) Wenn sich dieses Drama in dem soliden Rahmen eines absoluten Raums abspielt, kommt die Fliege natürlich der Spucke schneller entgegen als Ihnen selbst. Damit ist die Existenz einer Grenzgeschwindigkeit widerlegt. Die zweite Konsequenz der Newtonschen Gesetze ist, dass die Lichtgeschwindigkeit nicht konstant sein kann. Anders formuliert: Ein Lichtstrahl nähert sich verschiedenen Beobachtern mit unterschiedlicher Geschwindigkeit. Wenn Sie sich auf eine Lampe zubewegen, wird deren Licht Sie mit größerer Geschwindigkeit treffen, als wenn Sie von ihr wegrennen. In einem absoluten Raum sind beide Aussagen selbstverständlich: Es gibt keine Grenzgeschwindigkeit, und die Lichtgeschwindigkeit ist nicht konstant. In Wirklichkeit sind jedoch beide Aussagen falsch. Diese Erkenntnis, die schon lange bevor sie allgemein anerkannt wurde, von Beobachtungen gestützt worden war, ist die Grundlage der speziellen Relativitätstheorie.

22
Der andere Albert
der Relativitätstheorie

□○△○□

Ein paar Jahre bevor sich der junge Riemann so leidenschaftlich für die polnische Geschichte interessierte, wurde Herrn und Frau Michelson im polnischen Strzelno, das damals unter preußischer Verwaltung stand, ein Kind geboren, dem sie den Namen Albert gaben. Die Michelsons hatten wenig Sinn für den heroischen Kampf zur Befreiung Polens und fühlten sich zudem durch den heftigen Antisemitismus im Land bedroht: Um 1855, dem Jahr in dem Gauß starb, wanderten sie nach New York aus.[4] Der erste »amerikanische« Wissenschaftler, der den Nobelpreis bekam, war ein polnisch-preußischer Jude, der als dreijähriges Kleinkind in die USA gekommen war – ein halbes Jahrhundert bevor der Nobelpreis gestiftet wurde.

Die Michelsons zogen von New York nach San Francisco und 1856 nach Murphy, einem abgelegenen Bergarbeiternest im Calaveras County, auf halbem Weg zwischen San Francisco und Lake Tahoe. Der Vater eröffnete einen Kurzwarenladen, aber die Familie blieb nicht lange. Sie hatte sich immer weiter von ihren deutschen und jüdischen kulturellen Wurzeln entfernt. Schließlich siedelten sie sich in einer Stadt in Nevada an, die 1859 neu gegründet worden war, aber zunächst nicht viel mehr als ein Camp an den Hängen des Mount Davidson darstellte. Der Legende nach taufte der betrunkene Bergmann »Old Virginny« Finney die Siedlung auf seinen Spitznamen, indem er eine Whiskeyflasche auf einem Felsen zerschmetterte: So entstand Virginia City. Das Gold und das Silber aus dem Mount Davidson verwandelte Finneys Stadt bald in eine der ersten Industriestädte des guten alten Westens, die in der Größe mit San Francisco zu vergleichen war und in gleicher Weise voller Revolverhelden, Spielhöllen und natürlich

Saloons steckte. Miriam, eine der Schwestern Alberts, schrieb später den Roman *The Madigans* über das Leben in Virginia City, und auch sein jüngerer Bruder Charles, der die Politik des New Deal unter Franklin D. Roosevelt beeinflusste, setzte ihr in seiner Autobiografie *The Ghost Talks* ein Denkmal. Nach dem Umzug blieb der kleine Albert allerdings nur kurze Zeit bei seiner Familie und ging stattdessen zu Verwandten nach San Francisco. Er zeigte vielversprechende geistige Gaben, besuchte die Lincoln Grammar School und später die Boy's High School, wo er beim Schulleiter wohnte.

1869 beteiligte er sich an einem Wettbewerb, um sich an der U.S. Naval Academy einschreiben zu können, die auf der anderen Seite des Kontinents in Annapolis, Maryland, lag. Albert fiel durch: Es stellte sich heraus, dass der Test auf Beharrlichkeit genauso viel Wert legte wie auf Faktenwissen. Der Sechzehnjährige bestieg die interkontinentale Eisenbahn, die es seit ein paar Monaten gab, und fuhr nach Washington, um bei Präsident Grant vorzusprechen. Unterdessen hatte der Vertreter Nevadas im Kongress an Grant ein Empfehlungsschreiben für Albert geschrieben, in dem er anmerkte, dieser sei der Liebling unter den Juden von Virginia City, und wenn ihm Grant helfen könne, würde er mit den jüdischen Stimmen rechnen können. Michelson traf schließlich den Präsidenten.[5] Wir wissen keine Einzelheiten über das Treffen, aber sei es, dass Grant sein weiches Herz für das junge Mathematik-Talent entdeckte, sei es, dass er der jüdischen Gemeinde ein Zeichen geben wollte, auf jeden Fall machte er etwas ganz Außergewöhnliches: Er gab Michelson eine Empfehlung und forderte von der Marineakademie, für dieses Jahr die Aufnahmequote für neue Kadetten zu erhöhen. Im Rückblick könnte man meinen, das Experiment von Michelson, das er später gemeinsam mit Edward Williams Morley fortführte, wäre Grants bedeutendstes Vermächtnis an die Menschheit.

Michelson wurde der Box-Champion der Akademie, und sein raues Wildwestgehabe galt als sein Markenzeichen. Bei der Ausbildung wurde er Neunter von neunundzwanzig. Aber der Rang in der Gesamtbewertung sagt nichts über seine wahren Fähigkeiten: In Akustik und Optik war er der Beste; was das seemännische Geschick betraf, war er Fünfundzwanzigster und in Geschichte Letzter. Michelsons Interessen waren eindeutig, aber auch die Meinung der Akademie über Michelson lag klar auf der Hand. Der Leiter John L. Worden, der in der Schlacht gegen die *Merrimac* 1862 die *Monitor* befehligt hatte, sagte dem Studenten:»Wenn Sie sich weniger um wissenschaftliche Dinge und mehr um Seegeschütze kümmern würden, dann werden Sie eines Tages vielleicht genug wissen, um für Ihr Land von Nutzen sein zu können.«[6] Obwohl es sicher mehr auf das Schießen als auf die Wissenschaft ankam, zählte der Physikkurs in Annapolis damals zu den besten im Land. Michelsons Physiklehrbuch war die Übersetzung des französischen Werks *Traité élémentaire de physique expérimentale et appliquée et de météorologie* aus dem Jahr 1853, in dem der Autor Adolphe Ganot eine Substanz beschreibt, von der er glaubte, sie würde das ganze Universum erfüllen:»Es gibt eine feine, gewichtslose und äußerst elastische Flüssigkeit, die Äther heißt und im ganzen Universum verteilt ist. Sie durchdringt alle Körper, sowohl die schwersten und undurchsichtigsten wie auch die leichtesten und durchsichtigsten.« Für Ganot spielte der Äther bei den meisten Phänomenen, die seinerzeit untersucht wurden, vor allem Wärme, Licht und Elektrizität, eine fundamentale Rolle:»Eine bestimmte Art von Bewegung, die dem Äther mitgeteilt wird, kann zum Phänomen der Wärme führen. Dieselbe Art Bewegung, aber von größerer Frequenz, führt zu Licht. Und möglicherweise ist eine Bewegung anderer Form und Art die Ursache der Elektrizität.«[7]

Den Begriff»Äther« benutzte schon Aristoteles, der so das»fünfte Element« bezeichnete, die Quintessenz oder den Stoff, aus dem der Himmel gemacht ist. Das moderne Konzept des Äthers entwickelte 1678 Christiaan Huygens. Nach dessen Vorstellung erschuf Gott die Welt als riesiges Aquarium, in dem unser Planet wie ein Spielzeug herumtreibt, das den Fischen zur Unterhaltung dient. Dabei fließt der Äther allerdings nicht nur um uns herum wie Wasser, sondern auch durch uns hindurch. Die Einführung eines solchen Stoffes war für jeden verführerisch, der wie Aristoteles bei der Vorstellung eines »Nichts« oder eines Vakuums im Raum Unbehagen verspürte. Huygens versuchte, mit dem Äther die Entdeckung des dänischen Astronomen Olaf Rømer zu erklären, wonach das Licht eines Jupitermonds eine gewisse Zeit braucht, um die Erde zu erreichen, und nicht augenblicklich ankommt. Dies und die Tatsache, dass die Lichtgeschwindigkeit unabhängig von der Bewegung der Lichtquelle zu sein schien, sprachen dafür, dass das Licht aus Wellen bestand, die sich durch den Raum ausbreiteten wie Schallwellen durch die Luft. Schallwellen, Wasserwellen oder die Wellen in einem Seil entstehen durch Bewegung von Materie – der Luft, des Wassers, des Seils. Das wusste man bereits, und deshalb ging man davon aus, dass eine Welle einen völlig leeren Raum nicht durchqueren könne. Poincaré fragte bei der Eröffnung des Pariser Kongresses von 1900: »Existiert unser Äther nun wirklich?« Er beantwortete die Frage selbst: »Man weiß, worauf sich der Glaube an den Äther gründet. Wenn das Licht eines entfernten Sternes mehrere Jahre braucht, um zu uns zu gelangen, so ist es nicht mehr auf dem Sterne und noch nicht auf der Erde, es muss also dann irgendwo sein und sozusagen an irgendeinem materiellen Träger haften.«[8]

Wie viele neue Theorien hatte auch die Äthertheorie von Huygens neben ihren guten auch ihre schlechten, ja sogar hässlichen Seiten. Nach Huygens war das gesamte Universum und alles in ihm von diesem äußerst verdünnten »Gas« durchdrungen, das jedoch niemand bisher direkt beobachtet hatte. Der Physiker sah sich genötigt, einiges unter den Teppich zu kehren, denn es erwies sich zwar als einfach, überall im Universum den Äther zu postulieren, aber als ungleich schwerer, dies mit den bekannten physikalischen Gesetzen in Einklang zu bringen. Die Theorie wurde zu Lebzeiten ihres Erfinders nicht akzeptiert und zugunsten der Newtonschen Vorstellung zurückgewiesen, nach der das Licht aus Partikeln bestand.

1801 veränderte ein Experiment die bis dahin vorherrschende Sichtweise und lieferte das damals wichtigste neue Werkzeug zur Untersuchung des Lichts. Die Versuchsanordnung erschien einfach und sah wie die Variation eines Experiments aus, das man schon seit Jahrhunderten kannte. Es ging dabei um den Durchgang von Licht durch einen Spalt. Der englische Physiker Thomas Young schickte zwei Lichtstrahlen aus derselben Quelle durch zwei getrennte Spalte und betrachtete deren Überlagerung auf einem dahinter liegenden Schirm.

Er fand ein wechselndes Muster von hell und dunkel, ein so genanntes Interferenzmuster. Mit der Vorstellung von Wellen lässt sich Interferenz leicht erklären: Wellen, die sich überlagern, können sich in bestimmten Gebieten verstärken und in anderen auslöschen, wie wir das von Wasserwellen hinter einem Hindernis kennen. Mit der Stärkung der Wellentheorie des Lichts erfuhr auch die Äthertheorie eine Renaissance.

Die Einwände gegen die Theorie von Christiaan Huygens konnten lange Zeit nicht widerlegt werden, es gab vielmehr einen regelrechten Kampf unter den Wissenschaftlern: Da war einmal die Vorstellung vom Licht als Wellenbewegung, aber ohne jegliches Medium – eine Theorie, der man nur schwer zustimmen konnte, weil sie an Wasserwellen ohne Wasser erinnerte. Etwas erträglicher schien die Vorstellung vom Licht als Wellenbewegung in einem Medium, das überall präsent war, sich aber leider nicht nachweisen ließ – auch noch keine überzeugende Lösung. Für einen Laien mag dies alles Haarspalterei darstellen, für die damaligen Wissenschaftler ging es um Sein oder Nicht-Sein – ohne dass man dieses »Sein« nachweisen konnte. Schließlich war der Äther der klare Gewinner: Seine fragwürdige Existenz war immer noch besser als gar nichts. Man nahm in Kauf, dass sich der Äther nicht direkt zeigte, solange sich nur die Gesetze der Phänomene als brauchbar erwiesen.

Auch dem französischen Physiker Augustin Jean Fresnel schien es nicht wichtig, was der Äther eigentlich war. 1821 veröffentlichte er eine mathematische Abhandlung über das Licht. Demnach können Wellen auf zwei verschiedene Arten schwingen: entweder entlang ihrer Ausbreitungsrichtung wie Schallwellen oder senkrecht zur Ausbreitungsrichtung wie die Wellen in einem Seil. Fresnel zeigte, dass Lichtwellen mit großer Wahrscheinlichkeit zu den letzteren zählen.[9] Aber Wellen dieser Art benötigen ein Medium mit bestimmten elastischen Qualitäten, das nach Fresnel kein Gas, sondern ein Festkörper sein sollte, der sich über das gesamte Universum erstreckte. War schon die Vorstellung eines gasartigen Äthers schwer zu akzeptieren, so war fester Äther vollends unvorstellbar. Trotz allem blieb der Glaube an den Äther für den Rest des 19. Jahrhunderts ungebrochen.

23
Der Stoff, aus dem
die Räume sind

□○△○□

Der Versuch, das Wesen des Raums zu verstehen, führte zum vielleicht gewaltigsten wissenschaftlichen Durchbruch aller Zeiten. Die Wissenschaftler, die diesen Kampf führten, waren sich weder über den Weg im Klaren, noch wussten sie, wo sie sich befanden, als sie ihr Ziel erreicht hatten. Wie der Raum selbst waren auch die Wege der Forschung von Verzerrungen und Krümmungen geprägt.

Die Bühne bereitete 1865 ein schottischer Physiker, der eine Arbeit mit dem Titel »A Dynamical Theory of the Electromagnetic Field« veröffentlichte. 1873 folgte das Buch *A Treatise on Electricity and Magnetism*.[10] Der Autor hieß eigentlich James Clerk, aber um das Erbe eines verstorbenen Onkels antreten zu können, gab ihm sein Vater zusätzlich noch den Namen Maxwell.[11] Wie sich später herausstellte, hat jener Onkel mit ein wenig Geld und dieser ungewöhnlichen Testamentsklausel seinem Namen zu ewigem Ruhm verholfen – zumindest unter Physikern und Wissenschaftshistorikern.

Maxwells Theorie des Elektromagnetismus gehört mit der Mechanik, der Relativitätstheorie und der Quantentheorie zu den Grundpfeilern der modernen Physik. Sein ernstes bärtiges Gesicht ziert allerdings keine Kaffeetassen, und seine Geschichte war bisher weder für den Kulturbetrieb noch für Hollywood verlockend. Das Lebenswerk des Briten wird nur von denen gewürdigt, die versuchen, die vielfältigen und komplexen Phänomene der Elektrizität, des Magnetismus und des Lichts zu verstehen, und die dabei erkennen, dass alle Geheimnisse in ein paar harmlos aussehenden Gleichungen enthalten sind. In Pasadena verkaufte ein Laden einmal ein T-Shirt, auf dem eine neue Version der Schöpfungsgeschichte aufgedruckt war:

Gott sprach:

Es werde $\nabla \cdot \mathbf{E} = 4\,\pi\,\rho$; $\nabla \cdot \mathbf{B} = 0$; $\nabla \times \mathbf{B} - \delta E/\delta t = 4\,\pi\mathbf{j}$; $\nabla \times \mathbf{E} + \delta B/\delta t = 0$
Und es ward Licht.

Die Gleichungen auf dem Hemd stammten von Maxwell und erklärten mit wenigen Buchstaben sowie ein paar seltsamen mathematischen Zeichen alle zu seiner Zeit bekannten Kräfte außer der Schwerkraft. Radio, Fernsehen, Radar und Kommunikationssatelliten gehören zu den Errungenschaften, die aus diesem Wissen hervorgegangen sind. Eine Quantenversion der Maxwellschen Theorie ist die genaueste und am gründlichsten überprüfte Quantenfeldtheorie, die wir kennen. Sie diente als Vorlage für das heute gültige »Standardmodell« der Elementarteilchen, jener kleinsten Teilchen, aus denen sich die Welt zusammensetzt. Die sorgfältige Analyse der Maxwellschen Theorie führte einerseits zur speziellen Relativitätstheorie und andererseits zur Erkenntnis, dass es keinerlei Art von Äther gibt.

Aus der Maxwellschen Theorie mit ihren vier Differenzialgleichungen der zwei Vektorfunktionen $\mathbf{E}$ und $\mathbf{B}$ können im Prinzip alle elektromagnetischen (und damit auch alle optischen) Phänomene im Vakuum abgeleitet werden. Die Formulierung der Theorie in Gleichungen ist von großer Symmetrie und Schönheit. Die Originaltexte sind dagegen von einer eleganten Formulierung meilenweit entfernt. Sie zu lesen und zu verstehen, ist härteste Arbeit. Als ich selbst vor langer Zeit als Student eine Hausarbeit mit der Lösung eines komplexen elektromagnetischen Strahlungsproblems ablieferte, hatte ich zwei Lösungswege gewählt, um ein besseres Gefühl für den Zauber der mächtigeren der beiden Methoden zu bekommen. Die elegantere Lösung, die mit der modernen Tensormathematik arbeitete, umfasste kaum eine Seite an Rechnungen, die »klassische« Methode, die sich näher an Maxwells Originaltheorie anlehnte, ganze achtzehn! Eine Version seiner Theorie, die Maxwell 1865 aufgestellt hatte, umfasste noch ein System von zwanzig Differenzialgleichungen mit zwanzig Unbekannten!

Niemand darf Maxwell natürlich vorwerfen, er hätte seine Theorie zu kompliziert formuliert, denn die modernen einfacheren Schreibweisen waren noch nicht erfunden oder noch nicht allgemein gebräuchlich. Aber Maxwells Theorie sah nicht nur kompliziert aus, er gab sich auch wenig Mühe, sie zu erklären. Offensichtlich ging die peinliche Genauigkeit, mit der er das damalige Wissen verarbeitete, vereinheitlichte und zu einer äußerst komplexen Theorie zusammenzauberte, nicht mit pädagogischen Fähigkeiten einher. Hendrik Antoon Lorentz, der sich wie einige andere um die Interpretation und Vereinfachung der Theorie bemühte, schrieb später: »Es ist nicht immer leicht, Maxwells Ideen zu verstehen. Man hat das Gefühl, seinem Buch fehle die Geschlossenheit, da in ihm getreu alle Schritte des Übergangs von den alten zu den neuen Vorstellungen aufgezeichnet werden.«[12] Paul Ehrenfest drückte es etwas weniger freundlich aus: Für ihn war Maxwells Werk »eine Art intellektueller Dschungel«[13]. Maxwell hatte für seine Kollegen den Inhalt seines Hauptspeichers ausgeleert, aber keine verständliche Interpretation mitgeliefert. Trotz dieser glanzlosen Performance war der britische Physiker der größte Meister aller Zeiten auf dem Gebiet elektromagnetischer Phänomene. Und welche Struktur hatte nach seiner Theorie der Raum? Woraus bestand er? Gab es den Äther oder nicht? Maxwell äußerte sich dazu 1878 in einem Artikel für die neunte Auflage der *Encyclopaedia Britannica*:

Welche Schwierigkeiten wir auch haben, um eine konsistente Vorstellung der Beschaffenheit des Äthers zu entwickeln: Es kann keinen Zweifel geben, dass der interplanetarische und interstellare Raum nicht leer ist, sondern dass beide von einer materiellen Substanz oder einer Materie erfüllt sind, die gewiss die umfangreichste und vermutlich die einheitlichste Materie ist, von der wir wissen.[14]

Selbst der große Maxwell konnte von der Vorstellung des Äthers nicht lassen. Man muss jedoch zu seinen Gunsten sagen, dass er ihn im Gegensatz zu vielen seiner Kollegen für beobachtbar hielt und sich ein Experiment ausdachte, mit dem er ihn nachweisen wollte: Wenn sich einerseits die Lichtwellen relativ zum Äther mit konstanter Geschwindigkeit ausbreiten, und wenn sich andererseits die Erde auf einer elliptischen Bahn durch den Äther bewegt, dann muss die Geschwindigkeit, mit der das Licht von der Sonne auf die Erde fällt, davon abhängen, wo sich die Erde gerade auf ihrer Umlaufbahn um die Sonne befindet, denn schließlich bewegt sich die Erde im Juli in eine andere Richtung als im Januar. Am 23. April 1864 machte Maxwell mit einem Experiment den Versuch zur Bestimmung der Geschwindigkeit, mit der die Erde den Äther durchquert.

Über diesen Versuch reichte er bei den *Proceedings of the Royal Society* einen Artikel mit dem Titel »Experiment to determine whether the Motion of the Earth influences the Refraction of Light«[15] ein. Bedauerlicherweise wurde der Artikel nicht veröffentlicht, weil der Herausgeber der Zeitschrift, G. G. Stokes, den Verfasser davon überzeugte, dass sein Ansatz nicht stichhaltig sei. Stokes hatte, zumindest im Prinzip, Unrecht. Maxwell erlebte die Beilegung des Ätherproblems nicht mehr. Während er unter den quälenden Schmerzen einer Krebsgeschwulst im Magen litt, der er bald erliegen sollte, schrieb er 1879 an einen Freund und schlug ein weiteres Experiment vor, mit dem später tatsächlich bewiesen werden konnte, dass es *keinen* Äther gibt.

Maxwells Brief erschien postum in *Nature*. Dort entdeckte ihn Albert Michelson, der die Anregung zu dem Experiment aufnahm. Um Michelsons Versuchsanordnung zu verstehen, nehmen wir uns wieder einmal Nicolai und Alexei zur Hilfe und beobachten, wie sie mit ihrem Vater im Park Ball spielen (Abbildung 10). Zunächst stehen sie wie in einem rechtwinkligen Dreieck: der Vater im Eck mit dem rechten Winkel, Nicolai 10 m nördlich (in der Abbildung oben) und Alexei 10 m westlich (links).

Jetzt rennen alle drei mit der gleichen Geschwindigkeit von 5 m/s nach Norden. Der Vater jagt Nicolai nach, der mit dem Ball davongelaufen ist, Alexei bleibt mit dem Vater gleichauf und läuft, immer im selben Abstand, parallel zu ihm. Der Vater schaut auf die Uhr und ruft: »Zeit, um nach Hause zu gehen!« Sobald ihn die Kinder hören, rufen sie zurück: »Nein!« Die Frage ist: Wird der Vater die Antwort von einem der beiden Söhne früher hören als vom anderen?

Die Antwort lautet »Ja«. Ganz gleichgültig, wie schnell jeder der Rufenden rennt, die Worte werden durch die ruhende Luft mit dersel-

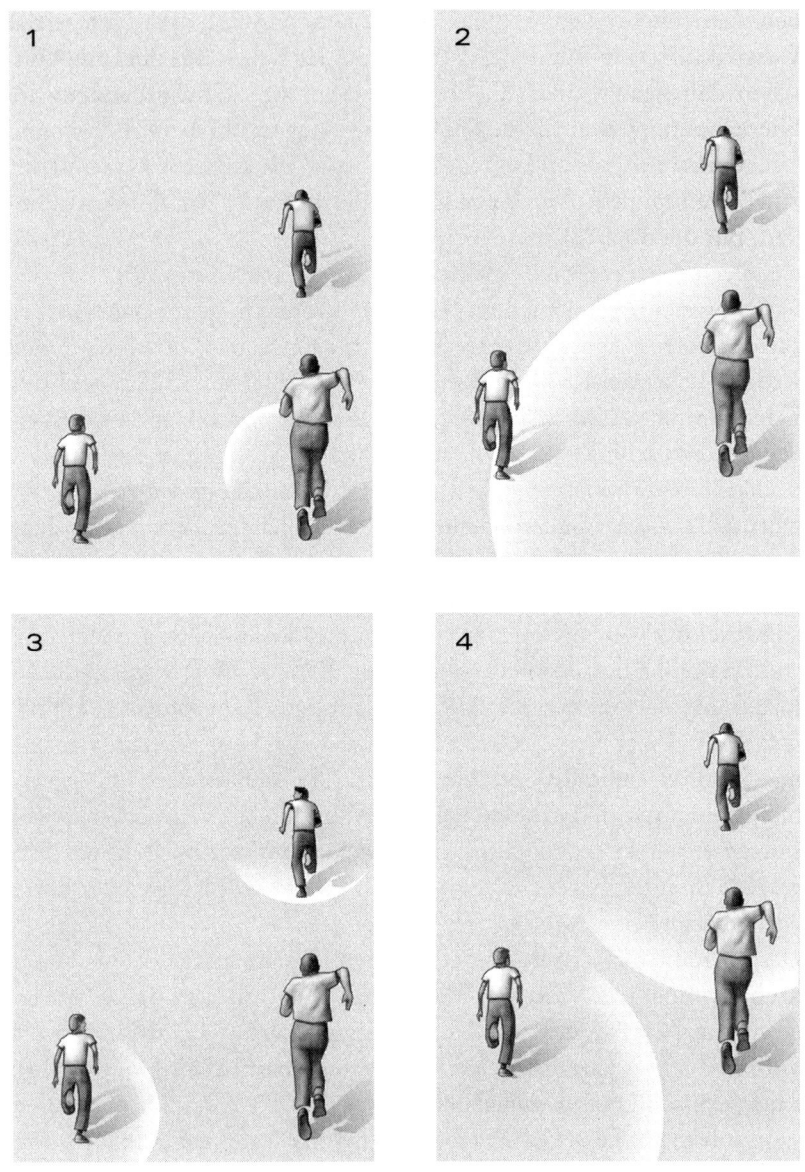

Abbildung 10
Ein Versuch zur Verständigung bei fliegendem Ballwechsel

ben Geschwindigkeit c eilen. Aber Nicolai rennt dem Ruf seines Vaters davon, der Schall muss daher mehr als die 10 m Abstand zwischen den beiden überwinden, nämlich zusätzlich die Strecke, die Nicolai in der Zeit zurücklegt, bis er die väterlichen Worte hören kann. Umgekehrt muss der Schall von Nicolais »Nein« nicht die vollen 10 m zum Vater durchlaufen, da der Vater ihm ja entgegenkommt. Er durchläuft nur die 10 m abzüglich der Strecke, die der Vater bewältigt, bis er das »Nein« seines Sohnes vernimmt. Mit anderen Worten: Der Ruf des Vaters erreicht Nicolai mit der Geschwindigkeit c-5 m/s, die Antwort Nicolais erreicht den Vater mit c+5 m/s. Nun zu Alexei: Er rennt weder auf seinen Vater zu noch von ihm weg, sowohl der Ruf des Vaters als auch Alexeis Antwort erreichen daher ihren Adressaten mit der Geschwindigkeit c.

Nach dieser Analyse ist klar, dass die Verständigung des Vaters mit den beiden Söhnen unterschiedliche Zeiten benötigt. Aber welche geht schneller? Die mit Alexei bei konstanter Geschwindigkeit c oder die mit Nicolai mit den Geschwindigkeiten c-5 m/s und c+5 m/s?

Alexei und Nicolai kennen die Antwort aus einer Geschichte, die ich ihnen manchmal vorlas, wenn sie nicht einschlafen wollten. Die Moral dieser Geschichte war: »Wer langsam, aber beständig ist, gewinnt das Rennen.« Um das zu beweisen, wollen wir der Einfachheit halber annehmen, dass die Schallgeschwindigkeit c 5,00001 m/s beträgt, sozusagen 5 m/s und ein klein wenig mehr. Der Austausch der Botschaften zwischen Alexei und dem Vater findet demnach mit 5,00001 m/s statt, jeder Weg dauert ca. 2 Sekunden. Nicolais Antwort wird beim Vater viel schneller ankommen, nämlich mit einer Geschwindigkeit von c+5 m/s, also 10,00001 m/s, und daher schon nach ca. 1 Sekunde. Zuvor jedoch muss der Ruf des Vaters Nicolai erreicht haben! Wie lange dauert das? Der Ruf des Vaters breitet sich nur mit c-5 m/s (0,00001 m/s) aus, und es würde mehr als eine Woche dauern. Somit gewinnt Alexei.

In Wirklichkeit ist die Schallgeschwindigkeit allerdings weit größer und beträgt rund 300 m/s. Bei realer Schallgeschwindigkeit wären die Unterschiede also viel geringer, der Ausgang des Rennens bliebe aber der gleiche.

Ersetzt man nun Schall durch Licht und Luft durch Äther, so stellt das oben geschilderte Experiment die grundlegende Idee von Maxwell dar. Der Vater und seine Söhne müssen allerdings nicht rennen, denn die Erde rast auf ihrem Weg um die Sonne bereits mit einer Geschwindigkeit von ca. 30 km/s durch den Weltraum. (Die Erde dreht sich zudem noch um ihre Achse, aber mit weit geringerer Geschwindigkeit: Am Äquator sind es ungefähr 0,5 km/s.) Ein winziger Punkt bleibt noch zu berücksichtigen: Wenn sich die Erde mit einer bestimmten Geschwindigkeit um die Sonne bewegt, heißt das nicht, dass sie auch mit dieser Geschwindigkeit den Äther durchläuft. Aber immerhin ist klar, *dass* sich die Erde mit irgendeiner bestimmten Geschwindigkeit durch den Äther bewegt und dass diese Geschwindigkeit je nach Jahreszeit verschieden ist, da sich ja beim Umlauf um die Sonne die Richtung der Erdbewegung ändert. Wenn wir unser Experiment mit dem Vater und seinen Kindern in den Weltraum verlagern, müssten wir damit die Geschwindigkeit bestimmen können, mit der die Erde den Äther durchläuft, denn wenn wir wissen, um wie viele Sekunden Alexei seinen Bruder schlägt, können wir daraus die Geschwindigkeit c berechnen. Dies ist der Grundgedanke von Michelsons Experiment – als Gedankenexperiment eine einfache Sache, aber im Labor, das unsere reale Welt repräsentiert, schwer durchzuführen.

Im Park war die Schallgeschwindigkeit ganze sechzig Mal größer als die Geschwindigkeit der Läufer! Die Lichtgeschwindigkeit ist verglichen mit der Geschwindigkeit der Erde auf ihrer Umlaufbahn dagegen etwa zehntausend Mal größer. Für eine Theorie ist das eine angenehm runde Zahl – für ein Experiment ist es ein Albtraum, denn der zu erwartende Zeitunterschied würde je nach Länge der Messstrecke nur winzige Sekundenbruchteile ausmachen. Es schien unmöglich, mit dem Maxwellschen Experiment einen Erfolg zu erzielen.

Doch das Glück war auf Albert Michelsons Seite: Ein Franzose namens Armand Hippolyte Louis Fizeau hatte von seinem Vater, einem Arzt, ein Vermögen geerbt und wandte viel Zeit und Geld dafür auf, um seinem Interesse an Optik nachzugehen. Vor allem wollte er ein Gerät bauen, mit dem man auf der Erde die Lichtgeschwindigkeit bestimmen konnte – ein Experiment, an dem einst Galilei gescheitert war, weil er noch nicht auf die Segnungen der industriellen Revolution zurückgreifen und die Fortschritte des 19. Jahrhunderts bei den Präzisionsmessungen nutzen konnte. Fizeau konstruierte eine Apparatur, in der ein Lichtstrahl ungestört eine Strecke von über 8 km durchlief. Für einen langsamen Bus sind 8 km viel, aber der Lichtstrahl durchrast sie mit 300 000 km/s und braucht dazu nur den winzigen Bruchteil einer Sekunde. Schon 1849 lieferten die Messungen Fizeaus ein Ergebnis, das bis auf 5 Prozent an den heute bekannten Wert herankam.[16] 1851 führte er eine Reihe weiterer Experimente durch, um eine Hypothese zu überprüfen, die Fresnel schon 1818 aufgestellt hatte. Demnach sollte der Äther von der Erdoberfläche bei ihrer Bewegung mitgezogen werden. Wenn dies stimmte, könnte es Punkte auf der Erde geben, die relativ zum Äther ruhen. Fizeaus Apparatur von 1851 war ebenso komplex wie beeindruckend und enthielt eine wichtige Neuerung: Der Lichtstrahl konnte durch einen halbversilberten Spiegel in zwei Teilstrahlen aufgespalten werden, die zunächst verschiedene Wege nahmen und dann wieder zusammengeführt wurden.

Auch in Michelsons Anordnung sollte ein feiner Lichtstrahl aus einer winzigen Quelle auf einen solchen Spiegel treffen, wobei die eine Hälfte den Spiegel durchquert, die andere aber um 90° reflektiert wird. Der halbdurchlässige Spiegel spielt die Rolle des Vaters in unserem Experiment im Park, Alexei und Nicolai werden durch gewöhnliche undurchlässige Spiegel ersetzt, die einfach nur das Licht, das auf sie trifft, auf den halbdurchlässigen Spiegel zurückwerfen. Wenn man sich das Licht als Welle vorstellt, werden die beiden Teilstrahlen bei ihrer Überlagerung nicht mehr genau in Phase schwingen, sofern sie sich zuvor mit unterschiedlicher Geschwindigkeit vorwärts bewegt haben, (dabei immer vorausgesetzt, die beiden Wege sind gleich lang). Die Folge ist ein Interferenzmuster, aus dem man die Zeitdifferenz ihrer Ankunft errechnen kann – und daraus die Geschwindigkeit der Erde auf ihrem Weg durch den Äther.

Michelson konnte nicht wirklich hoffen, die zwei Arme seines Apparats so genau bauen zu können, dass die Messfehler kleiner als eine Wellenlänge des Lichts werden würden. Zudem besaß er keine Möglichkeit, den Winkel seines Apparats gegenüber der Ätherbewegung zu bestimmen. Er löste diese Probleme äußerst geschickt, indem er in einem zweiten Versuch seinen Apparat um 90° drehte und die Interferenzmessung mit umverteilten Rollen für die beiden Teilstrahlen durchführte. 1880 erhielt Michelson von der Marine die Erlaubnis, über den Atlantik zu gehen und dort seine Studien fortzusetzen. Ein Stipendium dieser Art war damals üblich und gehörte zu den Versuchen der Regierung, die militärische Stärke durch militärische Intelligenz zu ergänzen. Noch nicht ganz dreißig Jahre alt, entwickelte Albert Michelson die Grundgedanken für sein Interferometer, während er in Berlin und Paris verweilte.

Michelsons Apparat musste mit höchstmöglicher Präzision gebaut werden: Schon bei einer Differenz von einem tausendstel Millimeter zwischen den Längen der beiden Arme würden die Messungen unbrauchbar sein. Auch ein Temperaturunterschied von nur einem hundertstel Grad zwischen beiden Armen ließe das Experiment misslingen. Vor Beginn der Untersuchungen umhüllte Michelson daher die Arme des Instruments mit Papier, um Temperaturänderungen durch Luftzug zu vermeiden und kühlte es mit schmelzendem Eis, um sein Äußeres auf exakt 0° Celsius zu halten. Schließlich war das Gerät gegen Störungen so empfindlich, dass es schon auf Schritte in 100 m Entfernung vom Laboratorium reagierte.

Eine solche Apparatur war kostspielig. Michelson wollte das Bronzegestell von den berühmten deutschen Instrumentenbauern Schmidt & Hänsch herstellen lassen, konnte sich aber diesen Luxus nicht leisten. Glücklicherweise hatte ein Landsmann ein paar Jahre zuvor durch seine Erfindung eines »sprechenden Telegrafen« Ruhm geerntet und viel Geld verdient – mit einem kleinen Gerät, das wir heute Telefon nennen. 1880 arbeitete sein Erfinder, Alexander Graham Bell, an einer neuen Idee für ein Bildtelefon. Bell hatte wegen des Baus von Forschungsinstrumenten mit Schmidt & Hänsch Kontakt aufgenommen, bei denen noch ein Guthaben offen war. Zu Lasten dieses Guthabens baute man nun Michelsons Apparatur. Sein Experiment führte Michelson 1881 in Potsdam durch, wobei er praktisch keine Zeitdifferenz zwischen beiden Wegen feststellen konnte. Was bedeutete das? Der Physiker beabsichtigte eigentlich nicht, die Ätherhypothese zu beweisen oder zu widerlegen, er wollte nur die Geschwindigkeit messen, mit der »wir« (die Erde) durch den Äther rasen. Als aus den Messungen folgte, dass diese Geschwindigkeit gleich Null war, schloss er daraus nicht, dass es keinen Äther gab, sondern nur, dass er sich relativ zu uns in Ruhe befand. Aber wie war das möglich? Eine Antwort bot die Theorie Fresnels, nach welcher der Äther von der Erde mitgezogen wurde, eine Theorie, die auch von den Untersuchungen Fizeaus – bei all ihrer Ungenauigkeit – gestützt wurde. Auf jeden Fall sahen weder Michelson noch die anderen Kollegen durch ihre Untersuchungen die Existenz des Äthers gefährdet. Sir William Thomson – auch als Lord Kelvin bekannt – drückte es bei einem Besuch in den USA 1884 ganz unverblümt aus: »Der Lichtäther ist die einzige Substanz, auf die wir in der Dynamik vertrauen. Es gibt eines, dessen wir uns sicher sind: die Realität und das Substanzhafte des Lichtäthers.«[17] Man blieb also nach wie vor dabei: Maxwells elektromagnetische Theorie setzte Wellen voraus, und Wellen setzten ein Medium voraus. Die meisten Physiker ignorierten das Michelsonsche Experiment völlig. Dieser schrieb später: »Ich habe immer wieder vergeblich versucht, meine Freunde unter den Wissenschaftlern an diesem Experiment zu interessieren. … Durch die geringe Aufmerksamkeit wurde ich enttäuscht.«[18]

Einer, der Michelsons Experiment sehr ernst nahm, war der holländische Physiker Lorentz. 1886 stellte er dessen theoretische Analyse infrage, indem er auf ein Problem hinwies, das zum ersten Mal schon 1882 der französische Physiker André Potier bemerkte.[19] Michelsons Versuchsanordnung enthält – wie auch unsere Variante im Park – einen kleinen Fehler: Wir sind davon ausgegangen, dass der Ruf des Vaters Alexei auf einem Weg erreicht, der exakt nach Westen führt, in der Abbildung also waagrecht nach links verläuft. Aber bis zu dem Zeitpunkt, in dem der Schall Alexei erreicht, haben sich alle (also auch der Vater und Alexei) ein wenig nach Norden (in der Abbildung nach oben) bewegt. Der Ruf des Vaters muss demnach ein klein wenig mehr als die 10 m zurücklegen, die wir unterstellt haben. Diese kleine Zusatzstrecke benötigt eine kleine Extrazeit und reduziert das Ausmaß des Vorsprungs, den Alexei vor Nicolai hat. Wenn man diesen Effekt berücksichtigte, wurde die Differenz nur halb so groß, wie

Michelson es ursprünglich erwartet hatte. Lorentz argumentierte, dass mit dieser neuen korrekten Analyse die experimentellen Fehler in Michelsons Experiment so groß seien, dass seine Schlüsse nicht mehr als stichhaltig gelten konnten.

Michelson ging in die USA zurück und wurde Professor an der Case School in Cleveland. Bald verlangten Lorentz und auch Lord Rayleigh nach der Wiederholung des Experiments mit einer verbesserten Anordnung. Michelson stellte sich zusammen mit Edward Williams Morley, einem Kollegen vom benachbarten Western Reserve College, der Aufgabe, bekam dann aber einen Nervenzusammenbruch und ging nach New York. Morley arbeitete allein weiter, bis Michelson am Semesterende zurückkehrte. Am 8., 9., 11. und 12. Juli 1887 führten die beiden Forscher jeweils zur Mittagsstunde das endgültige Experiment durch, das heutzutage zum festen Stoff jedes Physikstudenten gehört. Die Reaktion auf das verbesserte Experiment war so spärlich wie die Resonanz auf die früheren. Das negative Ergebnis, dessen revolutionäre Kraft wir heute erkennen, war zunächst scheinbar nichts anderes als ein neuer Fehlschlag.

Michelson wiederholte sein Experiment später noch einige Male, ebenso sein Nachfolger in Case, Dayton Clarence Miller. Michelson und Morley planten noch weitere Messungen zu verschiedenen Jahreszeiten mit der Erde an verschiedenen Punkten ihrer Umlaufbahn. Doch nach und nach verloren beide Wissenschaftler das Interesse.

Michelson mochte nie akzeptieren, dass es keinen Äther gibt. Bis 1919 hoffte Einstein, von ihm Unterstützung für seine Theorie zu erhalten. Der »andere Albert« erkannte schließlich Einsteins Theorie an, blieb aber weiter mit der für ihn unlösbaren Frage des Äthers konfrontiert. In seinem Buch *Studies in Optics,* das Michelson 1927 wenige Jahre vor seinem Tod publizierte, schrieb er: »Die Existenz des Äthers erscheint inkonsistent mit der Theorie …, aber wie kann die Ausbreitung des Lichtes ohne Medium erklärt werden? Wie kann man die Konstanz der Ausbreitung [die konstante Lichtgeschwindigkeit] erklären, die die grundlegende Annahme (zumindest der speziellen [Relativitäts-]Theorie) ist, wenn es kein Medium gibt?«[20]

Wie die Entdeckung der Krümmung des Raums verursachte auch das Experiment von Michelson und Morley keine Explosion im Gebäude des Wissens, aber die Zündschnur fing immerhin an zu glimmen. Die erste Rauchspur dieser Lunte war 1889 zu sehen, als das Experiment längst vergessen schien. In einem kurzen Brief, der in einer neuen amerikanischen wissenschaftlichen Zeitschrift namens *Science* abgedruckt wurde, hieß es:

Ich habe mit viel Interesse den Bericht über das wunderbare Experiment der Herren Michelson und Morley gelesen, in dem sie versuchen, die wichtige Frage zu lösen, inwieweit der Äther von der Erde mitgeführt wird. Ihr Ergebnis scheint anderen Ergebnissen zu widersprechen, die zeigen, dass der Äther in der Luft nur insignifikant mitgeführt wird. Ich möchte hier vorschlagen, dass die einzige Hypothese, die diesen Widerspruch aufzulösen vermag, in einer Längenänderung materieller Körper besteht, die sich durch den Äther bewegen, wobei die Längenänderung vom Quadrat des Verhältnisses der Geschwindigkeit zur Lichtgeschwindigkeit abhängt.[21]

Was konnte das bedeuten? Die Länge eines Körpers sollte sich *ändern*? Der Raum, in dem wir leben, sollte die Materie verändern? Der Brief, er stammte von einem irischen Physiker mit Namen George Francis FitzGerald, endete mit zwei weiteren langen Sätzen und beschrieb den Grundgedanken einer Theorie, die letztlich die Ergebnisse von Michelson und Morley erklären konnte: Einsteins Relativitätstheorie.

Ungefähr zur selben Zeit kam Lorentz, der noch immer über die Michelsonschen Messungen nachdachte, zum selben Schluss. Lorentz, der führende theoretische Physiker im letzten Jahrzehnt des 19. Jahrhunderts, suchte eine Erklärung durch molekulare Kräfte, die sich im Äther fortpflanzen und bewirken, dass Körper zusammengezogen oder gedehnt werden. (Um den Äther zu retten, wich man inzwischen von der Forderung ab, er müsse gegen physikalische Kräfte resistent sein.) Ohne eine physikalische Erklärung dieser Kontraktion war das allerdings nur eine Notlösung, vergleichbar den Epizykeln, die Ptolemeios einführen musste, um die Bewegung der Planeten in seinem (falschen) geozentrischen Modell deuten zu können. Die Versuche, eine solche physikalische Erklärung zu finden, scheiterten zum Teil daran, dass die Kräfte, die Lorentz anzunehmen gezwungen war, mit der Newtonschen Mechanik kaum in Einklang zu bringen waren.

1904, ein Jahr vor Einsteins erster Arbeit zur Relativitätstheorie, machten Lorentz und andere Wissenschaftler eine Reihe merkwürdiger Entdeckungen, schätzten aber die Konsequenzen daraus nicht richtig ein. Die neue Theorie von Lorentz unterschied zwischen zwei Formen von Zeit, der »lokalen« und der »universellen Zeit«, wobei die letztere eine bevorzugte Stellung einnahm. Lorentz hatte auch herausgefunden, dass sich die Masse eines Elektrons ändern müsste, wenn es sich durch den Äther bewegt, während andererseits der Physiker Walter Kaufmann experimentell bestätigte, dass die Masse konstant ist. Poincaré hatte die Frage gestellt, ob die Lichtgeschwindigkeit für das Universum eine Grenzgeschwindigkeit sei, was sich offensichtlich aus der Kontraktionstheorie herleiten ließe. Er spekulierte auch über die Subjektivität der Vorstellung von Raum und Zeit: »Wir haben keine unmittelbare Anschauung für Gleichzeitigkeit, ebenso wenig für die Gleichheit zweier Zeitintervalle. Wenn wir diese Anschauung zu haben glauben, so ist das eine Täuschung.«[22] Die Trennmauer zwischen den Dingen in einem Zeitablauf und dem zeitlosen Raum stand kurz vor dem Einsturz. Welche neue Geometrie würde nun entstehen?

Es war Albert Einstein, dem es gelang, eine einfache Theorie aufzustellen, die das beobachtete Verhalten des Lichts bei seinem Weg durch den Raum erklärte. Raum und Zeit waren nun für immer vereint – und die Geometrie wurde dabei reichlich exzentrisch.

24
Experte III. Klasse auf Probe

□○△○□

Als Napoleon 1805 in Göttingen am Haus von Gauß vorbeiritt, kam er gerade von einem entscheidenden Sieg: Er hatte die Schlacht von Ulm gewonnen. Napoleon verschonte Göttingen aufgrund seiner Hochachtung für Gauß, aber auch der Ort der siegreichen Schlacht sollte später höhere Weihen erhalten: 1879 wurde in Ulm einer der wohl größten Physiker aller Zeiten geboren, im selben Jahr, in dem Maxwell starb.

Anders als Gauß war Albert Einstein kein Wunderkind, sondern fing ziemlich spät an zu sprechen, nach einigen Quellen sogar erst mit drei Jahren.[23] Das Kind war meist ruhig und verschlossen und wurde so lange zu Hause erzogen, bis es eines Tages seine Ruhe durchbrach und in einem Wutanfall einen Stuhl nach seinem Lehrer warf. In der Volksschule waren Alberts Leistungen durchwachsen – manchmal war er gut, aber einige Lehrer hielten ihn für langsam, vielleicht sogar zurückgeblieben. Unglücklicherweise stand damals im Mittelpunkt des Schulunterrichts noch das Auswendiglernen, das nie zu Einsteins Stärken gehörte. Ein Schüler, der auf die Frage, wohin die Kompassnadel zeigte, sofort »Nord« brüllte, fand schnell Anerkennung. Für jemanden wie Einstein, der stattdessen nachdachte und sich – wie er im fünften Lebensjahr – fragte, welche unsichtbare Kraft die Kompassnadel bewegt, waren die Aussichten erheblich schlechter. Natürlich hatten die Schulen seit den Zeiten von Gauß und Büttner Fortschritte gemacht. Die Strafe für eine falsche Antwort war nicht mehr die Peitsche, sondern man bediente sich einer moderneren Technik: Es gab etwas auf die Knöchel. Das Geniale, das sich hinter Einsteins oft nur zögerlichen Antworten versteckte, war ursprünglich die Strategie ei-

nes verängstigten Kindes zur Schmerzvermeidung: Einstein überprüfte seine Antworten immer wieder, bevor er etwas sagte.

Im Gespräch mit den Lehrern dürften die Eltern des neunjährigen
Albert vielleicht zu hören bekommen haben, dass der Knabe in Mathematik und Latein gut sei, in allen anderen Fächern aber unter dem
Durchschnitt liege. Wir können uns die Zweifel der Lehrer und die
Sorgen der Eltern vorstellen. Würde es der Viertklässler je zu etwas
bringen? Dabei zeigte Einstein bereits mit dreizehn Jahren außerge-
wöhnliche mathematische Fähigkeiten. Er begann, sich zusammen mit
einem älteren Freund und einem Onkel höhere Mathematik anzueig-
nen und Kant zu lesen. Besonders interessierte er sich für Kants Äußerungen über Raum und Zeit als Produkt unserer Anschauung, mit
denen sich auch schon Gauß auseinander gesetzt hatte. Obwohl es bei
der Messung von Raum und Zeit nicht um die menschliche Psyche
geht, war es doch der subjektive Faktor, der zur Herausbildung des
Begriffs der Relativität mit beitrug.

1895 wusste Einstein vom Experiment von Michelson und Morley
und kannte die Arbeiten von Fizeau und Lorentz. Obwohl er zu dieser
Zeit noch an die Existenz des Äthers glaubte, war er schon sicher, dass
man niemals eine Lichtwelle einholen könne, so schnell man sich auch
bewegen würde: eine erste Vorahnung der Relativitätstheorie! Einsteins intellektuelle Freizeitbeschäftigungen machten das Leben in der
Schule für ihn nicht leichter. Mit fünfzehn erklärte ihm sein Grie-
chischlehrer vor allen Mitschülern, er sei ein hoffnungsloser Fall, der
die Zeit verschwende und die Schule am besten so schnell wie möglich
verlassen solle. Albert ging zwar nicht sofort, nahm aber doch bald den
Rat seines Lehrers an. Der Hausarzt der Familie bescheinigte, dass er
kurz vor einem Nervenzusammenbruch stünde, und eine Bestätigung
seines Mathematiklehrers besagte, er würde schon alles an Mathematik
kennen, was der Lehrplan vorsah. Mit den beiden Dokumenten ging
Albert zum Rektor. Dann durfte er die Schule verlassen.

Einstein lebte damals in einer Pension, weil seine Familie nach Italien gezogen war. Jetzt war er frei und hatte die Möglichkeit, in den
Süden zu folgen. Es mochten zwar keine ehrenvollen Gründe gewesen
sein, die ihn von der Schule getrieben hatten, aber Albert war der

Ansicht, dass ihm ein Leben als Hinausgeworfener gut zu Gesicht stünde. Der kommende Gott der Physik und Gegenspieler Newtons brachte die nächsten sechs Monate damit zu, sich in Mailand und Umgebung herumzutreiben. Auf die Frage, was er denn einmal arbeiten wolle, antwortete er stets, eine »richtige« Arbeit sei für ihn völlig indiskutabel, bestenfalls könne er Philosophie unterrichten. Bedauerlicherweise stellten die Fakultäten für Philosophie kaum Dozenten mit abgebrochener Gymnasialausbildung ein, und selbst für einen Lehrerjob an einer Schule bedurfte es eines Diploms. Man muss nicht Einstein sein, um zu erkennen, dass ihm unter diesen Voraussetzungen gar nichts anderes übrig blieb, als sich ein gutes Leben zu machen.

Alberts Vater Hermann war jedoch entschieden anderer Meinung. So konnte es doch schließlich nicht weitergehen! Er kannte das mathematische Talent seines Sohnes, nörgelte und redete auf ihn ein – er *hocked a chainik*,[24] um es in seinem einfachen Jiddisch zu sagen, bis Albert zustimmte, wieder zur Schule zu gehen und später Elektrotechnik zu studieren. Hermann selbst war zwar kein Elektroingenieur, er gründete aber zwei Firmen für Elektroartikel, allerdings erfolglos. Der Sohn schrieb sich an einer der angesehensten Universitäten ein, der Eidgenössischen Technischen Hochschule (ETH) in Zürich. Die ETH war weltweit berühmt und gehörte zu den wenigen Hochschulen, die kein Abitur verlangten, sondern sich mit einem Eingangstest begnügten. Albert machte die Prüfung – und fiel durch.

Wie üblich war Albert in Mathematik gut, aber wie üblich gab es noch ein paar andere dumme Fächer, die geprüft wurden. In diesem Fall waren es Französisch, Chemie und Biologie, die ihm das Genick brachen. Da er kaum intendierte, biochemische Arbeiten in Französisch zu verfassen, kam es ihm sinnlos vor, aus diesen Gründen nicht zugelassen zu werden. Es erschien auch anderen sinnlos: Albert wandte sich direkt an die ganz Großen, bei denen es nicht unbeachtet geblieben war, was für eine Hoffnung für die Mathematik er darstellte.

Heinrich Weber, Mathematiker und Professor für Physik, lud das junge Genie ein, an seinen Vorlesungen teilzunehmen. Der Rektor, Albin Herzog, sorgte dafür, dass Albert in einer nahe gelegenen Schule ein Jahr lang einen Vorbereitungskurs belegen konnte, um dann das

Abitur nachzuholen. Mit diesem Dokument konnte er sich an der ETH einschreiben, ohne den Test machen zu müssen. Einstein dankte seinen beiden Förderern, indem er bestätigte, was der Eingangstest schon angedeutet hatte, und im Studium nur mäßige Leistungen zeigte. Die Lehrpläne waren damals von derselben überholten Pädagogik bestimmt wie der Test. Einstein beklagte sich bitter, dass er sich für die Prüfungen so viel Zeug in den Kopf stopfen musste, und nach dem letzten Test war ihm erst einmal jedes wissenschaftliche Problem zuwider.

Einstein wurstelte sich durch, indem er die Aufzeichnungen eines Freundes durcharbeitete, der später eine Schlüsselrolle in seinem mathematischen Leben spielen sollte: Marcel Grossmann. Weber war von Einsteins Verhalten nicht begeistert und hielt ihn für arrogant. Im Gegenzug qualifizierte Einstein dessen Vorlesungen als veraltet und nicht der Mühe wert ab. Die »bezaubernde« Art des Studenten verwandelte Weber von einem Mentor in einen finsteren Rachegott: Drei Tage vor dem Abschlussexamen im Sommer 1900 zahlte er es ihm heim und forderte von ihm, die eingereichte Diplomarbeit neu zu schreiben, da die äußere Form nicht den Vorschriften entspräche. Für alle, die der Gnade der späten Geburt anteilig sind: Im Vor-Computer-Zeitalter konnte man diese Aufgabe nicht per Mausklick erledigen, sondern nur mit langwieriger Schreibarbeit von Hand, die viel von der verbliebenen Zeit auffraß, die eigentlich der Prüfungsvorbereitung dienen sollte.

Einstein wurde nur dritter von vier Studenten in seiner Gruppe, aber er bestand die Prüfung und erhielt sein Diplom. Seine Kommilitonen bekamen Stellen an der Universität. Weber jedoch legte seinem ehemaligen Schützling Steine in den Weg, indem er ihm eine schlechte Beurteilung schrieb. So arbeitete Einstein als Nachhilfelehrer und Tutor und nahm schließlich am 23. Juni 1902 einen Posten am Berner Patentamt, dem »Amt für geistiges Eigentum«, an. Sein glänzender Titel war »Experte III. Klasse«. Dennoch verfasste Einstein eine Dissertation und reichte sie an der Universität Zürich ein. Dort wurde die Arbeit zunächst abgelehnt, da sie zu kurz war. Der Autor hängte noch genau einen Satz an und gab sie noch einmal ab. Nun wurde sie angenommen. Es ist schwer zu sagen, ob diese Anekdote, die Einstein gern erzählte, stimmt oder nur einem schlechten Traum nach einer durchzechten Nacht entstammte. Doch wie dem auch sei: Sie ist typisch für das akademische Leben des jungen Wissenschaftlers.

Nachdem er seine »Ausbildung« hinter sich hatte, explodierte Einsteins Gehirn 1905 geradezu vor revolutionären Ideen, die leicht für eine ganze Anzahl von Nobelpreisen ausgereicht hätten, wenn diese nach objektiven Kriterien vergeben würden. Einsteins Jahr 1905 war das wohl produktivste Jahr, das je ein Wissenschaftler erlebte, zumindest seit 1665/66, als Newton auf dem Bauernhof seiner Mutter lebte. Dabei hatte er keine Muße, herumzusitzen und herabfallenden Äpfeln zuzuschauen, schließlich war er am Patentamt Angestellter mit einer Vollzeitstelle. Einstein schrieb 1905 sechs Aufsätze, von denen er fünf noch im selben Jahr veröffentlichte. Eine dieser Arbeiten beruhte auf seiner Dissertation und befasste sich mit der Geometrie – nicht mit der Geometrie des Raums, sondern der Geometrie der Materie. Sie erschien in den *Annalen der Physik* unter dem Titel »Eine neue Bestimmung der Moleküldimensionen«.[25] Darin stellte der Verfasser eine neue theoretische Methode zur Bestimmung der Größe von Molekülen vor, einen Ansatz, der später in einem weiten Bereich Anwendung fand – von der Bewegung von Sandkörnern in einer Zementmischung bis zu den Kasein-Micellen (Teilchen von Protein) in der Kuhmilch. Die Wirkung seiner Arbeiten war enorm: »Von den elf zwischen 1961 und 1975 meistzitierten Artikeln, die irgendein Autor vor 1912 veröffentlichte, sind vier von Einstein. Unter diesen vier steht die Dissertation (oder vielmehr ihre Veröffentlichung in den *Annalen*) an erster Stelle.«[26] Der Dissertation folgte ein Aufsatz über die Brownsche Molekularbewegung, die unregelmäßige Bewegung winziger Partikel in einer Flüssigkeit oder in der Atmosphäre, die 1827 von dem schottischen Botaniker Robert Brown entdeckt worden war. Einsteins Analyse beruhte auf der Idee, dass die Bewegung die Folge des zufälligen Bombardements der Teilchen durch die Moleküle der Flüssigkeit ist. Damit bestätigte er die neue molekulare Theorie der Materie, für die der französische Experimentalphysiker Jean-Baptiste Perrin 1926 den Nobelpreis bekam.

In einem weiteren Artikel aus dem Jahr 1905 erklärte Einstein, warum bestimmte Metalle Elektronen aussenden, wenn sie Licht ausgesetzt werden, eine Erscheinung, die man Photoeffekt oder photoelektrischen Effekt nennt. Die wichtigste Erkenntnis dabei war, dass für jedes bestimmte Metall eine Grenzfrequenz existiert, unterhalb deren der Effekt nicht auftritt, so stark der Lichtstrahl auch sein mag, den man auf das Metall richtet. Einstein griff Max Plancks quantenmechanische Vorstellungen auf, um den Schwellenwert zu erklären: Wenn Licht aus Teilchen besteht, deren Energie direkt mit der Lichtfrequenz zusammenhängt, dann würden diese nur oberhalb der Schwellenfrequenz genug Energie haben, um ein Elektron herauszuschlagen. (Die Teilchen nannte man später Photonen.)

Plancks neue Quantentheorie verwendete Einstein, als wäre sie ein universell anerkanntes physikalisches Gesetz. Davon konnte jedoch damals noch keine Rede sein. Die Physiker sahen in ihr nur einen kaum verstandenen Aspekt der Wechselwirkung zwischen Strahlung und Materie. Niemand war sonderlich beunruhigt, weil dieses Arbeitsfeld ohnehin noch voller Fragezeichen steckte. Es überstieg wohl jede Vorstellung, wie Einstein die Quantenmechanik auf die Strahlung anwendete und dabei in Widerspruch zu der gut verstandenen und bestens überprüften Theorie von Maxwell geriet. Und es verwundert auch nicht, dass bei dieser wie bei allen seinen späteren revolutionären Theorien zunächst nur wenige überzeugt waren, sich sogar Lorentz und Planck den neuen Ansichten entgegenstellten. Heute sehen wir in Einsteins Veröffentlichung einen der Marksteine in der Geschichte der Quantentheorie: einen Schritt, der der Entdeckung der Quanten durch Planck gleichkommt. Für diese Arbeit erhielt Einstein 1921 den Nobelpreis für Physik, berühmt wurde er allerdings durch zwei weitere Arbeiten aus dem Jahr 1905, die den Beginn einer elfjährigen Odyssee darstellten und die Wissenschaft in das fremdartige neue Universum eines gekrümmten Raums führten, für dessen mögliche Existenz Gauß und Riemann schon den mathematischen Nachweis geliefert hatten.

25
Ein relativ Euklidischer Ansatz

□○△○□

Schon in seiner Gymnasialzeit entdeckte Einstein ein Buch über Euklid. Anders als Descartes und Gauß schätzte er ihn sehr, wobei ironischerweise in seinen späteren Theorien die Nicht-Euklidische Geometrie eine entscheidende Rolle spielen sollte: »Da waren Aussagen wie z.B. das Sichschneiden der drei Höhen eines Dreiecks in einem Punkt, die – obwohl an sich keineswegs evident – doch mit solcher Sicherheit bewiesen werden konnten, dass ein Zweifel ausgeschlossen zu sein schien. Diese Klarheit und Sicherheit machte einen unbeschreiblichen Eindruck auf mich.«[27] Für die spezielle Relativitätstheorie kam Einstein noch mit einem Euklidischen Ansatz aus. Die Grundlage dieser Theorie formulierte er in zwei Axiomen über den Raum. Das erste lautet: »Die Gesetze der Physik nehmen in allen Inertialsystemen die gleiche Form an.«[28] Mit anderen Worten: Nur durch den Vergleich mit einem anderen Körper kann man entscheiden, ob man sich in einem Zustand der Ruhe oder in gleichförmiger Bewegung befindet.

Dieses erste Axiom, das gemeinhin als Relativitätsprinzip oder Galileische Relativität bezeichnet wird, hat eine lange Geschichte: Es wurde zuerst von Oresme aufgestellt, gilt auch im Reich der Newtonschen Gesetze – und in unserem Alltagsleben. Kürzlich ist Nicolai auf einem Feuerwehrauto aus Plastik durch unsere Wohnung gefahren. Alexei, ganz gefangen von einem Horrorroman für Kids, saß in der Durchgangsküche auf einem Stuhl. Nicolai streckte eine Plastikaxt heraus, als er vorbeizischte, die wir umsichtigerweise zusammen mit dem Auto und dem Helm gekauft hatten. Beim Vorbeifahren krachte Nicolais Axt auf Alexeis Buch und beide, Axt und Buch, fielen herunter. Die üblichen Klagen und Gegenklagen begannen: Alexei argumentierte, dass der vorbeirauschende Bruder mit der Axt auf ihn losgegangen sei und ihm das Buch aus der Hand geschlagen habe, Nicolai behauptete, er habe die Axt ganz ruhig gehalten und Alexei sei praktisch in sie hineingelaufen. Der Vater, der es vorzog, kein Verhör mit juristischen Konsequenzen zu führen, erteilte eine Lektion über die Wissenschaft, die sich hinter den Ereignissen verbirgt.

Ob Nicolai steht und Alexeis Buch sich bewegt oder ob Alexei steht und Nicolais Axt sich bewegt, macht nach den Gesetzen Newtons keinen Unterschied. In beiden Fällen sagen sie dasselbe voraus. Und das ist nichts anderes als Einsteins erstes Axiom: Der Vater kann die eine Version nicht von der anderen unterscheiden, denn beide Kinder haben mit ihrer Art, die Dinge zu erklären, in gleicher Weise Recht.

Wenden wir uns nun dem zweiten Axiom zu: »In einem gegebenen Inertialsystem ist die Lichtgeschwindigkeit c unabhängig davon, ob das Licht von einem ruhenden Körper oder einem gleichförmig bewegten Körper ausgesendet wird.«[29] Mit anderen Worten: Die Lichtgeschwindigkeit ist von der Geschwindigkeit der Lichtquelle unabhängig und für alle Beobachter des Universums gleich. Wie das erste war auch dieses zweite Axiom für sich gesehen nicht revolutionär. Schon Maxwells Gleichungen forderten, dass die Lichtgeschwindigkeit unabhängig von der Geschwindigkeit der Lichtquelle ist – eine unproblematische Bedingung, denn das gilt als Normalfall für die Ausbreitung von Wellen. Der springende Punkt in Einsteins Axiom steckt in dem Nebensatz »und ist für alle Beobachter des Universums gleich«. Was bedeutet das?

Wenn man herausfinden könnte, ob man sich bewegt oder nicht, wäre es einfach: Alle Beobachter würden darin übereinstimmen, dass die Geschwindigkeit des Lichts die sei, mit der es ein »ruhendes« Objekt erreicht. Im Newtonschen Bezugssystem ist das kein Problem: Der »absolute Raum« oder der Äther liefern ein Referenzsystem, im Vergleich zu dem die Geschwindigkeit gemessen wird. Wenn man aber Ruhe von gleichförmiger Bewegung nicht unterscheiden kann und trotzdem für alle Beobachter das Licht mit derselben Geschwindigkeit einfällt, sind wir wieder beim Paradox mit der Spucke angelangt. Wie ist es möglich, dass eine Lichtwelle sowohl auf uns als auch auf unsere Spucke mit derselben Geschwindigkeit trifft?

Wenn wir Einsteins Axiome als Axiome akzeptieren wollen, brauchen wir sie nicht zu hinterfragen. Wenn wir aber verstehen wollen, warum sich das Licht in dieser Weise verhält, müssen wir mit unseren Überlegungen in die Tiefe gehen und fragen, welche zusätzlichen Annahmen wir gemacht haben. Ein wichtiger Aspekt ist der Begriff der »Gleichzeitigkeit«. Deshalb wollen wir ihn näher untersuchen. Und so ist auch Einstein vorgegangen.

Albert Einstein liebte Beispiele aus der Welt der Eisenbahn, weil seiner Erfahrung nach Fahrten mit der Bahn am deutlichsten zeigen, dass man unmöglich unterscheiden kann, ob man sich in Ruhe oder in gleichförmiger Bewegung befindet. Wir wollen uns eine ähnliche Szene vorstellen, wie Einstein sie in seinem 1916 erschienenen Buch *Relativität* als Beispiel wählte. Jeder, der einmal mit der Bahn oder der U-Bahn gefahren ist, hat schon die Erfahrung gemacht, auf die Einstein hinaus will: Manchmal ist man einfach nicht sicher, ob sich der eigene Wagen bewegt oder der Zug auf dem Nachbargleis. In unserem Beispiel sollen sich Alexei und Nicolai an je einem Ende eines U-Bahn-Wagens aufhalten (Abbildung 11). Es ist ihre erste Fahrt mit der U-Bahn. Die Eltern stehen auf dem Bahnsteig, winken und hoffen, dass das von ihnen angebrachte Schild »Der Zugang zu diesem Wagen ist untersagt« tatsächlich für einen relativ leeren Wagen sorgen wird. Mutter und Vater sollen nun so weit auseinander stehen wie Alexei und Nicolai im Wagen. Wenn der Zug anfährt, steht die Mutter Alexei und der Vater Nicolai genau gegenüber. Das hat einen tieferen Sinn: Die Eltern haben Kameras dabei. Die Mutter, weil die Kinder zum ersten Mal allein auf Reisen gehen, der Vater, weil er ein gutes Foto für die Polizei haben möchte, wenn sie nicht wie vereinbart zurückkehren. Einem Naturgesetz über die Rivalität von Geschwistern folgend wollen Vater und Mutter ihre Schnappschüsse genau zum selben Zeitpunkt machen: Die Mutter wird Alexeis grinsendes Gesicht aufnehmen, der Vater Nicolais. Wenn die Fotos gleichzeitig entstehen, kann keines der Kinder später damit angeben, sein Bild sei zuerst gemacht worden. Doch trotz all dieser Maßnahmen ist die Bühne für das Familiendrama schon vorbereitet!

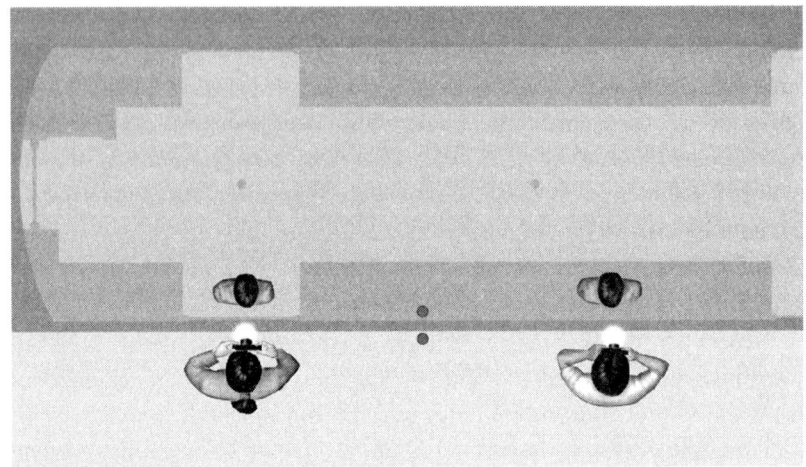

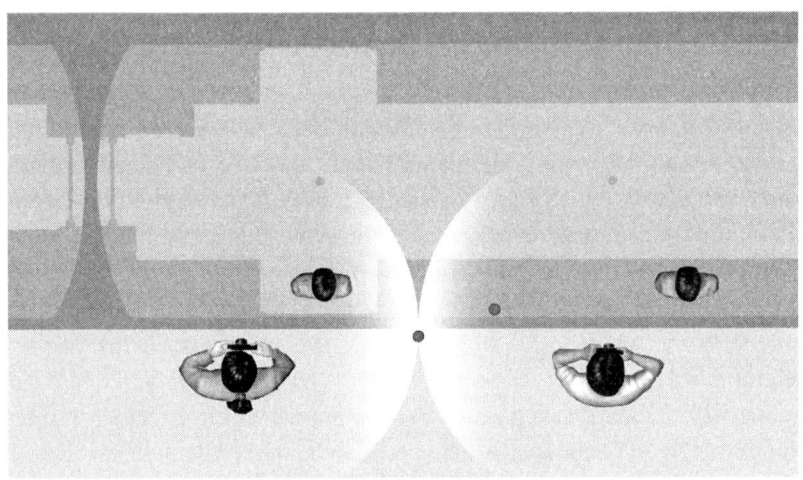

Abbildung 11
Relativität in der U-Bahn

Die tiefere Ursache dafür steckt in der simplen Frage, die Einstein stellte: Werden zwei Ereignisse, die für die Eltern gleichzeitig sind, auch von den beiden Söhnen als gleichzeitig empfunden? Was bedeutet es überhaupt, wenn man sagt, dass zwei Ereignisse gleichzeitig stattfinden? Geschehen die Ereignisse am selben Ort, ist die Antwort trivial: Sie finden zu dem Zeitpunkt statt, den die Uhr an diesem Ort anzeigt. Es erfordert schon ein tieferes Nachdenken, um zu erkennen, dass die Antwort auf Einsteins Frage nicht so trivial ausfällt, wenn die beiden Ereignisse *nicht* am selben Ort stattfinden.

Nehmen wir an, das Licht (oder jedes andere Signal) breitet sich mit unendlich großer Geschwindigkeit aus. Die Blitzlichter der beiden Kameras würden augenblicklich bei Alexei und Nicolai ankommen, und die Frage der Gleichzeitigkeit wäre einfach zu klären: Sehen sie ein Blitzlicht vor dem anderen, ist das entsprechende Foto zuerst entstanden. Wenn nun aber das Licht gar keine unendlich große Geschwindigkeit hat, funktioniert diese Methode nicht. Der Vater, immer der große Wissenschaftler, weiß Rat: Er stellt auf der Strecke zwischen sich und der Mutter Fotozellen auf. Werden beide Fotos zur selben Zeit gemacht, dann sollten die beiden Blitzlichter genau auf halbem Weg zwischen Vater und Mutter gleichzeitig ankommen. Nicolai erklärt diese Idee gleich zu seiner eigenen, und Alexei stellt im U-Bahn-Wagen ebenfalls Fotozellen auf.

Die U-Bahn fährt an, in unserer Abbildung nach rechts. Die Eltern tragen synchronisierte Uhren. Die Fotos werden geschossen. Sicher ist, dass sich das Licht der beiden Blitze genau auf halbem Weg zwischen Vater und Mutter trifft. Werden aber Alexei und Nicolai zufrieden sein? Nein! Wenn sich die beiden Blitzlichter treffen, wird sich die U-Bahn schon ein wenig vorwärts bewegt haben, sodass sich, wie in Abbildung 11 dargestellt, die Blitze *in* der U-Bahn *nicht* genau in der Mitte zwischen Alexei und Nicolai treffen.

Aus dem Blickwinkel der Kinder ist jeder Blitz ein Ereignis im Raum und in der Zeit *ihrer* Welt, der U-Bahn, die sie berechtigterweise als ruhend wahrnehmen: Die Blitzlichter treffen sich näher bei Alexei als bei Nicolai. Dann wurde das Foto von Nicolai also früher geschossen! Obwohl die Eltern aus ihrer Sicht alles dafür getan hatten, dass die

Bilder exakt zur selben Zeit entstanden, erscheint das aus der Perspektive ihrer Kinder, und damit eines Bezugssystems, das sich relativ zu ihnen bewegt, nicht so. Der Vater macht sich natürlich Vorwürfe, nicht alles so arrangiert zu haben, dass die Blitze zwar vielleicht für ihn nicht gleichzeitig aufgeleuchtet hätten, aber dafür wenigstens für die Kinder.

Das leuchtet ein, werden einige Leserinnen und Leser sagen, aber wem wollen Sie etwas vormachen? Es sind die Kinder, die sich bewegen, während die Eltern auf dem ruhenden Bahnsteig stehen! Das mag so scheinen, weil wir uns die Erde als ruhend vorstellen, aber natürlich ist sie das nicht: Ein Beobachter im All sieht die Erde um die Sonne rasen und beobachtet, wie sie sich um sich selbst dreht. Für ihn wäre es sehr merkwürdig, darauf zu bestehen, dass entweder die U-Bahn oder der Bahnsteig »offensichtlich« ruht. Oder wir denken alle Kulissen weg und stellen uns Eltern und Kinder im leeren Raum vor. Dann gibt es keinerlei äußere Zeichen mehr dafür, wer sich bewegt oder wer ruht. Das Ergebnis bleibt dasselbe und es ist ganz real: Was den Eltern gleichzeitig erscheint, erscheint den Kindern nicht so – und umgekehrt.

Die Zweifel an der Gleichzeitigkeit sind gleichbedeutend mit der Entdeckung der Relativität von Raum und Zeit. Um das zu verstehen, wollen wir uns etwas genauer ansehen, wie man einen Abstand misst. Wollen wir die Länge einer Besenstange bestimmen, müssen wir einen Maßstab an sie anlegen. Ob sich die Besenstange relativ zu uns bewegt, spielt keine Rolle, wenn sie sich aber bewegt, ist noch ein Zwischenschritt nötig: Wir müssen die zwei Enden auf einem fest liegenden Papier markieren, sobald die Stange vorbeifliegt. Dann können wir wieder unseren Maßstab holen, ihn auf dem Papier anbringen und den Abstand zwischen den beiden Markierungen bestimmen. Die Endpunkte müssen aber – und hier kommt wieder das Zauberwort – gleichzeitig eingezeichnet werden. Machen wir dabei einen Fehler, wird sich der zuletzt markierte Punkt ein Stück weiter bewegt haben, und die Messung liefert ein falsches Ergebnis. Leider wird die Person, die auf der vorbeifliegenden Besenstange reitet, die Markierungen, die wir nach bestem Wissen gleichzeitig gemacht haben, als nicht gleichzeitig wahrnehmen und uns vorwerfen, ein Ende vor dem anderen gekennzeichnet und damit ein fehlerhaftes Ergebnis verursacht zu haben. Die Objekte haben demnach keine »absolute« Länge, diese hängt vielmehr davon ab, welcher Beobachter sie misst: eine sich mitbewegende Person oder eine andere, die sich nicht auf dem Objekt befindet. Diese Tatsache konfrontiert uns mit einer völlig neuen Art von Geometrie.

Nach der Relativitätstheorie sind Objekte in Richtung ihrer Bewegung zusammengepresst. Ein Objekt erscheint einem Beobachter, für den es sich bewegt, kürzer als einem Bewohner, der es als ruhend wahrnimmt (und beispielsweise auf ihm mitfliegt). Einstein erkannte, dass sich die Zeit ähnlich merkwürdig verhält: Beobachter, die sich relativ zueinander bewegen, werden auch die Länge eines Zeitintervalls verschieden beurteilen. Es gibt also auch kein »absolutes« Zeitmaß.

Das Zeitintervall, das ein Beobachter an seinem Ort – der in seiner Wahrnehmung ein im Raum ruhender Punkt ist – zwischen zwei Ereignissen misst, wird die *Eigenzeit* genannt. Jeder andere Beobachter, der sich relativ zu dem ersten Beobachter mit konstanter Geschwindigkeit bewegt, nimmt die Zeitspanne zwischen den beiden Ereignissen als länger wahr. Da wir auf uns selbst bezogen immer in Ruhe sind (Beschleunigungen sind vorerst ausgeschlossen!), wird die Dauer unseres Lebens uns selbst immer kürzer erscheinen als anderen, die sich relativ zu uns bewegen: Für sie geht unsere Uhr nach. Leider leben und sterben wir gemäß der eigenen inneren Uhr, während es die anderen nach den Aussagen der speziellen Relativitätstheorie – von uns aus gesehen – »besser« haben.

Was hat das alles für Folgen, wenn wir an die Bewegungsgesetze denken? Nach der speziellen Relativitätstheorie folgen alle Objekte weiterhin dem ersten Newtonschen Gesetz: Sie bewegen sich gleichförmig auf einer Geraden, wenn keine äußere Kraft auf sie einwirkt. Beobachter können sich zwar über die Länge eines Abschnitts dieser Geraden streiten, aber nicht darüber, ob sie gerade ist. Damit ist das erste Newtonsche Gesetz aber noch nicht »relativistisch« formuliert. Nach der Relativitätstheorie sind Raum und Zeit für unterschiedliche Beobachter auf unterschiedliche Weise miteinander verschränkt. Um daher sowohl Raum als auch Zeit zu umfassen, muss die Geometrie geändert werden.

An die Stelle eines bestimmten Orts im Raum zu einer bestimmten Zeit tritt jetzt das *Ereignis,* das einen Punkt im vierdimensionalen Kontinuum von Raum und Zeit darstellt. Statt von einem Weg im Raum sprechen wir von einer *Weltlinie* durch Raum und Zeit. Statt des räumlichen Abstandes und der Zeitdifferenz zwischen zwei Ereignissen haben wir nun eine Kombination aus zeitlichem und räumlichem Abstand. An die Stelle der Geraden tritt die Geodäte, die als kürzeste oder längste Weltlinie definiert ist, die zwei Ereignisse verbindet.[30] Ein typisches »Ereignis« wäre zum Beispiel der Autor dieses Buchs, der zu einem bestimmten Zeitpunkt (um 8 Uhr morgens) an einem bestimmten Punkt im Raum (an seinem Schreibtisch) sitzt. Eine Weltlinie führt von diesem Ereignis zum nächsten: Derselbe Autor setzt viele Stunden später den Schlusspunkt unter das Manuskript. Im »klassischen« Raum ist der »Weg«, den der Autor durchlaufen hat, langweilig: Er besteht aus einem festen Punkt, dem Schreibtisch. Bei der Weltlinie im Raum-Zeit-Kontinuum ändert sich hingegen die Zeitkoordinate, während die Ortskoordinaten gleich bleiben – so etwas ist für Weltlinien erlaubt. Wir können das vielleicht besser verstehen, wenn wir an klassische Bewegungen im Raum denken, bei denen sich nur eine Dimension ändert und die anderen bestehen bleiben. Ein Beispiel wäre die Fahrt eines Lifts, bei der sich nur eine Dimension, die Höhe, ändert. Die raum-zeitliche Distanz zwischen zwei Punkten auf der Weltlinie des Autors ist nicht gleich null: Er hat sich zwar nicht im Raum bewegt, aber die beiden Punkte auf der Weltlinie haben einen zeitlichen Abstand.

Um eine Formulierung des ersten Newtonschen Gesetzes mit relativistischen Begriffen zu finden, wollen wir annehmen, dass sich von Alexei aus – nach seiner Uhr genau um 12 – ein Objekt auf den Weg zu Nicolai macht und nach dessen Uhr eine Sekunde nach 12 Uhr ankommt. Welchen Weg wird das Objekt nehmen, wenn keine äußeren Kräfte darauf einwirken? In relativistischen Begriffen sind die zwei Ereignisse (Ort = Alexeis Platz, Zeit = 0) und (Ort = Nicolais Platz, Zeit = 1). Nehmen wir außerdem an, dass sich die beiden Kinder nicht bewegen und dass ihre Uhren völlig synchron sind. Das Objekt wird sich – mit welcher konstanten Geschwindigkeit auch immer – auf einer geraden Linie von Alexei zu Nicolai bewegen und nach beiden Uhren dazu eine Sekunde benötigen. Der Weg ist die Weltlinie eines freien Objekts nach der speziellen Relativitätstheorie.

Von welchem Gesetz wird diese Weltlinie beherrscht? Was wäre anders, wenn das Objekt sich nicht auf einer geraden Linie, sondern auf einem Umweg bewegt hätte? Wäre der Weg länger gewesen, aber die Zeit gleich (nämlich eine Sekunde), hätte das Objekt eine größere Geschwindigkeit haben müssen, um sein Ziel, also den Ereignispunkt (Ort = Nicolais Platz, Zeit = 1) erreichen zu können. Wie wir jedoch gesehen haben, scheint die Uhr eines Objekts langsamer zu laufen, wenn es sich relativ zum Beobachter bewegt, auf seiner Uhr wird demnach die Sekunde noch nicht abgelaufen sein, wenn es bei Nicolai ankommt.

Ein Objekt, das sich mit konstanter Geschwindigkeit auf einer Geraden bewegt, durchläuft diejenige Weltlinie, auf der die eigene Uhr des Objekts die *maximal* mögliche Zeit zwischen den beiden Ereignispunkten anzeigt. Im Rahmen unserer neuen Geometrie können wir nun Newtons erstes Gesetz folgendermaßen formulieren:

Wenn keine äußere Kraft auf ein Objekt einwirkt, wird es immer einer Weltline von einem Ereignispunkt zum anderen folgen, wobei die ablaufende Zeit auf der mitgeführten Uhr (d.h. die Eigenzeit) ein Maximum annimmt.

Einstein, der seinen ersten Ansatz zur Relativitätstheorie, die spezielle Relativitätstheorie, in den beiden Arbeiten »Zur Elektrodynamik bewegter Körper«[31] und »Ist die Trägheit eines Körpers von seinem Energiegehalt abhängig?«[32] vorstellte, wusste, dass diese Theorie wie eine Kanonenkugel in die Festung der modernen Physik einschlagen würde. Er verehrte Newton, aber er zerstörte einen der grundlegendsten Glaubenssätze seines Vorbilds, indem er nachwies, dass es keinen absoluten Raum und keine absolute Zeit gibt. Und er zerstörte einen zwei Jahrhunderte alten Eckpfeiler der theoretischen Physik: den

Äther. Die spezielle Relativitätstheorie erlebte zahlreiche Triumphe. Zwei Beispiele von vielen sind die Voraussage, dass sich schnell bewegende radioaktive Teilchen eine längere Halbwertszeit haben, sowie vor allem die berühmte Formel $E=mc^2$, wonach Energie (E) und Masse (m) ineinander umgewandelt werden können. Trotzdem rechnete Einstein damit, dass all die Forscher, die ihr Lebenswerk in der Erhaltung und Pflege des Gebäudes ihrer Wissenschaft sahen, keineswegs mit Begeisterung über einen Kollegen urteilen würden, der es mit einem Schlag zum Einsturz brachte. Er war daher auf die zu erwartenden Angriffe vorbereitet.

Es vergingen Monate – und nichts passierte. Ausgabe auf Ausgabe der *Annalen der Physik* erschien, ohne dass die Welt etwas zu Einsteins Bombe sagen wollte. Schließlich bekam Einstein immerhin einen Brief, in dem ihn Planck bat, einige Punkte näher zu erklären. Wieder vergingen Monate. War das schon alles? Der Physiker hatte seine ganze Seele in eine neue revolutionäre Theorie zur Erklärung der Welt gelegt, und nun kam nichts als ein paar Fragen von einem Kollegen aus Berlin?

Am 1. April 1906 wurde Einstein am Patentamt zum Experten II. Klasse befördert, gewiss eine Ehre, die mit nunmehr 4500 Schweizer Franken Gehalt verbunden war, aber nicht gerade der Nobelpreis. War er ein Verlierer oder – mit seinen eigenen Worten – nur ein ehrbarer »Tintenfurzer« an einer Bundesbehörde? Mit seinen siebenundzwanzig Jahren befürchtete Einstein, seine kreativen Tage könnten schon gezählt sein. Er hätte sich auch fragen können, ob er wie Bólyai oder Lobatschewski in völliger Vergessenheit sterben würde – aber *das* konnte er nicht tun, denn wie fast alle anderen hatte auch er noch nie von ihnen gehört.

Was Einstein damals noch nicht wusste: Der Brief von Max Planck war nur die Spitze eines Eisbergs. Im Wintersemester 1905/06 hielt Planck in Berlin ein physikalisches Kolloquium über die neue Theorie ab, und im Sommer 1906 schickte er einen seiner Studenten, Max von Laue, zu Einstein. Endlich sollte dieser Gelegenheit erhalten, sich mit der Welt der »richtigen« Physiker auszutauschen. Als Einstein in den Raum kam, wo Laue auf ihn wartete, war er zu schüchtern, um auf den

Besucher zuzugehen. Von Laue schenkte ihm zwar einen Blick, igno- rierte ihn dann aber, weil er sich nicht vorstellen konnte, dass ein so wenig beeindruckender Mann der Schöpfer der Relativitätstheorie sein könne. Einstein ging wieder. Ein wenig später kam er zurück, fand aber immer noch nicht den Mut, von Laue anzusprechen. Zu guter Letzt stellte dieser sich selbst vor. Einstein bot ihm auf dem Weg vom Patentamt nach Hause eine Zigarre an. Von Laue roch daran: billig und schrecklich. Während sie miteinander redeten, warf er sie heimlich in die Aare. Von dem, was er sah und roch, war er wenig beeindruckt, dafür umso mehr von dem, was er hörte. Beide, von Laue, der 1914 den Nobelpreis für seine Entdeckung der Brechung der Röntgenstrahlen erhielt, und Max Planck, der ihn 1918 bekam, wurden zu den wichtigs- ten Verteidigern Einsteins und der Relativitätstheorie. Jahre später, als Planck Einstein für eine Professur in Prag vorschlug, verglich er ihn sogar mit Kopernikus.

Dafür, dass Einsteins schon früher gefundene Erklärung des Photo- effekts eine Neuinterpretation der von Planck entwickelten Quanten- theorie lieferte, verhielt sich dieser erstaunlich zurückhaltend. Für die Relativitätstheorie war Planck hingegen sehr offen und wurde zu ihrem treuesten Unterstützer. 1906 veröffentlichte er als Erster nach Einstein eine Arbeit über die Relativitätstheorie, in der er sie auch erst- mals auf die Quantentheorie anwandte. 1907 betreute er die erste Dis- sertation über die Relativitätstheorie.

Einsteins früherer Lehrer an der ETH, Hermann Minkowski, der später in Göttingen lehrte, war ein weiterer Verfechter der neuen The- orie. Als einer der wenigen, die schon sehr früh einen wesentlichen Beitrag zu ihr leisteten, veranstaltete er ein Kolloquium, in dem er die Geometrie und die Idee der Zeit als vierter Dimension in die Relativi- tätstheorie einbrachte. 1908 sagte Minkowski in einer Vorlesung: »Von Stund an sollen Raum für sich und Zeit für sich völlig zu Schatten he- rabsinken, und nur noch eine Art Union der beiden soll Selbstständig- keit bewahren.«[33] Trotz der Unterstützung durch einen Kern von Physikern insbe- sondere in Deutschland fand die spezielle Relativitätstheorie nur lang- sam Anerkennung. Im Juli 1907 schrieb Planck an Einstein, ihre An-

hänger seien nur ein »bescheidenes Häuflein«.[34] Viele akzeptierten die
Theorie nie. Michelson konnte, wie wir gesehen haben, nicht vom
Äther lassen. Lorentz, der Einstein großen Respekt zollte, konnte sich
so wenig zu dem Bruch entschließen wie Poincaré, der die Relativitätstheorie nie verstand und sie bis zu seinem Tod im Jahr 1912 bekämpfte.

Während sich nun die Gemeinschaft der Physiker nach und nach
mit Einsteins Ideen befasste, begann er bereits an einer zweiten, noch
größeren Revolution zu arbeiten. Auch diese Revolution würde wieder die Geometrie in das Zentrum der Physik rücken – an einen Platz,
von dem sie seit Newtons Einführung der Differenzialgleichungen
verdrängt worden war. Verglichen mit dieser zweiten Revolution
könnte man die erste, die Einstein eingeleitet hatte, fast als harmlos
bezeichnen.

26
Einsteins Apfel

□○△○□

Einstein erzählte die Geschichte später so: »Ich saß auf meinem Sessel im Berner Patentamt, als mir plötzlich folgender Gedanke kam: ›Wenn sich eine Person im freien Fall befindet, dann spürt sie ihr eigenes Gewicht nicht.‹ Ich war verblüfft. Dieser einfache Gedanke machte auf mich einen tiefen Eindruck. Er trieb mich in Richtung einer Theorie der Gravitation.«[35]

Der Angestellte Albert Einstein wurde allerdings nicht für tiefe Gedanken dieser Art bezahlt. Seine Aufgabe war es, den Entwurf für ein weiteres Perpetuum Mobile zurückzuweisen, die Ideen für eine bessere Mausefalle zu analysieren und Apparate zur Umwandlung von Dung in Diamanten als Schwindel zu entlarven. Die Arbeit war gelegentlich ganz interessant und nie besonders anstrengend, aber die Zeit zog sich: acht Stunden jeden Tag, sechs Tage in der Woche. Meistens arbeitete er nach Dienstschluss an seiner Theorie. Später kam jedoch heraus, dass er seine Notizen häufig heimlich mit ins Amt brachte. Kam der Direktor, ließ er sie schnell im Pult verschwinden. Sein Vorgesetzter hatte von all dem wenig Ahnung. 1909, als Einstein endlich die Arbeit am Patentamt aufgeben konnte, um eine Stelle an einer Universität anzutreten, lachte dieser nur und meinte, es sei ein Scherz. Einstein hatte die Brownsche Molekularbewegung erklärt, das Photon entdeckt und die spezielle Relativitätstheorie entwickelt – und das alles unter der Nase seines ahnungslosen Chefs.

»Wenn sich eine Person im freien Fall befindet, dann spürt sie ihr eigenes Gewicht nicht«: Diesen Gedanken bezeichnete Einstein später als den glücklichsten seines Lebens.[36] War er ansonsten unglücklich oder einsam? Sein Privatleben gab zumindest keine Hollywoodge-

schichte ab. Einstein war verheiratet, geschieden, wieder verheiratet –
und blieb bei seiner Abneigung gegen das Eheleben. Sein erstes Kind
gab er zur Adoption frei, ein anderes erkrankte an Schizophrenie und
starb in einer psychiatrischen Klinik. Er wurde von den Nazis vertrie-
ben und fühlte sich in seiner neuen Wahlheimat nie ganz zu Hause.

Was für Newton der Apfel im freien Fall war, sollte für Einstein die
fallende Person sein: Aus dieser Idee ging eine neue Gravitationstheorie hervor, ein neues kosmologisches Konzept und der Ansatz einer
völlig neuen Physik. Schon seit 1905 war Einstein auf der Suche nach
einem neuen Prinzip, das ihm bei seinen Bemühungen um eine verbesserte Relativitätstheorie als Leitfaden dienen könnte. Er wusste, dass
seine ursprüngliche Theorie unvollständig war, denn trotz aller Aussagen über die Relativität von Raum und Zeit war sie letzten Endes doch
nur eine neue Kinetik, die beschrieb, wie Körper auf bestimmte Kräfte
reagieren. Über die Natur dieser Kräfte sagte sie jedoch nichts aus. Die
spezielle Relativitätstheorie war so formuliert, dass man sie hervorragend mit der Maxwellschen Theorie verknüpfen konnte. Die Beschreibung der elektromagnetischen Kräfte war daher kein Problem. Bei der
Schwerkraft lagen die Dinge allerdings anders.

Die einzige Gravitationstheorie, die es gab, war die Newtons. Seine
Beschreibung der Schwerkraft war genau auf die Kinetik abgestimmt,
und damit auf die Bewegungsgesetze. Da nun die spezielle Relativitätstheorie die Newtonschen Gesetze durch eine neue Kinetik ersetzte, begann Einstein auch nach einer neuen Gravitationstheorie zu
suchen. Der Ausgangspunkt war Newton:

Die Gravitationsanziehung zwischen zwei punktförmigen Massen
ist zu einem bestimmten Zeitpunkt proportional zu jeder der beiden
Massen und umgekehrt proportional zum Quadrat ihres Abstands
in diesem Zeitpunkt.

Diese Definition kann man mathematisch formulieren und dann
quantitativ auswerten. Mit Hilfe der Differenzialrechnung ist es möglich, anstelle von idealisierten punktförmigen Massen auch reale ausgedehnte Massen zu betrachten. Man kann mit der Definition in die

Bewegungsgleichungen gehen und die Bewegung der Himmelskörper unter dem gegenseitigen Einfluss der Schwerkraft berechnen. Mit reichlich Schweiß und ein wenig Genialität kann man diese Gleichungen sogar näherungsweise lösen, um die Umlaufbahn eines neuen Asteroiden vorauszusagen. (Gauß wurde berühmt für seine Berechnung der Bahn des Ceres.[37]) Das Newtonsche Bewegungsgesetz hat eine äußerst einfache Form, die darauf beruhenden Rechnungen erwiesen sich allerdings als reichlich komplex und boten Physikern eine nicht enden wollende Arbeit.

Newton selbst war über sein Gesetz nicht glücklich: Wenig Vertrauen erweckend fand er die Vorstellung, dass eine Kraft ohne jegliche Zeitverzögerung übertragen wird. Aus der Perspektive der Relativitätstheorie tritt das Problem noch deutlicher hervor, denn nach ihr kann nichts schneller übertragen werden als das Licht. Und es kommt noch etwas anderes hinzu: Vielleicht erinnern Sie sich an den merkwürdigen Zusatz »zu einem bestimmten Zeitpunkt« bei der oben genannten Formulierung des Newtonschen Bewegungsgesetzes. Ein »bestimmter« Zeitpunkt ist im Rahmen der Relativitätstheorie eine subjektive Aussage. Wenn sich die beiden Massen relativ zueinander bewegen, finden Ereignisse, die ein Beobachter auf der einen Masse als gleichzeitig wahrnimmt, für einen Beobachter auf der anderen Masse zu unterschiedlichen Zeiten statt. Darüber hinaus würden nach den Erkenntnissen von Lorentz auch die Messungen der Massen und des Abstands nicht übereinstimmen.

Einstein war auf der Suche nach einer Definition der Schwerkraft, die sich mit der speziellen Relativitätstheorie vereinbaren ließ, um seine Theorie zu vervollständigen. Aber er beschäftigte sich noch mit einem weiteren Problem: In der speziellen Relativitätstheorie legte er großes Gewicht auf das Prinzip, dass ein Beobachter sich selbst als ruhend wahrnehmen kann. Das sollte eigentlich für *jeden* Beobachter gelten, galt aber in Einsteins Theorie bisher nur für Beobachter, die sich in gleichförmiger Bewegung befanden.

»Was ist das für ein besonderer Zustand, den man ›gleichförmige Bewegung‹ nennt?«, könnte ein Skeptiker oder Logiker etwas ungehalten fragen. »Es handelt sich um eine Bewegung mit konstanter

Geschwindigkeit längs einer Geraden«, so würde man in bewährter Weise darauf antworten. Gewiss: Ein paar Beobachter, die sich mit jeweils konstanter Geschwindigkeit *relativ zueinander* auf Geraden bewegen, bilden einen netten Altherrenklub, dessen Mitglieder voller Selbstgefälligkeit von sich behaupten, dass sie alle »gleichförmig« sind. Aber was ist, wenn rebellische Beobachter von außen behaupten, ihre Bewegung sei *nur* relativ zu den anderen Klubmitgliedern gleichförmig? Unterliegen diese Beobachter einer Täuschung – oder die Klubmitglieder?

Stellen Sie sich ein Fußballstadion vor, wo die Fans alle gebannt auf ihren Plätzen sitzen, weil das Spiel so aufregend ist. Ihre Bewegung ist der Inbegriff von »gleichförmig«, ebenso wie die von *Couch Potatoes*, die gelangweilt auf dem Sofa herumliegen: Sie ist gleichförmig, und die Geschwindigkeit ist gleich Null. Jetzt wechseln wir das Bild und betrachten eine andere *Couch Potatoe*, vielleicht eine Astronautin, die sich im Raumschiff Orion in ihrem Sitz zurücklehnt und das Fußballspiel auf einem Monitor anschaut, der sein Bild von einer Kamera am Raumschiff bekommt. In ihren Augen drehen sich all die Fans im Stadion wie verrückt um die Erdachse – und das ist sicher keine geradlinige Bewegung. Welcher Richter kann darüber urteilen, ob ihre Behauptung falsch oder richtig ist, sie selbst befände sich in Ruhe und die Erdlinge würden rotieren? Wenn der Spekulation nun schon Tür und Tor geöffnet sind: Was ist mit der Behauptung eines weiteren Beobachters auf einem fernen Planeten, für den sowohl die Astronautin als auch das Stadion völlig verrückt einmal nach hier, einmal nach dort taumeln?

Wie es der Zufall will, gibt es eine Möglichkeit, den Rechtsstreit zwischen Ruhe und Bewegung zu entscheiden. Für den Autor dieses Buches ist es zum Beispiel ganz einfach: Befindet er sich in gleichförmiger Bewegung, so sitzt er ruhig und gelassen auf seinem Stuhl und denkt darüber nach, wie schön doch die Newtonschen Gesetze die Welt um ihn herum beschreiben. Wird er zu vielen Beschleunigungen ausgesetzt und auf seinem Stuhl herumgewirbelt, bekommt er eine grüne Gesichtsfarbe und muss sich übergeben. Die Auswirkungen der Beschleunigung auf den menschlichen Körper sind natürlich komplex, aber die Physik, die dahinter steckt, ist einfach: Eine Beschleunigung erzeugt Differenzen – sie hebt zum Beispiel den Mageninhalt an.

Stellen wir uns ein Gedankenexperiment mit Einsteins Sohn Hans Albert als Versuchskaninchen vor. Hans Albert war 1907 mit fünf in einem Alter, in dem ungleichförmige Bewegungen verrückterweise immer noch anziehend erscheinen. Hans Albert sitzt auf dem Pferd eines Karussells, der Vater, Herr Dr. Einstein, steht auf der festen Plattform davor. Der Junge hält einen Lutscher in der Hand. Jetzt lässt er ihn los. Wenn das Karussell in diesem Moment steht, fällt der Lutscher einfach auf den Boden, wenn es sich dreht, fliegt er in dem Moment, in dem er losgelassen wird, längs der Tangente davon. Kleine Kinder halten sich in der Regel für das Zentrum des Universums. Nehmen wir an, auch Hans Albert tut dies und besteht darauf, dass er sich in beiden Fällen in einem Ruhezustand befand. Im zweiten Fall wird er das Karussell daher nicht in Bewegung sehen, sondern die Welt um ihn herum wird sich drehen. Als seinerzeit Nicolais Axt mit Alexeis Buch kollidierte, schienen die Ereignisse für beide Beteiligten demselben Newtonschen Gesetz gehorcht zu haben. Jetzt könnte man aus den Beobachtungen von Einstein junior und Einstein senior auf zwei unterschiedliche Gesetze schließen, was Einstein senior sehr nachdenklich stimmt. Um das besser zu verstehen, wollen wir uns genauer ansehen, wie die beiden Beobachter die Situation analysieren. Vater Einstein wird »natürlich« ein Koordinatensystem wählen, das fest mit der Erde verbunden ist. In diesem System liegt seine Position fest, während sein Sohn sich auf einer Kreisbahn um den Mittelpunkt des Karussells bewegt. Eine Zeit lang würde der Lutscher mit Hans Albert in dessen Faust kreisen. Wenn ihn Hans Albert loslässt, bewegt sich der Lutscher gemäß den Newtonschen Bewegungsgesetzen weiter. Er wird die Kreisbahn verlassen und auf einer Geraden weiterfliegen. Dabei wird er die Geschwindigkeit und die Richtung beibehalten, die er in dem Moment hat, in dem Hans Albert seinen Griff lockert.[38] Weder die Newtonschen Gesetze noch die spezielle Relativitätstheorie fordern irgendeine Korrektur an der Beschreibung des Geschehens.

Vergegenwärtigen wir uns nun aber Hans Alberts Sicht der Dinge. Er wird sein Koordinatensystem in dem Karussellpferd verankern, auf dem er sitzt. In diesem System verändert er seine Position nicht. Eine Zeit lang verbleibt der Lutscher im Ruhezustand – in Hans Alberts Hand. Öffnet er diese, fliegt der Lutscher plötzlich fort. Das ist sowohl nach Newtons als auch nach Einsteins Gesetz ein ungehöriges Verhalten! Es scheint so, als könne man beide Gesetze nicht anwenden. Hans Albert hätte von seinem Standpunkt aus die Möglichkeit, Newtons erstes Gesetz durch eine Erklärung der folgenden Art zu ersetzen:

Ein Körper, der ruht, bleibt nur in Ruhe, wenn man ihn festhält. Lässt man ihn los, fliegt er aus ungeklärten Gründen weg.

Ein Beobachter, der wie Hans Albert auf einer Umlaufbahn kreist, jedoch darauf besteht, das Zentrum der Welt zu sein und sich in Ruhe zu befinden, müsste die Bewegungsgesetze neu formulieren. Die Newtonschen Gesetze und damit die Kinetik zu ändern, wäre nur ein Weg. Um sie zu »retten«, könnte Einstein junior noch etwas anderes tun: Er kann eine geheimnisvolle »Kraft« definieren, die auf alles im Universum wirkt und es vom Mittelpunkt des Karussells wegstößt. Das klingt ein wenig nach einer Art Gravitation, die allerdings abstoßend statt anziehend wirkt und die wir daher *Schmavitation* nennen wollen.

Newton wusste, dass auf Körper eine geheimnisvolle Kraft einwirkt, wenn das Koordinatensystem beschleunigt wird. Die Kräfte, die so in Erscheinung treten, heißen *fiktive Kräfte*, da man sie auf keine physikalische Quelle wie etwa eine elektrische Ladung zurückführen kann und da man sie zum Verschwinden bringt, wenn man die Situation aus einem System in gleichförmiger Bewegung betrachtet, das man *Trägheitssystem* nennt. Gibt es keine fiktiven Kräfte, so ist nach der Newtonschen Theorie eine Bewegung gleichförmig, treten fiktive Kräfte auf, wird der Körper beschleunigt.

Diese Erklärung hielten viele Physiker und ganz besonders Einstein für unbefriedigend, denn wenn es keinen absoluten Raum gab, schien es so wenig Sinn zu machen, beschleunigte Bezugssysteme auszusondern, wie zwischen ruhenden und gleichförmig bewegten Systemen zu unterscheiden.

Lassen Sie uns einen Testkörper betrachten, der sich in einem Raum ohne Materie und Energie befindet. Wie können wir gerade und kreisförmige Bewegungen differenzieren, wenn es nichts gibt, woran sich die Bewegung relativ messen lässt? Newton, der von einem absoluten Raum ausging, beantwortete diese Frage so: Selbst der völlig leere Raum ist mit einem Bezugssystem ausgestattet, das die Bewegung definiert. Das Universum war komplett ausgestattet: Es enthielt nicht nur »Euklid«, sondern auch »Descartes«. Der österreichische Physiker Ernst Mach schlug seinerzeit eine alternative Theorie vor: Danach ist das Schwerezentrum aller Materie im Universum der Referenzpunkt für alle Bewegungen. Und eine Bewegung, die relativ zu den weit entfernten Fixsternen gleichförmig ist, stellt eine Trägheitsbewegung dar.

Doch Einstein hatte seine eigenen Vorstellungen. Mit der speziellen Relativitätstheorie gelang es ihm, die Unterscheidung zwischen Ruhe und gleichförmiger Bewegung aufzuheben: Alle Trägheitssysteme waren gleichberechtigt. Danach wollte er seine Theorie auf *alle* denkbaren Systeme und Beobachter erweitern, also auch auf solche, die gegenüber einem Trägheitssystem beschleunigt werden. Diese Theorie würde weder fiktive Kräfte benötigen, um den nicht-gleichförmigen Bewegungen Rechnung zu tragen, noch müssten die Bewegungsgesetze geändert werden. Die *Couch Potatoes* im Stadion, die Astronautin im Raumschiff, Hans Albert auf dem Karussell: Alle könnten von dieser Theorie Gebrauch machen, ohne einen Gedanken daran zu verschwenden, welches das »wahre« Bezugssystem ist. Die philosophische Motivation war vorhanden, es fehlte nur noch die Theorie. Wie konnte man zu ihr gelangen? Einstein brauchte ein Leitprinzip.

Es wurde ihm von seinem »glücklichsten Einfall« geliefert: »Wenn sich eine Person im freien Fall befindet, dann spürt sie ihr eigenes Gewicht nicht.« Dies war der erste Meilenstein und der Kompass auf dem langen Weg zur neuen Theorie. Später wurde aus dem Einfall das »Äquivalenzprinzip«. Es bildet das dritte Einsteinsche Axiom:

Man kann ausschließlich im Bezug auf andere Körper unterscheiden, ob ein Körper gleichmäßig beschleunigt wird oder ob er sich in einem Schwerefeld in Ruhe befindet.[39]

Die Schwerkraft ist – mit anderen Worten – eine fiktive Kraft. Wie die Schmavitation kann auch die Gravitation als bloßes Kunstprodukt des entsprechenden Bezugssystems interpretiert werden, das verschwindet, wenn man ein anderes System wählt. Dieses Prinzip gilt für ein gleichförmiges Schwerefeld, die einfachste Form eines Schwerefelds, an die auch Einstein zunächst gedacht hatte. Die Arbeiten von Gauß und Riemann erlaubten ihm, es auf *jedes* Gravitationsfeld anzuwenden, indem er ein nicht-gleichförmiges Feld aus infinitesimalen (äußerst kleinen) gleichförmigen Feldstückchen zusammensetzte. Einstein machte dies allerdings erst 1912, fünf Jahre später, geltend, als er das Äquivalenzprinzip einführte.

Wir wollen uns überlegen, welche Vorstellungen Einstein im Fall des ursprünglichen gleichförmigen Schwerefelds vor Augen hatte. Um gleichförmig bewegte Bezugssysteme zu veranschaulichen, wählte Newton Schiffe, während Einstein Eisenbahnzüge und manchmal Aufzüge vorzog. Newton wäre vielleicht zu einem anderen Urteil über die Schwerkraft gekommen, wenn es damals schon Aufzüge gegeben hätte. Aber dieses Transportmittel stand erst ab 1852 zur Verfügung, nachdem Elisha Graves Otis das kleine Ingenieurproblem gelöst hatte, wie man bei einem Seilriss Passagiere vor dem Tode bewahren konnte. Einstein benutzte für seine Gedankenexperimente zur allgemeinen Relativitätstheorie noch Aufzüge aus der Prä-Otis-Ära. Stellen Sie sich nun vor, Sie fahren mit einem Aufzug und fühlen sich plötzlich schwerelos. Das Äquivalenzprinzip ist lediglich eine Formulierung der Alltagserfahrung, dass man in diesem Moment nicht wissen kann, ob das Seil gerissen oder ob einfach die Schwerkraft verschwunden ist – wobei das Letztere wohl als Wunschdenken einzuordnen wäre. Wenn ein Behälter (etwa eine Aufzugskabine) in einem gleichförmigen Schwerefeld frei fällt, dann gelten in ihm die gleichen Gesetze wie in einem Raum ohne Schwerkraft.

Jetzt stellen Sie sich vor, Sie steigen im Erdgeschoss in den Aufzug eines Bürogebäudes. Die Tür schließt sich. Sie schließen ihre Augen – und öffnen sie wieder. Sie spüren in gewohnter Weise ihr Gewicht. Was ist die Ursache für die Kraft, die Sie nach unten zieht? Es könnte die Erdanziehung sein, es könnte aber auch sein, dass die Erde plötzlich von Aliens ausgelöscht wurde, die nun die Aufzugskabine nach oben entführen und dabei in jeder Sekunde um weitere 9 m/s beschleunigen. Nach dem Äquivalenzprinzip ist der Effekt von der Ursache der wirkenden Kraft unabhängig: Wenn Sie Ihren Kaffee ausschütten wird er den gleichen Fleck auf dem Kabinenboden machen.

Dass Gegenstände in einem frei fallenden Aufzug schweben und Gegenstände in einem beschleunigten Aufzug fallen, sagen allerdings schon die Newtonschen Gesetze voraus. In diesen Szenarien steckt noch keine neue Physik. Einstein gab sich damit nicht zufrieden und hinterfragte die Situation so lange, bis sie ihre verborgenen Geheimnisse preisgab. Was er dabei erfuhr, war äußerst seltsam: Die Anwesenheit von Schwerkraft beeinflusst den Ablauf der Zeit und die Struktur des Raums.

Um die Wirkung auf die Zeit herauszufinden, machte Einstein in der Aufzugskabine ein ähnliches Gedankenexperiment wie wir in der U-Bahn: Er untersuchte die Wahrnehmungen verschiedener Beobachter, wenn sie Lichtsignale aussenden und deren zeitliche Abfolge registrieren. Einsteins Versuch, mit der speziellen Relativitätstheorie physikalische Vorgänge zu beschreiben, stieß an eine Grenze: Wenn die Beobachter beschleunigt wurden, galt sie nicht mehr. Deshalb machte er eine zusätzliche Annahme, die später zu einem Eckpfeiler der endgültigen Theorie werden sollte: Innerhalb eines Raums, der klein genug ist, innerhalb einer Zeitspanne, die klein genug ist, und bei einer Beschleunigung, die klein genug ist, gilt die spezielle Relativitätstheorie. Mit dieser Einschränkung konnte Einstein seine Theorie und das Äquivalenzprinzip auch in einem nicht-gleichförmigen Feld anwenden. Es war nur notwendig, sich auf infinitesimale Bereiche zu beschränken.

Betrachten wir zur Abwechslung ein langes raketengetriebenes Raumschiff, in dessen Spitze Alexei und in dessen Heck Nicolai sitzt. Beide haben identische Pendeluhren. Alexei schickt jede Sekunde einen Lichtblitz Richtung Heck aus. Der Einfachheit halber wollen wir annehmen, dass das Raumschiff eine Lichtsekunde lang ist – d. h. ein Lichtblitz braucht genau 1 Sekunde, um von Alexei zu Nicolai zu gelangen. Was beobachtet Nicolai?

Da Alexei jede Sekunde einen Lichtblitz erzeugt und jeder dieser Blitze 1 Sekunde braucht, um Nicolai zu erreichen, wird dieser die Lichtblitze genau im Sekundentakt beobachten. Lassen wir nun die Rakete mit konstanter Beschleunigung abheben. Was ändert sich? Der nächste Blitz aus der Spitze kommt im Heck verfrüht an, da sich Nicolai auf ihn zu bewegt hat. Nehmen wir an, er ist 0,1 Sekunden früher als erwartet eingetroffen. Dem Äquivalenzprinzip entsprechend können Alexei und Nicolai beide darauf beharren, sich in Ruhe zu befinden, und die Kraft, die sie spüren, einem Schwerefeld zuschreiben. Dann allerdings bestreiten sie auch, dass Nicolai sich in Richtung Lichtblitz bewegt hat. Das Signal würde in diesem Fall 0,1 Sekunden zu früh ankommen, weil das Schwerefeld Alexeis Uhr beschleunigt und er deshalb den Lichtblitz jeweils 0,1 Sekunden zu früh losschickt.

Wenn aber nach dem Äquivalenzprinzip jede Interpretation erlaubt ist, müssen wir schließen, dass eine Uhr, die weiter vom Zentrum eines Schwerefelds entfernt ist, schneller geht. Aufgrund des Schwerefelds der Erde wird in unserem Beispiel die Zeit für Alexei in der Raketenspitze ein wenig schneller ablaufen als für Nicolai im Heck. Der Unterschied ist jedoch äußerst klein: Selbst wenn man das weit stärkere Schwerefeld der Sonne betrachtet, läuft die Zeit auf der Erde, also in 150 Millionen Kilometer Entfernung von der Sonne, nur zwei Millionstel Mal schneller ab als auf deren Oberfläche. Bei diesem kleinen Unterschied gewinnt ein Wesen auf der Sonnenoberfläche gerade mal eine Extra-Minute pro Jahr[40] – kaum ein Ausgleich für das schlechtere Klima. Diese Beschleunigung der Zeit beeinflusst die Frequenz des Lichts, die Zahl der Schwingungen der Lichtwelle pro Sekunde. Der Effekt, dessen Größe Einstein voraussagte und den man gravitationsbedingte Rotverschiebung[41] nennt, ist natürlich auch sehr klein: Die Frequenz eines Radiosenders auf dem Wendelstein, die 1000 kHz beträgt, kommt in München als 1000,0000000009 kHz an – für Hi-Fi-Freaks eine Herausforderung!

Den Einfluss der Schwerkraft auf den Zeitverlauf beschrieb Einstein zum ersten Mal 1907. Von der speziellen Relativitätstheorie wissen wir, dass Raum und Zeit miteinander verknüpft sind. Die weitere Arbeit an der Theorie war mühsam und ein Erfolg ungewiss, aber, wie

Einstein einmal sagte, »wenn wir wüssten, was wir tun, würden wir das nicht Forschung nennen«. Er brauchte fünf Jahre, um zu erkennen, dass ein Schwerefeld auch die Struktur des Raums verändert und entdeckte dann im Sommer 1912 in Prag die Verbindung zur Verzerrung des Raums, der so genannten Lorentz-Kontraktion. Wieder war es in gewissem Sinne Eingebung. Er schrieb darüber später: »In einem relativ zu einem Inertialsystem rotierenden Bezugssystem entsprechen die Lagerungsgesetze starrer Körper wegen der Lorentz-Kontraktion nicht den Regeln der Euklidischen Geometrie; also muss bei der Zulassung von Nicht-Inertialsystemen als gleichberechtigten Systemen die Euklidische Geometrie verlassen werden.«[42] Damit war klar: Die Euklidische Geometrie wird verzerrt, wenn man sich nicht auf einer Geraden bewegt.

Kehren wir zurück zum mittlerweile zehnjährigen Hans Albert auf dem sich drehenden Karussell, und nehmen wir an, dass vom Vater auf der »stationären« Plattform aus gesehen, das Karussellpferd eine exakte Kreisbahn beschreibt. Was sagt die spezielle Relativitätstheorie in dieser Situation über den Raum aus? (Wiederum gehen wir bei unserer Analyse nicht allzu streng vor, denn wir wenden die spezielle Relativitätstheorie an, obwohl die Bewegung des Karussells nichtgleichförmig ist.) Wir denken uns in jedem Zeitpunkt ein Koordinatensystem, in dessen Zentrum Hans Albert sitzt. Die eine Achse zeigt vom Mittelpunkt des Karussells nach außen – und in die Richtung, aus der der Junge die Kraft spürt, die an ihm (und dem Lutscher) zieht. Aber Hans Albert sitzt fest im Sattel und bewegt sich um keinen Millimeter in Richtung dieser Kraft: Sein Abstand vom Mittelpunkt des Karussels bleibt unverändert. Die zweite Koordinatenachse zeigt jeweils in die Richtung von Hans Alberts Bewegung und somit senkrecht zu der Kraft, die es spürt.

Nun nehmen wir an, dass Vater Einstein seinem Sohn ein kleines flach liegendes Quadrat zeigt, dessen eine Seite parallel zu der Achse durch den Karussellmittelpunkt und durch Hans Albert geht. Er bittet ihn darum, das Quadrat zu beobachten und zu schildern, was für eine Form es aus seiner Perspektive hat. Was wird Hans Albert sagen? Was seinem Vater als Quadrat erscheint, ist für ihn ein Rechteck – der

Effekt der Lorentz-Kontraktion. Da sich Hans Albert immer tangential und nie radial bewegt, werden die beiden Seiten des Quadrats, die parallel zur Tangente sind, zusammengezogen, während die beiden anderen Seiten unverändert bleiben. Wenn Hans Albert den Durchmesser seiner Bahn um das Karussell in Einheiten der dazu parallelen Quadratseiten angeben würde und den Umfang seiner Kreisbahn in Einheiten der Quadratseiten, die parallel zu der Tangente seiner Bahn sind, so wäre das Verhältnis von Kreisumfang und Kreisdurchmesser nicht π, wie es die Euklidische Geometrie verlangt: Der Raum von Hans Albert ist gekrümmt.

Sein Vater kam zu dem Schluss, dass die Euklidische Geometrie aufgegeben werden musste. Es blieb nur die Frage: Was würde danach kommen?

27
Eine schweißtreibende Angelegenheit

□○△○□

Einreißen ist leichter als Aufbauen. Wenn Einstein eine neue Physik entwerfen wollte, benötigte er zur Beschreibung der Verzerrungen des Raums eine neue Geometrie. Glücklicherweise hatten Riemann und einige seiner Schüler dieses Problem schon gelöst. Unglücklicherweise hatte Einstein wie viele andere aber noch nie von Riemann gehört. Aber immerhin kannte er Gauß und erinnerte sich an einen Kurs über Infinitesimalgeometrie, den er als Student belegt hatte und in dem es um die von Gauß entwickelte Theorie der Oberflächen gegangen war. Einstein wandte sich an Marcel Grossmann, dem er 1905 seine Dissertation gewidmet hatte, und der inzwischen Mathematiker in Zürich und Spezialist für Geometrie war. Als sie sich trafen, rief Einstein aus: »Grossmann, du musst mir helfen, sonst werd' ich verrückt.«[43]

Einstein erklärte, was er brauchte, und Grossmann half. Er stieß beim Durchforsten der Literatur auf die Arbeiten Riemanns und anderer über die Differenzialgeometrie, die sich allerdings als eine geheimnisvolle Angelegenheit erwies, recht komplex erschien und nicht sehr schön aussah. Grossmann berichtete Einstein, dass es eine Mathematik der gewünschten Art gäbe. Da sie aber sehr mühsam sei, sollten sich Physiker besser nicht mit ihr befassen. Auch Planck warnte Einstein, als er von dem Vorhaben hörte: »Als alter Freund muss ich Ihnen davon abraten, weil Sie einerseits nicht durchkommen werden; und wenn Sie durchkommen, wird Ihnen niemand glauben.«[44] Doch Einsteins Entschluss stand fest. Endlich hatte er das Werkzeug gefunden, um seine Theorie zu formulieren. Er musste allerdings erfahren, wie Recht Grossmann mit seiner Einschätzung hatte. Im Oktober 1912 schrieb er an den Freund und Kollegen Arnold Sommerfeld über die

Riemann-Lektüre: »Aber das eine ist sicher, dass ich mich im Leben noch nicht annähernd so geplagt habe, und dass ich große Hochachtung für die Mathematik eingeflößt bekommen habe. ... Gegen dieses Problem ist die ursprüngliche Relativitätstheorie eine Kinderei.«[45]

Die Arbeiten dauerten weitere drei Jahre, davon zwei in enger Zusammenarbeit mit Grossmann. Der Student, dessen Aufzeichnungen Einstein durchs Examen brachten, wurde wieder zum Retter und Lehrmeister. 1915 ging Einstein auf das Drängen von Planck wieder nach Berlin. Grossmann schrieb nach der gemeinsamen Anstrengung nur noch eine Hand voll Forschungsarbeiten und erkrankte bald schwer an multipler Sklerose. Einstein, der nun alles Nötige gelernt hatte, schloss seine Theorie ohne ihn ab und stellte am 25. November 1915 der Preußischen Akademie der Wissenschaften eine Arbeit mit dem Titel »Die Feldgleichungen der Gravitation«[46] vor. In ihr sei, so kündigte er an, »die allgemeine Relativitätstheorie endlich als logisches Gebäude abgeschlossen«.[47]

Wie wird die Natur des Raums von der allgemeinen Relativitätstheorie beschrieben? Sie zeigt, dass Materie und Energie im Universum den Abstand zwischen zwei Punkten beeinflussen. Als System betrachtet ist der Raum nichts als eine Ansammlung von Elementen, von Raumpunkten. Die Struktur des Raums, die wir Geometrie nennen, entsteht aus der Beziehung zwischen den Raumpunkten, die wir Abstand nennen. Durch diese Struktur wird – bildlich gesprochen – aus einem Telefonbuch, in dem alle Wohnungen aufgelistet sind, ein Stadtplan, in dem auch ihre jeweiligen Lagen eingetragen sind. Gauß entdeckte schon während seiner Vermessung Deutschlands, dass sich die Geometrie des Raums durch die Abstände von Punktpaaren definiert. Riemann ergänzte dieses Konzept und entwickelte die Einzelheiten, die Einstein brauchte, um in dieser Terminologie seine neue Physik formulieren zu können.

Alles läuft wieder auf das alte Problem hinaus, mit dem sich schon Non-Euklidia im fernen Alexandria konfrontiert sah. In einer Euklidischen Welt können wir den Abstand zweier Punkte bestimmen, indem wir den Satz des Pythagoras anwenden. Wir definieren einfach ein rechtwinkliges Koordinatengitter mit einer Ost/West- und einer

Nord/Süd-Achse. Nach Pythagoras ist das Quadrat des Abstands zwischen zwei Punkten gleich der Summe der Quadrate der Ost/West-Distanz und der Nord/Süd-Distanz. Non-Euklidia fand heraus, dass dies auf einer gekrümmten Fläche wie der Erdoberfläche nicht zutrifft. Der Satz des Pythagoras muss durch eine neue Formel, den Satz des Non-Pythagoras, ersetzt werden. Danach lassen sich die Ost/West- und die Nord/Süd-Distanz nicht mehr zwingend in gleicher Weise bestimmen. Wenn nun x der gewünschte Abstand ist, a die Ost/West-Distanz und b die Nord/Süd-Distanz, dann gilt mathematisch formuliert:[48] $x^2 = g_{11}a^2 + g_{22}b^2 + g_{12}ab$.

Die Zahlenfaktoren g nennt man metrische Komponenten. Sie legen den Abstand zwischen zwei beliebigen Punkten fest und charakterisieren damit vollständig die Geometrie des Raums. In der Euklidischen Ebene mit ihren rechtwinkligen Koordinaten sind die metrischen Komponenten besonders einfach: Es gilt $g_{11} = g_{22} = 1$ und $g_{12} = 0$. Setzt man dies in den Satz des Non-Pythagoras ein, erhält man wieder den vertrauten Satz des Pythagoras und es gilt $x^2 = a^2 + b^2$. In Räumen anderer Art sind die metrischen Komponenten nicht so einfach und auch nicht überall gleich. Die allgemeine Relativitätstheorie erweitert dieses Modell auf die drei Dimensionen des Raums und bezieht, wie schon die spezielle Relativitätstheorie, die Zeit als vierte Dimension mit ein. Die Metrik dieses Raums hat dann zehn unabhängige g-Komponenten.[49]

In seiner Veröffentlichung aus dem Jahr 1915 verknüpfte Einstein die Verteilung der Materie in Raum und Zeit mit der Metrik des vierdimensionalen Raum-Zeit-Kontinuums und gab damit dessen Geometrie an. Nach Einsteins Theorie erzeugt eine Masse nicht die Schwerkraft, sondern verändert die Struktur des Raum-Zeit-Kontinuums. Obwohl Raum und Zeit eng verflochten sind, können wir sie in erster Annäherung als getrennt betrachten, wenn bestimmte Voraussetzungen bestehen: Die Geschwindigkeiten dürfen nicht zu groß sein, und die Schwerkraft darf nicht zu stark sein. In einem Bereich, der diese Bedingungen erfüllt, darf man allein vom Raum und von dessen Krümmung sprechen und muss die Zeit nicht berücksichtigen. Nach Einsteins Theorie ist die Krümmung in einem Bereich des Raums – gemittelt über alle Richtungen – durch die Materie in ihm bestimmt.

Wie wir bei unserem Karussell gesehen haben, spiegelt sich die Krümmung des Raums im Verhältnis des Umfangs eines Kreises zu seinem Durchmesser wider. Einsteins Gleichungen drücken dies aus: Eine kugelförmige Masse innerhalb eines Raums, in dem die Materie gleichförmig verteilt ist, hat einen kleineren Radius als man »klassischerweise« erwarten würde. Der Schrumpfungsfaktor ist proportional zur Masse der Kugel und außerordentlich klein: Wird eine leere Kugel von 1 cm Radius mit einer Masse von 1 g gefüllt, so reduziert sich ihr Radius um $2,5 \times 10^{-29}$ cm, also um 0,00000000000000000000000000025 cm. Wenn man für die Erde eine gleichmäßige Dichte annimmt, schrumpft ihr Radius um 1,5 mm, derjenige der Sonne immerhin um 500 m.[50]

Die Auswirkungen der Krümmung des Raum-Zeit-Kontinuums sind auf der Erde so gering, dass sie erst in jüngster Zeit Bedeutung erlangten. Bei den Satelliten zur Ortsbestimmung[51] muss man beispielsweise relativistische Korrekturen anbringen, um zeitlich völlig synchron zu bleiben. Viele Jahre dachte Einstein, die Ablenkung des Lichts durch die Schwerkraft sei überhaupt nicht messbar. Doch dann richtete er seinen Blick nach oben ins All. Dort ist die Probe aufs Exempel im Prinzip einfach: Man wartet die nächste totale Sonnenfinsternis ab und vermisst die Position eines Fixsterns, der während der Finsternis möglichst nah an der verdunkelten Sonne steht. Dann bestimmt man die Position des Sterns zu einer Zeit, zu der er weit entfernt von der Sonne ist und sein Licht unbeeinflusst von ihr zur Erde gelangt. Zuletzt folgt der Vergleich, ob die beiden Sternpositionen ein wenig voneinander abweichen.

Eine solche Abweichung resultierte bereits aus Newtons Theorie und würde 0,87" ergeben. Einstein stellte 1915 seine Feldgleichungen auf und sagte mit ihnen voraus, dass die Abweichung 1,75" betragen muss. Es ging beim ersten realen Test der allgemeinen Relativitätstheorie also nicht darum, *ob* das Licht abgelenkt wird, sondern um *wie viel*. Einstein war zuversichtlich.

28
Der Triumph der blauen Haare

□○△○□

Für die Beobachtungen während der Sonnenfinsternis vom 29. Mai 1919 wurden zwei britische Expeditionen ausgesandt. Arthur Stanley Eddington leitete die eine, die Erfolg haben sollte.[52] Das Ziel war Sobral in Brasilien. Vor der Abfahrt schrieb Eddington: »Diese Finsternis-Expeditionen werden vielleicht das erste Mal das Gewicht von Licht nachweisen [den Newtonschen Wert]; oder sie werden Einsteins sonderbare Theorie des Nicht-Euklidischen Raums beweisen; oder sie werden ein Resultat mit noch weiter reichenden Konsequenzen erbringen – keine Ablenkung –.«[53] Es dauerte Monate, bis die Daten analysiert waren. Am 6. November 1919 wurden endlich bei einer gemeinsamen Sitzung der Royal Society und der Royal Astronomical Society die Ergebnisse vorgestellt.[54] Die *New York Times*, in der bis dahin von Einstein noch nie die Rede gewesen war, vermutete zwar sensationelle Neuigkeiten, die man sofort drucken müsse, unterschätzte aber die Bedeutung der Veranstaltung wohl doch ein wenig, denn sie schickte Henry Crouch, ihren Golfspezialisten. Crouch nahm nicht einmal an der Sitzung teil, sprach aber immerhin mit Eddington.

Am nächsten Tag titelte die Londoner *Times:* »Revolution in der Wissenschaft«. Im Untertitel hieß es: »Neue Theorie des Universums« und »Newtons Ideen umgestoßen«. Der Bericht in der *New York Times* erschien drei Tage später unter der Überschrift »Einsteins Theorie triumphiert«. Man pries den Physiker, stellte aber auch die Frage, ob der Effekt nicht eine optische Täuschung gewesen sein könnte oder ob Einsteins Idee nicht schon in H. G. Wells *Zeitmaschine* nachzulesen war. Einsteins Alter wurde mit »um die fünfzig« falsch angegeben – er war vierzig. Immerhin war der Name richtig geschrieben. Albert Einstein wurde augenblicklich weltweit zu einer Berühmtheit, für die meisten ein beinahe übernatürliches Genie. Ein Schulmädchen mit (vermutlich) leuchtenden Augen schrieb ihm und fragte, ob er wirklich existiere. Innerhalb eines Jahres entstanden hundert Bücher über die Relativitätstheorie. Die Vortragssäle rund um den Globus waren mit Menschen überfüllt, die populäre Erklärungen der Theorie hören wollten. Die Zeitschrift *Scientific American* setzte eine Belohnung von 5 000 Dollar für die beste Erklärung in 3 000 Wörtern aus. (Einstein erzählte, er sei der Einzige unter seinen Freunden gewesen, der an diesem Wettbewerb nicht teilgenommen habe.)

Während die Öffentlichkeit Einstein feierte, gab es von Seiten einiger Kollegen auch Angriffe. Michelson, der Leiter des Physik-Departments der Universität von Chicago, akzeptierte zwar Eddingtons Beobachtungen, weigerte sich aber, die Theorie zu unterstützen. Sein Kollege im Astronomie-Department sagte: »Die Theorie Einsteins ist ein Trugschluss. Die Theorie, dass der ›Äther‹ nicht existiert und dass die Schwerkraft keine Kraft ist, sondern eine Eigenschaft des Raums, kann man nur als einen verrückten Einfall, als eine Schande für unser Zeitalter bezeichnen.«[55] Nikola Tesla machte sich gleichfalls über Einstein lustig, aber Tesla hatte – wie sich herausstellte – auch Angst vor »runden Objekten«.

Kürzlich rückte Alexei während des Abendessens mit seinem neuesten Wunsch zur künstlerischen Selbstverwirklichung heraus: Er wolle seine Haare blau färben. Wir leben im 21. Jahrhundert, und Kids färben schon seit einigen Jahrzehnten ihre Haare blau, allerdings nur wenige, die erst neun Jahre alt sind. Am folgenden Montag war Alexei der erste in der Schule, dessen Haare dieselbe Farbe wie seine Tinte hatten. Und Nicolai, sein vierjähriges Echo, zog mit Haaren in schockierendem Limettengrün an ihm vorbei.

Die Reaktion in der Schule war wie erwartet. Einige wenige Kinder (vor allem Alexeis Freunde) demonstrierten intellektuelle Tiefe und fanden das Aussehen *cool*. Viele konnten den Bruch mit der Tradition nicht akzeptieren und nannten ihn »Blaubeere«. Der Lehrer starrte ihn einen Moment lang an und war sprachlos.

In der Physik geht es nicht viel anders zu als in einer vierten Schulklasse. Für die Physiker am Beginn des 20. Jahrhunderts gehörte der Nicht-Euklidische Raum zu den Randerscheinungen der Forschung: eine Kuriosität vielleicht – wie blaue Haare für den »Mainstream« –, mehr jedoch nicht. Die herrschende Lehre nahm solche »verrückten« Ideen nicht sehr wichtig. Doch dann kam Einstein und sorgte dafür, dass blaue Haare Mode wurden. Der Widerstand dauerte in Einsteins Fall einige Jahrzehnte, ließ aber langsam nach, als die »alte« Generation ausstarb und die neue das akzeptierte, was am meisten Sinn machte. Und das war mit Sicherheit nicht ein Festkörper, der den ganzen Raum durchdrang und Äther genannt wurde.

Die letzten Hochrufe der Anti-Relativisten ertönten aus Deutschland, dem Land, aus dem auch die ersten Unterstützer gekommen waren. 1931 erschien ein Buch mit dem Titel *Hundert Autoren gegen Einstein*[56]. Dass es nicht 100, sondern 120 Autoren waren, wirft ein deutliches Licht auf die mathematische Genauigkeit dieser Gruppe, zu denen nur einige wenige bekannte Physiker zählten. Später nutzten vor allem die Antisemiten die Gelegenheit zur Diffamierung: Die Nobelpreisträger Philipp Lenard (1905)[57] und Johannes Stark (1919) unterstützten die antisemitischen Kräfte in Deutschland und lieferten der Propaganda die passenden Argumente. 1933 verstieg sich Lenard zu der Aussage, Einstein und seine mathematisch abwegigen Theorien seien das wichtigste Beispiel für den gefährlichen Einfluss jüdischer Kreise auf die Erforschung der Natur.[58]

Einsteins alte Förderer Planck und von Laue hielten zu ihm, was für Stark Anlass war, sich in einer Rede scharf gegen sie zu wenden:

Aber leider haben seine deutschen Freunde und Förderer noch die Möglichkeit, in seinem Geiste weiter zu wirken. Noch steht sein Hauptförderer Planck an der Spitze des Kaiser-Wilhelm-Instituts, noch darf sein Interpret und Freund, Herr von Laue, in der Berliner Akademie der Wissenschaften eine wissenschaftliche Gutachterrolle spielen und der theoretische Formalist Heisenberg, Geist vom Geiste Einsteins, soll sogar durch eine Berufung ausgezeichnet werden.[59]

Der Entdecker der Relativitätstheorie schwebte über dem Kampfge-
tümmel und antwortete in der Regel weder den ernsthaften Heraus-
forderern noch irgendwelchen Spinnern. Er war gerade in Pasadena in
der Mitte eines für zwei Monate geplanten Aufenthalts am California
Institute of Technology, als Hindenburg in Deutschland Hitler zum
Reichskanzler ernannte. Die SA verwüstete bald darauf Einsteins Berliner Wohnung und durchsuchte sein Sommerhaus in Caputh nach
Waffen, ohne natürlich welche zu finden. Am 1. April 1933 beschlag-
nahmten die Nazis sein Eigentum und setzten auf seine Ergreifung als
»Volksfeind« eine Belohnung aus. Einstein war in Europa auf Reisen
und beschloss, in den USA Asyl zu beantragen und am Institute for
Advanced Study in Princeton zu arbeiten. Ein entscheidender Faktor
für die Wahl Princetons war wohl das Angebot, seinen Assistenten
Walther Mayer mitnehmen zu können.[60] Am 17. Oktober 1933 kam
Einstein in New York an.

Die weiteren Jahre brachte er damit zu, eine einheitliche Feldtheorie
aller Kräfte zu entwickeln. Zu diesem Zweck musste er die allgemeine
Relativitätstheorie mit der Maxwellschen Theorie des Elektromagnetismus, der Theorie der starken und schwachen Wechselwirkung
und, das wichtigste Problem, der Quantenmechanik vereinigen. Nur
wenige Physiker glaubten an die Möglichkeit einer solchen einheitlichen Theorie. Der berühmte aus Österreich stammende Physiker
Wolfgang Pauli verwarf den Versuch und sagte, was Gott getrennt
habe, solle der Mensch nicht zusammenfügen. Wie wir sehen werden,
war Einstein auf der richtigen Spur, aber er war seiner Zeit um Jahrzehnte voraus.

1955 erhielt Einstein die Diagnose, er habe ein Aneurysma der
Aorta im Blinddarmbereich. Die Ader war geplatzt, verursachte starke
Schmerzen und einen hohen Blutverlust. Der Chefchirurg des New
York Hospital untersuchte ihn in Princeton und riet zu einer Opera-
tion, Einstein lehnte ab: »Ich möchte gehen, wann ich möchte. Es ist
geschmacklos, das Leben künstlich zu verlängern. Ich habe meinen
Anteil getan, es ist Zeit zu gehen. Ich möchte dies elegant tun.«[61] Hans
Albert, der damals Professor für Hoch- und Tiefbau an der University
of California war, flog aus Berkeley ein und versuchte, die Meinung

seines Vaters zu ändern – vergeblich. Einstein starb am frühen Morgen des nächsten Tages: am 18. April 1955 um 1 Uhr 15. Er war sechsundsiebzig, sein Sohn starb achtzehn Jahre später an einem Herzanfall.

Einstein war vielleicht der größte Revolutionär seines Faches. Und er war derjenige, der auf der einen Seite am meisten Ablehnung, Widerstand und Hass zu ertragen hatte, um auf der anderen Seite grenzenlos bewundert und verehrt zu werden. Seinen großartigen Beitrag zur Geometrie sah er selbst einfach so: »Wenn ein blinder Käfer auf einer Kugeloberfläche krabbelt, merkt er nicht, dass der zurückgelegte Weg gekrümmt ist. Ich hingegen hatte das Glück, es zu merken.«[62]

V
Die Geschichte von Witten

In der Physik des 21. Jahrhunderts bestimmt die
Struktur des Raums die Kräfte der Natur.
Die Physiker denken über weitere Dimensionen
nach und haben den Verdacht, dass es Raum
und Zeit überhaupt nicht gibt.

29
Die verrückte Revolution

□○△○□

Gibt es einen Zusammenhang zwischen der Struktur des Raums und den Gesetzen, die all das bestimmen, was in dem Raum enthalten ist? Einstein zeigte, dass die Anwesenheit von Materie die Geometrie verändert und Raum und Zeit verzerrt. Das erschien zu seiner Zeit sicher radikal. Aber in den Theorien der Gegenwart sind Raum und Zeit auf noch grundlegendere Weise miteinander verbunden, als es sich Einstein hätte vorstellen können. Die Materie vermag den Raum an einer Stelle ein wenig zu krümmen und, wenn sie wirklich sehr konzentriert ist, an einer anderen Stelle auch etwas mehr. In der neuen Physik ist der Raum jedoch weit mehr als einfach nur die Rache der Materie, er bestimmt mit seinen grundlegendsten Eigenschaften – etwa der Zahl seiner Dimensionen – die Naturgesetze, die Materie und die Energie, kurz alles, was unser Universum verkörpert. Aus einem Raum als Behälter für das Universum ist ein Raum geworden, der sich als Gebieter über alles erweist, was existiert, und der alles steuert, was sich ereignet.

Nach der so genannten String-Theorie besitzt der Raum zusätzliche Dimensionen, die so winzig sind, dass keiner der in ihnen eingerollten Bereiche mit unseren heutigen Mitteln direkt beobachtet werden kann und sich bestenfalls durch seine Auswirkungen andeutet. Obwohl diese Dimensionen winzig sind, bestimmen sie und ihre Topologie (die Eigenschaften, die aus ihrer Form als Fläche, Kugel, Brezel oder Donut folgen) darüber, was existiert. Würden sich die winzigen Donut-Dimensionen zu einer Brezelform verknoten, könnten Elektronen (und damit menschliche Wesen) nicht mehr existieren. Es geht noch weiter: Die String-Theorie hat sich, obwohl man sie noch keineswegs vollständig versteht, zu einer anderen Theorie, der M-Theorie, entwickelt, die zu dem Schluss führt, dass Raum und Zeit überhaupt nicht »wirklich« existieren, sondern nur grobe Abbilder von etwas weit Komplexerem sind.

Je nach Charakter könnten die Leserinnen und Leser an dieser Stelle einfach nur lachen oder aber bissige Bemerkungen über die Akademiker fallen lassen, die unsere hart verdienten Steuer-Milliarden zum Fenster hinauswerfen. Wie wir sehen werden, reagierten die meisten Physiker viele Jahre lang auf diese Weise, und einige tun es noch heute. Dennoch sind für alle, die heute auf dem Gebiet der Elementarteilchentheorie arbeiten, String- und M-Theorie unerlässlich. Auch wenn sich beide noch nicht als die eine »endgültige Theorie« erweisen sollten, so werden sie doch die Mathematik und die Physik entscheidend verändern.

Sowohl String- als auch M-Theorie wurden bisher nicht wie sonst üblich durch physikalische Erkenntnisse und experimentelle Ergebnisse vorangetrieben, sondern durch die Aufdeckung grundlegender mathematischer Strukturen. Man feiert nicht neu entdeckte Elementarteilchen, sondern die Tatsache, dass die Theorie die schon bekannten Teilchen richtig beschreibt. Die Physiker sind sich der Umkehrung des üblichen Gangs der Wissenschaft wohl bewusst und prägten dafür den neuen Ausdruck *postdiction*[1]. In dieser eigenartigen Abwandlung wissenschaftlicher Methodik wird die Theorie selbst zum Gegenstand von (Gedanken-)Experimenten: Die Theoretiker stellen Experimente an. Es ist kein Zufall, dass ihr führender Vertreter Edward Witten nicht den Nobelpreis bekommen hat, sondern die Fields-Medaille, das Gegenstück im Bereich der mathematischen Forschung. Witten geht sogar so weit zu fordern, dass die String-Theorie letztlich ein neuer Zweig der Geometrie sein sollte.[2]

Die neueste der Revolutionen besitzt eine gewisse Ähnlichkeit mit vorangegangenen, die sich ebenso wenig darauf beschränkten, nur die Vorstellungen vom Raum zu verändern, sondern auch neue Strategien zu dessen Erforschung einführten. Die Geschichte der neuesten Revolution unterscheidet sich von den früheren allerdings in einem wichtigen Aspekt: Wir stecken bereits mittendrin, und niemand weiß genau, wie es ausgehen wird.

30
Zehn Dinge, die ich an Ihrer Theorie hasse

□○△○□

Es war im Jahr 1981. John Schwarz hörte auf dem Flur eine vertraute Stimme: »Hi, Schwarz, bei wie vielen Dimensionen bist du heute?« Es war Feynman, der damals noch nicht »entdeckt« worden war, aber später zu einer Kultfigur in der dünnen Luft der Gipfelregionen der Physik werden sollte. Feynman hielt von der String-Theorie rein gar nichts. Schwarz akzeptierte das, denn er war es gewöhnt, dass man ihn nicht ernst nahm.

Im selben Jahr 1981 stellte ein Doktorand Schwarz einem neuen Mitglied der Fakultät vor: Herrn Mlodinow. Nachdem Schwarz gegangen war, schüttelte der Doktorand den Kopf: »Er ist Dozent, kein richtiger Professor. Nun ist er schon neun Jahre hier und hat immer noch keine feste Stelle.« Dann lachte er auf: »Schwarz arbeitet an dieser verrückten Theorie mit sechsundzwanzig Dimensionen.« In diesem Punkt war der Doktorand nicht genug informiert. Schwarz hatte seine Theorie zwar mit sechsundzwanzig Dimensionen begonnen, war aber jetzt bei zehn angelangt. Und es schienen immer noch ein paar zu viel zu sein.

Die Theorie brachte im Lauf der Jahre weitere Probleme mit sich, da man mit ihr Dinge voraussagen konnte, die scheinbar nichts mit der Realität zu tun hatten, etwa Teilchen, deren Masse imaginär war und die sich schneller als das Licht bewegten. Trotz solcher Schwierigkeiten (und auf Kosten seiner Karriere) arbeitete Schwarz unermüdlich an seiner Theorie weiter.

Alexei liebt den Film *Zehn Dinge, die ich an dir hasse,* der von ein paar Schülern handelt, die auf die High School gehen. Am Ende des Films steht die Heldin vor der Klasse und sagt ein Gedicht über die

zehn Dinge auf, die sie an ihrem Freund hasst. Für den, der genau hin-
hört, ist es eher ein Gedicht darüber, wie sehr sie ihn liebt. Man kann
sich leicht vorstellen, wie auch Schwarz dieses Gedicht rezitierte, denn
er liebte seine Theorie und kam nicht von ihr los – trotz oder manchmal *wegen* ihrer liebenswürdigen kleinen Fehler.

Schwarz sah in der String-Theorie etwas, was nur wenige andere
erkannten: ein mathematisches Gebilde von einer Schönheit, die seiner
Ansicht nach kein Zufall war. Die Schwierigkeiten bei der Weiterent-
wicklung der Theorie konnten ihn nicht entmutigen, ging es doch
immerhin um die Lösung eines Problems, das selbst Einstein und
jeden anderen nach ihm ratlos gemacht hatte: die Vereinigung der
Quantentheorie mit der Relativitätstheorie. Die Lösung *konnte* gar
nicht einfach sein.

Ganz anders als die Relativitätstheorie wurde die Quantentheorie
erst Jahrzehnte nach ihren ersten Anfängen – Plancks Entdeckung der
Quantelung der Energieniveaus – grundlegend formuliert: In den Jahren 1925 bis 1927 entdeckten – oder vielleicht besser: »erfanden« – der
Österreicher Erwin Schrödinger und der Deutsche Werner Heisenberg unabhängig voneinander elegant formulierte Theorien, die es
erlaubten, die Newtonschen Bewegungsgesetze zu ersetzen und dabei das Quantenprinzip mit einzuschließen. Die beiden neuen Theorien hießen *Wellenmechanik* und *Matrizenmechanik*. Ähnlich wie bei
der speziellen Relativitätstheorie waren auch die Konsequenzen der
Quantentheorie nur in einem Reich zu erwarten, das weit entfernt von
unserer Alltagsumgebung liegt. War es bei der Relativitätstheorie das
Reich der großen Geschwindigkeiten, ging es bei der Quantentheorie
um das Reich der besonders kleinen Dinge. Zunächst blieb allerdings
die Beziehung der beiden neuen Theorien zur Relativitätstheorie
ebenso unklar wie ihre Beziehung untereinander, ihre mathematischen
Strukturen erschienen so verschieden wie das Wesen ihrer Entdecker.

Das Bild von Heisenberg ist das des guten, korrekt gekleideten Deutschen, dessen Schreibtisch stets aufgeräumt war. Die Urteile über seine
Haltung während der Nazizeit schwanken zwischen »*nur* nationalis-
tisch« und »moderat pro-nazistisch«. Gegen Angriffe, die nach dem
Krieg gegen ihn geführt wurden, verteidigte Heisenberg seine Haltung

als »innere Emigration« und beharrte darauf, »mit dem Herzen« nicht »dabei« gewesen zu sein. Er beteiligte sich zwar nicht an der Hetze gegen jüdische Wissenschaftler, wurde aber zu einem der führenden Köpfe bei den Anstrengungen, einen deutschen Reaktor zu entwickeln.

Heisenberg stellte seine Theorie auf der Grundlage experimenteller Daten auf und arbeitete eng mit seinen Kollegen Max Born und Pascual Jordan zusammen.[3] In ihrer gemeinsam formulierten Theorie vereinigten sie physikalische Gesetze und Erkenntnisse, die Physiker während zweier vorangegangener Jahrzehnte gemacht hatten. Der Physiker Murray Gell-Mann hat mir diesen Prozess so beschrieben: »Sie setzten es aus experimentellen Daten zusammen. Sie hatten die Erhaltungssätze. Einmal, als Born in Urlaub war, benutzten sie diese Sätze, um die Matrizenmultiplikation neu zu erfinden. Sie wussten nicht, was sie entdeckt hatten. Als Born zurückkam, soll er gesagt haben, ›aber Leute, das ist Matrizentheorie‹.«[4] Durch die Physik waren sie zu einem mathematischen System geführt worden, das sich als äußerst tragfähig erweisen sollte.

Schrödinger muss man sich eher als den Don Juan der Physik vorstellen. Er erzählte einmal: »Es ist mir nie passiert, dass ich mit einer Frau geschlafen habe und sie darauf nicht den Wunsch hatte, ihr ganzes Leben lang mit mir zusammenzusein.«[5]

Schrödingers Ansatz zur Quantentheorie stützt sich im Gegensatz zu dem Heisenbergs weniger auf experimentelle Ergebnisse als auf mathematische Schlussfolgerungen. Stellen wir uns Schrödinger vor: ernst blickend, mit einem Anflug von Lächeln und zerzausten Haaren, die an Einstein erinnern. Er kritzelt ganz in Gedanken etwas in ein Notizbuch, das dem eines Schulkinds ähnelt. Ohne Rücksicht auf Stil und Form stopft er sich Watte in die Ohren, um vom Lärm um ihn herum nicht gestört zu werden. Aber zur Anregung seiner Kreativität braucht er nicht nur Stille: Seine Wellenmechanik entstand nicht in einem abgelegenen Kloster, sondern – nach den Worten des Mathematikers Hermann Weyl aus Princeton – in der Zeit eines »späten erotischen Ausbruchs«.[6]

Schrödinger schrieb seine Wellengleichung zum ersten Mal auf, als er mit seiner Geliebten beim Wintersport war. (Die Gattin war in

Zürich geblieben.) Es wird erzählt, dass die Gesellschaft jener geheimnisvollen Dame ihm ein ganzes Jahr lang zu höchster Produktivität verhalf. Die Zusammenarbeit wurde allerdings nicht auf die sonst übliche Weise gewürdigt. Bei seinen Veröffentlichungen zum Thema Wellenmechanik nannte er keine Koautorin, und wir werden den Namen seiner Muse vermutlich nie erfahren.

Schon bald zeigte der englische Physiker Paul Dirac, dass beide Theorien, die unter so unterschiedlichen äußeren Bedingungen entstanden waren, sich entsprachen und gleichwertige Formulierungen *einer* Theorie darstellten, der *Quantenmechanik*. Dirac erweiterte die Quantenmechanik dann noch einmal und schloss die Prinzipien der speziellen Relativitätstheorie mit ein. Aus gutem Grund versuchte er nicht, die allgemeine Relativitätstheorie zu berücksichtigen, denn diese ist mit der Quantenmechanik nicht vereinbar. 1932 erhielt Heisenberg den Physik-Nobelpreis für die Theorie der Quantenmechanik, 1933 erhielten ihn Dirac und Schrödinger gemeinsam für die Anwendung der Wellenmechanik auf das Elektron.

Einstein sah klar den Konflikt zwischen allgemeiner Relativitätstheorie und Quantenmechanik. Obwohl die allgemeine Relativitätstheorie vieles am Newtonschen Blick auf das Universum revidierte, galt in ihr doch weiterhin einer seiner »klassischen« Grundsätze: die Determiniertheit. Nach Newton genügt es, wenn man die nötigen Informationen über ein System besitzt, sei es nun unser Körper oder das gesamte Universum, um daraus im Prinzip die Ereignisse der Zukunft voraussagen zu können. Nach der Quantenmechanik ist das *nicht* möglich.

Dies war einer der Gründe, weswegen Einstein die Quantenmechanik verurteilte. Er unternahm in den letzten dreißig Jahren seines Lebens große Anstrengungen, um die allgemeine Relativitätstheorie in einer Weise noch weiter zu verallgemeinern, dass sie *alle* Kräfte der Natur einschließen würde, und hoffte, damit auch die Unvereinbarkeit von Relativitätstheorie und Quantentheorie zu beweisen. Einstein erreichte sein Ziel nicht. Jetzt allerdings, mehr als dreißig Jahre nach seinem Tod, beschleicht John Schwarz das Gefühl, eine Lösung für das offene Problem zu kennen.

31
Die unerträgliche
Unbestimmtheit des Seins

□○△○□

Das Gegenstück der Determiniertheit ist die Unbestimmtheit, die in der Quantenmechanik mit der *Unschärferelation* ausgedrückt wird. Sie besagt, dass bestimmte der Größen, die in den Newtonschen Gesetzen auftreten, nicht mit beliebiger Genauigkeit angegeben werden können.

Alexei kam kürzlich ganz aufgeregt mit einem alten Witz nach Hause: Eine Nonne, ein Pfarrer und ein Rabbi spielten Golf. Immer wenn der Rabbi den entscheidenden Schlag verpatzte, rief er: »Gottverdammt, daneben!« Nach dem sechzehnten Loch war der Pfarrer ziemlich verärgert. Der Rabbi versprach, sich zurückzuhalten, aber als er auch das nächste Mal den Ball nicht ins Loch brachte, rief er wieder: »Gottverdammt, daneben!« Jetzt warnte ihn der Pfarrer: »Wenn du noch einmal fluchst, wird dich Gott mit einem Blitz erschlagen.« Am achtzehnten Loch flippte der Rabbi völlig aus und fluchte. Darauf verfinsterte sich der Himmel, Sturm kam auf, und ein greller Blitz zuckte vom Himmel. Als sich der Rauch gelegt hatte, starrten der erschrockene Pfarrer und der schockierte Rabbi auf die schwelenden Überreste der Nonne, die wie verkohlte Grillwürstchen aussahen. In diesem Augenblick ertönten aus dem Himmel die donnernden Worte: »Gottverdammt, daneben!«

Alexei fand den Witz so lustig, weil in ihm über Gott hergezogen wird. Er zeichnet das Bild eines Gottes, dessen Macht angeschlagen ist und der menschliche Fehler macht. Genau diese Vorstellung, Gott oder die Natur könnten nicht mehr allmächtig und perfekt sein, beunruhigte viele Physiker an der Quantenmechanik. Kann denn Gott nicht einmal einen Vergeltungsschlag genau ins Ziel leiten?

Die Grenze der Determiniertheit in der Natur inspirierte Einstein zu einer berühmten Äußerung: »Die Quantenmechanik ist sehr achtunggebietend. Aber eine innere Stimme sagt mir, dass das noch nicht der wahre Jakob ist. Die Theorie liefert viel, aber dem Geheimnis des Alten bringt sie uns kaum näher. Jedenfalls bin ich überzeugt, dass *der* nicht würfelt.«[7] Als man sich seinerzeit den Witz von der Nonne, dem Pfarrer und dem Rabbi erzählte – er ist wirklich schon *sehr* alt –, mag Einstein wohl gegrummelt haben: »Der Alte kann einen Blitz hinschicken, wo immer und wann immer er will.«

Überall im Leben gibt es Unschärfe und Unbestimmtheit. Man kann sich also durchaus fragen, warum eine so offenkundige Trivialität in gewichtige Begriffe wie »Unbestimmtheitsprinzip« und »Unschärferelation« verpackt wird. Die »Unschärfe« in Heisenbergs Relation ist jedoch von einer ganz besonderen Art. Sie verkörpert den Unterschied zwischen klassischer Mechanik und Quantenmechanik und – wenn man so will – den Unterschied zwischen den Grenzen, die dem Menschen gesetzt sind, und denen, die auch für Gott gelten.

Wir wollen nun ein Ratespiel veranstalten, bei dem wir nur »ja« oder »nein« antworten können. Wiegt ein Viertelpfünder bei McDonald's genau ein Viertel Pfund? Die zynischeren Leser werden »nein« sagen, weil sie sich überlegen, dass ein Konzern, der täglich vierzig Millionen Fleischklopse verkauft, eine Menge sparen kann, wenn er bei jedem Exemplar ein Gramm weglässt. Aber wir wollen nicht über *systematische* Fehler reden: Es ist genauso ausgeschlossen, dass jeder Viertelpfünder exakt 124 Gramm wiegt. Der springende Punkt ist: *Alle* Viertelpfünder unterscheiden sich ein klein wenig in ihrem Gewicht.

Die Differenz ist nicht allein eine Sache des Ketchups. Wenn wir genau genug hinschauen, stellen wir fest, dass jeder Hamburger verschieden dick ist und seine ganz besondere Form aufweist, dass er also in gewissem Sinne durchaus individuell ist. Was für den Menschen gilt, ist auch für einen seiner Leckerbissen richtig: Keiner gleicht völlig dem anderen. Wie genau muss man das Gewicht der Hamburger bestimmen, damit man sie alle danach unterscheiden kann? Wenn wir uns auf die Produktion eines Tages beschränken, müssen wir mindestens sieben Stellen angeben. (Aber McDonald's wird das Produkt jetzt wohl kaum in 125,0000-Gramm-Klops umbenennen.)

Auch wenn wir einen einzelnen Hamburger immer wieder wiegen, werden sich die Werte unterscheiden. Der Zustand der Waage, Strömungen in der umgebenden Luft, seismische Schwankungen des Erdbodens, Temperatur, Feuchte und Luftdruck, der benebelte Blick des Forschers, kurz: Dutzende winziger Faktoren differieren von Messung zu Messung. Je höher wir die Empfindlichkeit der Waage hinauftreiben, umso geringer ist die Chance, völlig übereinstimmende Werte zu erhalten.

All diese Ungenauigkeiten haben *nichts* mit dem Unschärfeprinzip zu tun! Das Unschärfeprinzip der Quantenmechanik geht noch einen Schritt weiter und sagt etwas über *komplementäre Paare* von Größen aus: Je genauer man *eine* Größe dieser Paare bestimmt, umso weniger genau kann man die *andere* bestimmen. Nach der Quantentheorie ist der Wert dieser komplementären Größen *unbestimmt*, weil des Unschärfeprinzip gilt, und nicht etwa, weil man nicht sorgfältig genug gemessen hat oder die derzeitigen Messmethoden nicht ausreichen.

Viele Jahre versuchten die Physiker, dies als eine Grenze der Theorie, nicht aber der Natur zu interpretieren. Sie behaupteten, es gebe irgendwo »versteckte Variablen«, die genau bestimmt sind, die wir aber (noch) nicht messen können. Wie sich inzwischen gezeigt hat, gibt es eine Art von Messung, die eine Existenz solcher verborgener Variablen ausschließt. Der amerikanische Physiker John Bell erläuterte 1964 diese Möglichkeit,[8] 1982 wurde das entsprechende Experiment ausgeführt. Damit war die Existenz verborgener Variabler widerlegt und nachgewiesen, dass sich die Einschränkungen durch die Unschärferelation nicht menschlichem Unvermögen verdanken, sondern ein Naturgesetz darstellen.

Mathematisch besagt die Unschärferelation das Folgende: Das Produkt der Unschärfe zweier komplementärer Größen ist immer gleich einer Konstanten oder größer als sie – aber nie kleiner. Die Konstante wurde *Plancksches Wirkungsquantum* genannt. Ort und Impuls bilden ein solches komplementäres Paar, dem durch die Unschärferelation Grenzen auferlegt sind: Je genauer man den Ort eines Objekts kennt, umso weniger genau kann man seinen Impuls (oder, abgesehen von einem Faktor, der die Masse ausdrückt, seine Geschwindigkeit) bestimmen.

Beim Planckschen Wirkungsquantum handelt es sich um eine äußerst kleine Zahl. Wäre das anders, hätte man Quanteneffekte schon weit früher entdeckt. (Vorausgesetzt, wir würden in einer solchen Welt überhaupt existieren.) Die Angabe »äußerst klein« ist hier wirklich ernst gemeint: Wenn man die Energie in Joule[9] und die Zeit in Sekunden angibt, ist das Plancksche Wirkungsquantum von der Größenordnung 10^{-34} Js. Um eine Vorstellung von einer solchen Größe zu bekommen, stellen wir uns einen Tischtennisball vor, dessen Masse 1 g beträgt und der auf einem Tisch liegt. Für die meisten von uns heißt »liegt«, dass die Geschwindigkeit gleich Null ist. Für einen experimentell arbeitenden Physiker machen Messungen ohne Fehlerangabe jedoch wenig Sinn. Er würde eher sagen: »Der Tischtennisball rollt nicht schneller als mit 1 cm/s Geschwindigkeit.« Die klassische Physik würde die Angelegenheit damit für erledigt halten. In der Quantenmechanik hat diese nicht gerade überzeugende Genauigkeit bei der Messung der Geschwindigkeit allerdings eine schwerwiegende Folge: Sie setzt auch der Genauigkeit, mit der man den Ort des Tischtennisballs bestimmen kann, eine Grenze.

Die Ungenauigkeit der Geschwindigkeit von 1 cm/s (bzw. die Ungenauigkeit des Impulses von 1 g·cm/s) bewirkt eine Ungenauigkeit des Orts, die wiederum – wie die Planck-Konstante – äußerst klein ist. Rechnet man das Beispiel durch, zeigt sich, dass der Ort des Balls auf 10^{-27} cm genau bestimmt werden kann. Da diese Einschränkung nicht sehr einschränkend erscheint, stellt sich natürlich die Frage: Wen interessiert das? Bis zum Ende des 19. Jahrhunderts gab es tatsächlich niemanden, der sich damit beschäftigte oder es überhaupt bemerkte. Aber nun wollen wir statt unseres Tischtennisballs ein Elektron untersuchen – genau wie die Physiker am Ende des 19. Jahrhunderts.

Wir erinnern uns an die Einschränkung »abgesehen von einem Faktor, der die Masse ausdrückt«, die weiter oben so beiläufig in einer Klammer stand, als es um den Zusammenhang zwischen Impuls und Geschwindigkeit ging. Das mag auf den ersten Blick nicht sehr wichtig erscheinen, aber wir werden hier den tieferen Grund dafür finden, dass die Quanteneffekte bei Atomen feststellbar sind, aber nicht bei Tischtennisbällen.

Die Masse des Tischtennisballs beträgt 1 g, die Masse eines Elektrons dagegen nur ungefähr 10^{-27} g. Ganz anders als bei einem Tischtennisball folgt daher aus einer Ungenauigkeit der Geschwindigkeit von 1 cm/s eine Ungenauigkeit des Impulses von 10^{-27} g·cm/s. Aufgrund des Massenfaktors wird aus der höchst ungenauen Geschwindigkeitsmessung eine recht präzise erscheinende Impulsmessung, die nun darauf hindeutet, dass wir den Ort eines Elektrons nicht allzu genau bestimmen können.

Dies ist auch nur auf 1 cm genau möglich, wenn man die Geschwindigkeit auf 1 cm/s genau kennt! Die Ungenauigkeit des Orts ist nun keineswegs »äußerst klein«, sie ist deutlich zu merken. Mit einer solchen »Unschärfe« wäre ein Tischtennisspiel eine ziemlich vage Angelegenheit. Im Bereich atomarer Dimensionen sind die Verhältnisse aber so vage: Um den Ort eines Elektrons in einem Atom wenigstens auf 10^{-8} cm, der Größe des Atoms, genau bestimmen zu können, müssen wir eine Ungenauigkeit der Geschwindigkeit von 10^8 cm/s in Kauf nehmen. Und das entspricht bereits ungefähr der Geschwindigkeit von Elektronen!

Die von Heisenberg und Schrödinger formulierte Quantenmechanik war bei der Beschreibung atomarer Phänomene und im Bereich der damals bekannten Kernphysik äußerst erfolgreich. Wendet man jedoch die Unschärferelation auf die Schwerkraft an, wie sie von Einsteins Theorie beschrieben wird, hat dies bizarre Konsequenzen für die Geometrie des Raums.

32
Der Kampf der Titanen

□ ○ △ ○ □

Einer der Gründe, warum Einstein so wenig Erfolg bei der Suche nach einer einheitlichen Feldtheorie hatte, lag darin, dass allgemeine Relativitätstheorie und Quantenmechanik nur in Konflikt geraten, wenn man sich in jene äußerst winzigen Bereiche begibt, die wir selbst heute noch nicht direkt beobachten können. Andererseits sagte Euklid, dass der Raum aus Punkten besteht und dass die Geometrie für *alle* Bereiche gilt, seien sie auch noch so klein. Wenn nun die beiden Theorien im Reich der kleinsten Dinge unvereinbar sind, dann muss entweder eine der Theorien falsch sein – oder Euklid hat Unrecht.

Dieser Bereich, in dem die Probleme auftauchen, wird oft als »ultramikroskopisch« bezeichnet und ist durch Größenordnungen gekennzeichnet, die bei 10^{-33} cm, der so genannten *Planckschen Länge*, liegen. Diese Länge kann man vielleicht so veranschaulichen: Wenn man sie auf die Dimension einer menschlichen Eizelle vergrößert und dann eine Murmel um denselben Faktor aufbläht, würde sie so groß werden wie das beobachtbare Universum: die Plancksche Länge ist also wirklich sehr, sehr klein – und liegt natürlich jenseits aller Messbarkeit.

In der Nacht, nachdem ich dieses Kapitel geschrieben hatte, traten Einstein und Heisenberg in meinen Träumen auf. Es fing mit Nicolai an, der als Einstein hereinkam und mir einige Theorien zeigte, die er mit einem Buntstift in sein Heft gekritzelt hatte …

Nicolai alias Einstein: »Papa, ich hab die allgemeine Relativitätstheorie entdeckt! Wo Materie ist, ist der Raum gekrümmt, aber im leeren Raum ist das Schwerefeld Null und der Raum ist flach. Damit ist in jeder Region, die klein genug ist, der Raum annähernd flach.«

Ich wollte gerade sagen, »Was für eine schöne Theorie! Kann ich sie an die Wand hängen?«, als Alexei hereinkam.

Alexei alias Heisenberg: »Entschuuuldigung! Für das Schwerefeld gilt wie für jedes Feld die Unschärferelation.«

Nicolai alias Einstein: »Und dann?«

Alexei alias Heisenberg: »Das bedeutet, dass das Feld zwar im leeren Raum im Mittel Null sein mag, dass es aber in Raum und Zeit fluktuiert. Und in den ganz winzigen Bereichen sind diese Fluktuationen ganz ungeheuer stark.«

Nicolai alias Einstein (heulend): »Aber wenn das Schwerefeld fluktuiert, dann fluktuiert auch die Krümmung des Raums. Meine Gleichungen zeigen nämlich, dass die Krümmung mit der Größe des Felds zusammenhängt ...«

Alexei alias Heisenberg (spöttisch): »Ha, ha, ha. Das heißt, dass man vom Raum in winzigkleinen Bereichen eben nicht sagen kann, er sei flach. Es ist vielmehr so, dass sich virtuelle schwarze Löcher bilden, wenn man in den Bereich der Planckschen Länge kommt. ... Das schaut nicht sehr schön aus. ...«

Nicolai alias Einstein: »Ich will aber, dass kleine Bereiche flach sind!«

Alexei alias Heisenberg: »Und sie sind doch gekrümmt!«

Nicolai alias Einstein: »Sind sie nicht!«

Alexei alias Heisenberg: »Doch!«

Nicolai alias Einstein: »Nicht!«

In meinem Traum ging das so weiter, bis ich zitternd aufwachte. Ich nahm es dann als Zeichen dafür, dass ich vor Abschluss dieses Kapitels keinen Schlaf finden würde.

Wendet man beides – die Unschärferelation und die allgemeine Relativitätstheorie – auf kleinste Bereiche des Raums an, führt dies zu grundlegenden Widersprüchen mit der Relativitätstheorie selbst. Wer hat Recht: Heisenberg oder Einstein? Hat Einstein Recht, ist die Quantentheorie falsch. Aber die Quantentheorie scheint nicht falsch zu sein, denn Experiment und Theorie stimmen bis auf ein Millionstel genau überein. Der Physiker Toichiro Kinoshita von der Cornell-Universität, einer der führenden Vertreter der Quantenelektrodynamik, nannte sie »die am besten getestete Theorie auf Erden, ja vielleicht im Universum – je nachdem, wie viele Aliens es gibt«.[10]

Stimmt die Quantentheorie, muss die Relativitätstheorie falsch sein. Die Relativitätstheorie feierte auch ihre Triumphe, aber es gibt einen Unterschied. Die Erfolge der allgemeinen Relativitätstheorie betreffen makroskopische Phänomene: das Licht, das an Sternen vorbeigeht, oder Uhren, die um die Erde fliegen. Im Größenbereich der Elementarteilchen konnte sie noch nicht überprüft werden, da dort die Massen viel zu gering sind, als dass man Schwereeffekte messen könnte. Aus diesem Grund ziehen die Physiker eher die Relativitätstheorie in Zweifel, insbesondere die Annahmen über die Krümmung (bzw. Nicht-Krümmung) ultramikroskopischer Bereiche im Raum. Vielleicht gilt Einsteins Theorie dort nur in revidierter Form.

Wenn Heisenberg gemeinsam mit den anderen Vertretern der Quantenmechanik wirklich die Debatte mit Einstein gewonnen hat und die Metrik im ultramikroskopischen Bereich wild fluktuiert, ergibt sich daraus natürlich die noch viel tiefere Frage, wie denn die Struktur des Raums dort aussieht. Der Schlüssel zu einer Antwort scheint in jener Idee zu liegen, die Schwarz so viele witzige Bemerkungen einbrachte, und einen wesentlichen Teil seiner Theorie darstellte: Es gibt im ultramikroskopischen Bereich zusätzliche Dimensionen, die in sich selbst eingerollt und so winzig sind, dass sie bisher unentdeckt blieben – wie bis 1899 das Wirkungsquantum. So könnte die allgemeine Relativitätstheorie gerettet werden. Auch Einstein zog, als er an seiner Theorie arbeitete, diese Idee schon in Erwägung, gab sie dann aber wieder auf.

33

Eine Kaluza-Klein-Flaschenpost

□○△○□

Am Tag vor seinem Tod bat Einstein noch einmal darum, ihm seine letzten Rechnungen zu einer einheitlichen Feldtheorie zu bringen. Er hatte dreißig Jahre versucht, die allgemeine Relativitätstheorie zu revidieren, um in ihr die Beschreibung der elektromagnetischen Kraft unterzubringen, und war damit gescheitert. Einen vielversprechenden Ansatz fand Einstein 1919, als er noch am Anfang seiner Bemühungen stand, in der Post: in einem Brief eines verarmten Mathematikers namens Theodor Kaluza.

Was Einstein las, war ein Vorschlag, um die Schwerkraft und die elektromagnetische Kraft zu vereinheitlichen, der eine kleine Besonderheit hatte. Einstein schrieb zurück: »Die Idee, eine einheitliche Theorie mithilfe einer fünfdimensionalen Zylinderwelt zu erhalten, ist mir niemals gekommen.« Eine fünfdimensionale Zylinderwelt? Wie konnte Kaluza überhaupt auf eine solch absurde Idee stoßen? Niemand weiß es, aber Einstein fuhr fort: »Auf den ersten flüchtigen Blick gefällt mir Ihre Idee enorm.«[11] Heute müssen wir eingestehen, dass Kaluza seiner Zeit weit voraus war – und mit den Dimensionen ein wenig zu geizig.

Die allgemeine Relativitätstheorie beschreibt, wie die Materie den Raum über die Metrik beeinflusst, deren Komponenten, die g-Faktoren, uns sagen, wie sich der Abstand zwischen zwei benachbarten Punkten aus den Koordinatendifferenzen berechnet. Die Zahl der g-Faktoren hängt von der Zahl der Dimensionen des Raums ab. Im »flachen« (nicht gekrümmten) dreidimensionalen Raum gilt, wie wir bereits wissen, $g_{xx}=g_{yy}=g_{zz}=1$ und für alle Kreuzterme $g_{xy}=g_{xz}=g_{yz}=0$, sodass man die Distanz d mit der Gleichung $d^2=x^2+y^2+z^2$ berechnen kann. Im vierdimensionalen Nicht-Euklidischen Raum der allgemeinen Relativitätstheorie gibt es die ebenfalls schon genannten zehn unabhängigen g-Faktoren, die alle durch die Einsteinschen Gleichungen beschrieben werden.

Kaluza hielt zunächst fest, dass natürlich weitere g-Faktoren auftreten, wenn man fünf statt vier Dimensionen einführt. Dann stellte er die Frage, welche Gleichungen sich für die zusätzlichen g-Faktoren ergeben, wenn man rein formal Einsteins Feldgleichungen auf fünf Dimensionen erweitert. Das Ergebnis war verblüffend: Man erhält die Maxwellschen Gleichungen für das elektromagnetische Feld! Aus der fünften Dimension heraus taucht die elektromagnetische Kraft plötzlich in der Theorie der Schwerkraft auf. Einstein schrieb: »Die formale Einheit Ihrer Theorie ist erstaunlich.«[12]

Natürlich bedarf es viel theoretischer Arbeit, um die Metrik der zusätzlichen Dimension als das elektromagnetische Feld zu interpretieren. Und was hat es mit dieser kleinen Besonderheit, der zusätzlichen Dimension, auf sich? Ihre Länge sei begrenzt, ja so klein, dass wir es überhaupt nicht merken würden, wenn wir uns in ihr bewegen. Das war noch nicht alles, was Kaluza behauptete: Die neue Dimension habe auch eine neue Topologie, nämlich die eines Kreises anstelle einer Geraden. Sie bilde eine geschlossene Linie ohne Anfang und Ende und »rollt sich auf« oder »rollt sich in sich ein«. Stellen wir uns dazu die 5th Avenue nicht als breite Straße, sondern als einfache Gerade vor. Querstraßen wären dann in Kaluzas neuer Dimension Kreise, die von der 5th Avenue abgehen. Bisher gab es Querstraßen natürlich nur im Abstand eines Häuserblocks, aber die neue Dimension ist überall längs der 5th Avenue vorhanden. Sie hat also nicht zur Folge, dass an manchen Stellen Kreise herausquellen, sondern macht aus einer Geraden einen Zylinder oder einen sehr dünnen Gartenschlauch.

Der springende Punkt bei Kaluza war, dass Schwerkraft und elektromagnetische Kraft Komponenten einer übergeordneten Kraft sind und nur deshalb unterschiedlich erscheinen, weil das Bild, das wir wahrnehmen, einen Mittelwert von Bewegungen in der fünften (bzw. der vierten räumlichen) Dimension darstellt, die wir nicht direkt beobachten können. Einstein hatte gegen Kaluzas Theorie Einwände, war aber dann mehr und mehr überzeugt und half ihm, seine Arbeit 1921 zu veröffentlichen.

Die gleiche Theorie entwickelte 1926 unabhängig davon Oskar Klein, Assistenzprofessor an der University of Michigan. Er kam zu besseren Ergebnissen, als er erkannte, dass die Bewegungsgleichungen nur stimmten, wenn ein Teilchen in der geheimnisvollen fünften Dimension ganz bestimmte Impulswerte aufwies. Diese »erlaubten« Werte waren Vielfache eines bestimmten Minimalimpulses. Wenn man annimmt, dass die fünfte Dimension in sich geschlossen ist, kann man mithilfe der Quantentheorie aus diesem Minimalimpuls die »Länge« der eingerollten Dimension berechnen. Würden die Rechnungen einen messbar großen Wert ergeben, wäre das für die Theorie ein Problem: Schließlich hatte man die neue Dimension noch nie beobachtet! Das Ergebnis war beruhigenderweise nur 10^{-30} cm, was plausibel machte, dass sich die Dimension bisher versteckt halten konnte.

Die Kaluza-Klein-Theorie war ein Hinweis auf einen Zusammenhang zwischen Theorien, stellte aber selbst kein System dar, das auf Anhieb Neues lieferte. In den folgenden Jahren suchten Physiker nach Voraussagen, die sie mit der Theorie machen konnten – etwa von der Art der Abschätzung Kleins, wie groß die neue Dimension sein musste. Man fand Hinweise, dass man das Verhältnis der Masse des Elektrons zu seiner Ladung berechnen könnte, aber konkrete Ergebnisse lagen noch in weiter Zukunft. Angesichts dieser Schwierigkeiten und der seltsamen Forderung nach einer fünften Dimension verloren die Physiker bald das Interesse. Einstein erwähnte die Theorie 1938 zum letzten Mal. Kaluza, der ein Jahr vor ihm starb, kam nie viel weiter voran, konnte aber in einer Hinsicht doch von seiner Theorie profitieren. Als er Einstein geschrieben hatte, war er vierunddreißig und hielt seine Familie seit zehn Jahren in Königsberg als Privatdozent über Wasser. Einstein sah, wie schwierig die Bedingungen waren, und trug dazu bei, dass Kaluza 1929 in Kiel eine Professur und 1935 in Göttingen einen Lehrstuhl erhielt. Erst in den siebziger Jahren des 20. Jahrhunderts, lange nach Kaluzas Tod, wurde die Möglichkeit zusätzlicher Dimensionen wieder ernsthaft in Betracht gezogen.

34
Die Geburt der Strings

□○△○□

Keiner weiß, wann die Muse zu ihrem Kuss ansetzt. Noch unsicherer sind die Folgen einer solchen Affäre vorherzusagen. Die Geschichte der String-Theorie begann in Erice, hoch über dem Mittelmeer. Erice liegt in Sizilien und ist eine träge, heiße Stadt mit engen Gassen und altem Gemäuer, die es schon zu Zeiten von Thales gab. Heute wird der Ort vor allem durch das Centro Ettore Majorana dominiert, ein Kultur- und Wissenschaftszentrum, in dem schon seit Jahrzehnten jährlich Sommeruniversitäten (*Summer Schools*) abgehalten werden, die jeweils etwa eine Woche dauern. Dabei kommen Studenten im höheren Semester, Doktoranden, junge Forscher und die Koryphäen ihres Fachs zusammen und nehmen an Vorträgen über die aktuellsten wissenschaftlichen Themen teil.

Im Sommer 1967 war ein solches Thema ein Ansatz der Elementarteilchentheorie, der als S-Matrix-Theorie bekannt ist. Gabriele Veneziano, ein graduierter italienischer Student vom Weizman-Institut in Israel saß im Auditorium und lauschte einem Star der wissenschaftlichen Welt, Murray Gell-Mann.[13] Gell-Mann sollte zwei Jahre später den Nobelpreis für Physik für seine Entdeckung der Quarks erhalten, jener Bestandteile der *Hadronen*, zu denen auch Proton und Neutron gehören. Die Anregungen, die Veneziano durch den Vortrag erhielt, führten in wenigen Jahren zur String-Theorie. Gell-Manns Thema waren die Gesetze eines mathematischen Gebildes namens S-Matrix.

Die S-Matrix erfand schon Heisenberg, 1937 führte John Wheeler diesen Ansatz ein, und in den sechziger Jahren verfocht ihn dann Geoffrey Chew, ein Physiker aus Berkeley. Das »S« steht für »Streuung« und damit für das wichtigste Verfahren, mit dem Physiker Elementarteilchen untersuchen: Sie beschleunigen sie auf gewaltige Energien, lassen sie aufeinander prallen und beobachten die davonfliegenden Reste. Auf unser Alltagsleben übertragen würde das heißen: Man arrangiert Autounfälle, um die Eigenschaften von Autos zu studieren. Harmlose Zusammenstöße sind langweilig. Vielleicht löst sich gerade einmal die Stoßstange. Wenn aber Rennautos kollidieren, können sich die Schrauben und Muttern des Autositzes aus ihren tiefen Verankerungen lösen und unter dem scharfen Blick eines Beobachters davon schießen. So weit stimmt der Vergleich zwischen beiden Experimenten noch, aber es gibt einen gewaltigen Unterschied: Beim Zusammenstoß eines Chevrolets mit einem Ford kann unter Umständen ein Jaguar explodieren – Elementarteilchen können sich ineinander verwandeln.

Als Wheeler sich mit dem Konzept der S-Matrix beschäftigte, gab es einen ständig wachsenden Berg von experimentellen Daten, aber keine Form der Quantentheorie, die mit Erfolg die Entstehung und Vernichtung von Elementarteilchen beschrieb, selbst die bei diesen Prozessen beteiligte Elektrodynamik war unbekannt. Die S-Matrix glich einer Blackbox, die man mit den Eigenschaften der zusammenstoßenden Teilchen (ihren Impulsen, Ladungen etc.) fütterte, und die einen ähnlichen Datensatz für die Produkte nach dem Zusammenstoß ausspuckte.

Um die S-Matrix zu *konstruieren* und das Innere der Blackbox zu bestimmen, benötigt man im Prinzip eine Theorie der Wechselwirkungen. Aber auch ohne eine solche Theorie sind gewisse Eigenschaften der S-Matrix erkennbar, die nur auf allgemeinen Prinzipien und Symmetrieeigenschaften der Natur beruhen. Man kann beispielsweise die Übereinstimmung mit der Relativitätstheorie verlangen. Die Frage ist allerdings, wie weit ein solcher Ansatz führt, der nur derartige Prinzipien berücksichtigt.

In den fünfziger und sechziger Jahren machte das Modell Furore. In Erice sprach Gell-Mann über einige erstaunliche Regelmäßigkeiten, die beim Zusammenprall von Hadronen beobachtet worden waren und *Dualitäten* genannt wurden. Veneziano fragte sich, ob so etwas auch unter allgemeineren Bedingungen auftreten könnte. Er benötigte anderthalb Jahre, um festzustellen, dass alle mathematischen Eigenschaften der S-Matrix, nach denen er suchte, von einer einzigen einfachen mathematischen Funktion, der Eulerschen Beta-Funktion erfüllt wurden.

Venezianos Theorie, das Doppel-Resonanz-Modell, war erstaunlich: Warum sollte die S-Matrix, die ja höchst kompliziert sein könnte, eine solch einfache und anmutige Form annehmen? Das war das erste der zahlreichen mathematischen Wunder, die von der String-Theorie vollbracht wurden, und es war das Musterbeispiel eines schönen Resultats, das John Schwarz davon überzeugen würde, sein Leben mit diesem Thema nicht vergeblich vertan zu haben.

Venezianos Ergebnis war so elegant, dass die Physiker sich an eine Frage wagten, die ganz sicher nicht mit einer einfachen Struktur wie der S-Matrix zu beantworten war: Wie sehen die Zusammenstöße im Einzelnen aus, die diese S-Matrix erzeugen? Was ist *in* der Blackbox? Die Antwort auf diese Frage würde die innere Struktur der zusammenprallenden Hadronen ebenso erklären wie die Kraft, die sie beherrscht, die *starke Wechselwirkung*.

1970 beantworteten Yoichiro Nambu von der University of Chicago, Holger Nielsen vom Niels Bohr Institut in Kopenhagen und Leonard Susskind von der Yeshiva University in New York die Frage: Die Elementarteilchen sind keine kleinen punktförmigen Gebilde, sondern winzige vibrierende Strings.

Entdeckt man eine Theorie oder *erfindet* man sie? Gehen Physiker in der Dämmerung mit einer Taschenlampe in den Park und suchen nach den Spuren der Wahrheit, oder sind sie wie Kinder, die mit Bauklötzen Gebäude aufbauen, die dann wieder zusammenfallen? Kann der wissenschaftliche Erkenntnisprozess vielleicht auch beides sein – ein duales Phänomen wie das, von dem Gell-Mann gesprochen hat, oder dual wie Teilchen und Welle?

Die Wörter »entdecken« und »erfinden« sind auf einer weit prosaischeren Ebene gleichbedeutend mit »darüber stolpern« und »zusammenbasteln«. Die ursprüngliche String-Theorie, auch Bosonen-String-Theorie genannt, wurde zweifellos zusammengebastelt. Sie war ein Kunstprodukt, besaß viele unrealistische Eigenschaften und war offenbar so konstruiert worden, dass sie nicht viel mehr als Venezianos Ergebnisse reproduzierte. Den Forschern um Yoichiro Nambu erging es wie Planck: Sie stolperten über etwas. Planck hatte die Idee, dass Energieniveaus gequantelt sind. Nambu und seine Mitarbeiter hatten die Idee, dass Elementarteilchen wie Strings aussehen. In beiden Fällen waren die Forscher weit davon entfernt, Bedeutung und Möglichkeiten ihrer Entdeckung zu verstehen, und es dauerte jeweils Jahre, um von den ersten Ansätzen zu einer konsistenten Theorie zu gelangen. Man war über etwas gestolpert, was sich als neues Prinzip der Natur herausstellen konnte – oder lediglich als ein mathematischer Kniff. Im Falle der Quantentheorie brauchten die Gelehrten von Planck bis Heisenberg und Schrödinger zwanzig Jahre, um das zu entscheiden, im Falle der String-Theorie ist diese Zeitmarke bereits überschritten und das Ziel noch nicht erreicht.

35
Partikel – Schmartikel![14]

□○△○□

Geoffrey Chew war einer der vielversprechendsten Physiker der späten fünfziger und sechziger Jahre. Bei einer Tagung – ein Jahrzehnt vor der Erfindung der Strings – stand er einmal auf und erklärte, die Feldtheorie tauge nichts: Es gäbe keine isolierten Elementarteilchen, man solle sich vielmehr vorstellen, dass sie sich dauernd ineinander verwandeln und nur in einem Beziehungsgeflecht existieren. Das materielle Universum sei ein Gewebe zusammenhängender Geschehnisse. Chew schlug vor, die Physiker sollten nach einer Theorie suchen, die dem gerecht würde, und forderte – noch ganz im Geist des Kalten Kriegs – nukleare Demokratie im so genannten »Elementarteilchenzoo«. Er glaubte nicht an verschiedene Theorien, die auf den verschiedenen Kräften oder Wechselwirkungen beruhen und an deren Eigenschaften angepasst sind. Bei der Untersuchung aller nur denkbaren S-Matrizen würde sich vielmehr herausstellen, dass nur eine einzige mit der allgemeinen Physik und den mathematischen Prinzipien vereinbar sei. Im Klartext: Das Universum ist so, wie es ist, weil es keine andere Möglichkeit gibt.[15]

Heute wissen wir, dass die Bedingungen, die Chew aufgestellt hatte, nicht ausreichend sind, um die Welt vollständig zu beschreiben. Witten nennt das S-Matrix-Modell »einen Ansatz, keine Theorie«[16]. Gell-Mann behauptet, es sei ein gestelzter, pompöser Begriff für einen Ansatz, den er schon 1956 bei einer Tagung in Rochester, New York, vorgestellt hatte,[17] und weiter: »Der S-Matrix-Ansatz war der richtige Ansatz. Man verwendet ihn auch noch heute im Rahmen der String-Theorie.« Chew hatte gute Gründe, sich auf die Einfachheit und Schönheit seiner Theorie zu berufen, denn das Standardmodell konnte trotz all seiner Erfolge solche Eigenschaften nicht bieten. Die Schwierigkeiten begannen 1932, als zwei neue und exotische Elementarteilchen entdeckt wurden: das Positron, das Antiteilchen des Elektrons, sowie das Neutron, ein neues Teilchen im Atomkern, das dem Proton gleicht, aber keine elektrische Ladung trägt und daher neutral ist. Die Physiker wollten die neuen Elementarteilchen nicht zur Kenntnis nehmen und versuchten andere Erklärungen zu finden. Dirac, der mit seiner Theorie das Positron vorausgesagt hatte, hielt es zunächst für ein leichtes Proton, da es dieselbe Ladung aufweist, aber nur ein Tausendstel der Masse. Das Neutron versuchte man als Proton zu erklären, das sich in sehr enger Umarmung mit einem Elektron befindet und somit nach außen neutral ist. Letztlich ging es den Physikern mit ihren Theorien wie Eltern mit ihren Kindern, wenn sie ins Teenager-Alter kommen: Es war schwer, auf den alten Grundsätzen zu beharren. Schon bald ließen die Physiker nicht nur die zwei neuen Elementarteilchen zu, sondern akzeptierten auch die Existenz von Antimaterie und von zwei neuen Wechselwirkungen, der starken und der schwachen, die beide eine Rolle im Innern des Atomkerns spielen.

Seit den fünfziger Jahren erlaubten Teilchenbeschleuniger die Untersuchung von Dutzenden neuer Elementarteilchen: Neutrinos, Muonen, Pionen … J. Robert Oppenheimer schlug einmal vor, den Nobelpreis einem Physiker zu verleihen, der *kein* neues »Elementar-«Teilchen entdeckt hatte,[18] und Enrico Fermi seufzte: »Wenn ich mir all die Namen dieser Teilchen merken könnte, wäre ich Botaniker geworden.«[19]

Mit der Quantenmechanik konnte man Situationen beschreiben, in denen Teilchen in Wechselwirkung miteinander stehen, aber nicht Situationen, in denen sie entstehen, vernichtet werden oder sich ineinander verwandeln. Die Physiker bewältigten all diese noch offenen Probleme mit einer neuen Theorie, der Quantenfeldtheorie. Sie kennt nur eine Möglichkeit der Wechselwirkung: durch den Austausch von Teilchen, die man Boten nennt. Was Physiker seit Jahrhunderten als »Kraft« bezeichnen, ist nach der Quantenfeldtheorie lediglich eine abstrakte Beschreibung des Austauschs von Teilchen zwischen Teilchen. Es geht zu wie bei einem Basketballspiel: Stellen wir uns zwei

Spieler vor, die auf dem Spielfeld herumrennen und sich den Ball gegenseitig zuwerfen. Die Spieler sind die Elementarteilchen, um die es geht. Ihre Wechselwirkung, mögen sie dadurch einander näher kommen oder sich voneinander entfernen, wird durch den Ball bewirkt, dem Boten.

Die erste erfolgreiche Quantenfeldtheorie war die des elektromagnetischen Felds, die in den vierziger Jahren Feynman, Julian Schwinger und Sin-Itiro Tomanaga entwickelten. In der Quantenelektrodynamik spüren geladene Teilchen wie das Elektron und das Proton das elektromagnetische Feld durch den Austausch von Photonen: Das Photon ist der Bote. Ungeladene Teilchen wie die Neutronen tauschen keine Photonen aus. In den siebziger Jahren entstand eine neue einheitliche Theorie des elektromagnetischen Felds und der schwachen Wechselwirkung. Schon bald wurde in Analogie zur Quantenelektrodynamik eine Theorie der starken Wechselwirkung aufgestellt, in der die Gluonen als Boten dienten. Die Feldtheorien dieser drei Wechselwirkungen – der elektromagnetischen, der schwachen und der starken – bilden das so genannte Standardmodell.

Die Physiker hatten Bewundernswertes geleistet – wenn man es an den Maßstäben der Botaniker misst. Das Standardmodell, mit dem man die Elementarteilchen klassifizieren konnte, zeichnet sich durch einige Unschönheiten aus, aber immerhin gelang es, mit ihm eine Reihe von Voraussagen zu treffen. Die Elementarteilchen der Materie treten beispielsweise im Gegensatz zu den Boten in Familien auf. Jede Familie umfasst vier Teilchen: eines, das dem Elektron ähnelt, eines, das dem Neutrino ähnelt, sowie zwei Quarks. Eine der Familien besteht aus dem bekannten Elektron, dem Neutrino und den zwei Quarks, die Proton und Neutron bilden. Die entsprechenden Mitglieder der anderen Familien unterscheiden sich nur in den Massen: je »exotischer« die Familie, umso schwerer die Teilchen. Das Standardmodell beschreibt diese Familienstrukturen, kann aber zum Beispiel keine Antwort auf die Frage geben, warum es gerade drei Familien mit jeweils vier Mitgliedern gibt oder warum die Massen gerade diese Größe haben. Auch die Stärke der beteiligten Kräfte bleibt in diesem Modell ungeklärt, die so genannten *Kopplungskonstanten* werden anhand der Messungen vorgegeben. Die Reaktion eines Elementarteilchens auf eine Kraft wird mit einer Größe gekennzeichnet, die *Charge* heißt und so etwas wie eine verallgemeinerte elektrische Ladung darstellt. In der Regel besitzt ein Elementarteilchen verschiedene Arten von Charge, es reagiert also auf mehrere Arten von Kraft. Auch die Werte der Charge zählen zu den Größen, die die Theorie nicht erklären kann.

Hatte schon Fermi Probleme, sich die Namen der Elementarteilchen zu merken, so wird durch das Standardmodell die Lage noch schwieriger. Seine Gleichungen enthalten die Werte von neunzehn nicht abgeleiteten Parametern, die leider keine schönen Zahlen sind, an denen sich ein Pythagoras erfreut hätte, sondern lästige Größen mit Namen wie »Cabibbo-Winkel« und Werten wie dem der »Fermi-Kopplungskonstante«, der $1,166391 \cdot 10^{-5}$ GeV^{-2} beträgt. In der Schöpfungsgeschichte heißt es: »Es werde Licht! Und es ward Licht«. Folgt man der modernen Physik, so hat Gott auch die »Feinstrukturkonstante« auf $1/137,035997650$ festgelegt.[20]

Ohne allzu philosophisch werden zu wollen: Von einer »Fundamentaltheorie« würde man doch eigentlich mehr erwarten, als dass sich Dutzende von Forschern hinsetzen, um neunzehn Parameter auf sieben Dezimalstellen genau zu bestimmen! Ein wenig erinnert das Prozedere an Ptolemeios, der sein falsches Weltmodell durch immer weitere Zusatzkreise zu retten versuchte. Mit diesem Verfahren kann ein geschickter Wissenschaftler zwar jedes neue Messergebnis berücksichtigen, er wird aber nie auf den Kern der Dinge stoßen.

Die Vertreter der String-Theorie halten das Fundamentalmodell nicht für fundamental und hoffen, es eines Tages aus ihrer Theorie ableiten zu können. Wie die Verfechter der S-Matrix, aber im Gegensatz zu den Anhängern der Quantenfeldtheorie, wollen sie nicht irgendwelche Eingangsgrößen immer genauer bestimmen, nicht einmal die strukturellen Eingangsgrößen wie die Zahl der Dimensionen des Raums. Sie sind vielmehr wie Chew an einer Theorie interessiert, die einzig auf allgemeinen Prinzipien beruht, um daraus die Ursachen und Größen aller Kräfte, die Arten und Eigenschaften aller Elementarteilchen sowie die Struktur des Raums selbst ableiten zu können. Und das alles soll – wie in Chews Vorstellung – ein einziges Teilchen leisten, das – im Unterschied zu Chews Ansatz – allerdings kein »Teilchen« ist, sondern ein String.

Ein String besteht nicht aus »etwas«. Er hat keine Feinstruktur und ist aus nichts zusammengesetzt. Er besteht aus nichts, aber alles besteht aus Strings. Mit einer Länge von ganzen 10^{-33} cm sind die Strings um einen Faktor von 10^{16} vor direkter Beobachtung geschützt. Sie können vertikal, horizontal oder diagonal liegen, aber selbst die modernsten und besten Mikroskope versagen bei der Aufgabe, dies zu beobachten. Begriffe wie »unten«, »oben« oder »seitwärts« verlieren ihre Bedeutung.

Dass sich die Strings durch ihre winzige Größe jeder Beobachtung entziehen, ist wenig überraschend: Schließlich sind sie ein Produkt der Theorie und nicht der Beobachtung. Sie sind in geradezu erschreckender Weise verborgen. Ein Beschleuniger, mit dem man einen String experimentell nachweisen könnte, müsste gigantische Ausmaße haben, die zwischen der Größe unserer Milchstraße und der des gesamten Universums liegen.

In der Quantenmechanik sind Welle und Teilchen zwei Aspekte desselben Phänomens. In der Quantenfeldtheorie gelten Materie- und Energieteilchen als Anregungszustände verschiedener Quantenfelder. So ist es auch in der String-Theorie, aber in ihr gibt es nur ein einziges Feld. Alle Teilchen entstehen aus Vibrations-Anregungszuständen eines einzigen Urobjekts: des Strings.

Wir wollen uns eine Gitarrensaite vorstellen, einen *guitar-string*, der durch die richtige Spannung auf einen Ton gestimmt ist. Den musikalischen Tönen entsprechen Anregungszustände der Saite, die in der Akustik als höhere harmonische Schwingungen bezeichnet werden. In der String-Theorie entsprechen diesen Anregungszuständen die verschiedenen Elementarteilchen.

Die mathematischen und ästhetischen Eigenschaften musikalischer Töne untersuchten zuerst die Pythagoräern. Sie fanden heraus, dass eine Saite mit einer bestimmten Frequenz schwingt und dadurch ein Ton mit einer bestimmten Höhe entsteht: je kürzer die Saite, umso höher der Ton. Diese Grundfrequenz entspricht einer Schwingung, bei welcher der Ausschlag in Saitenmitte am größten ist. Die Saite schwingt aber auch, wenn sie in der Mitte in Ruhe und der Ausschlag jeweils auf dem halben Weg von der Mitte zu den Enden maximal ist. Um diese Schwingung zu erhalten, muss man die Saite in der Mitte durch einen Fingerdruck zur Ruhe zwingen. Die Frequenz dieser Schwingung ist doppelt so hoch wie die der Grundschwingung, die Wellenlänge ist halbiert. Dies nennt man die zweite harmonische Schwingung, ihr Ton liegt eine Oktave höher.

Man kann auch höhere harmonische Schwingungen mit drei, vier und mehr Wellen auf der Saitenlänge erzeugen. Für die Anzahl der Wellen kommen jedoch nur ganze Zahlen infrage, denn Bruchteile von Wellen sind nicht damit vereinbar, dass die Enden der Saite eingespannt sind. Ein Ton auf der Geige wird in der Regel von stärkeren Anteilen der ersten sechs harmonischen Schwingungen begleitet, während andere Instrumente, etwa die Orgel, nur geringe Anteile an Obertönen aufweisen. Die Obertöne geben den Musikinstrumenten ihren charakteristischen Klang. Ähnliches gilt für die Familien der Elementarteilchen.

Die Strings sind nicht wie Gitarrensaiten an den Enden befestigt. Sie können offen oder geschlossen sein, ihre Enden aneinander schließen und Ringe bilden, sich aus einem Ring in zwei aufspalten, sich teilen oder vereinigen. Wenn sich ein String aufspaltet oder mit einem anderen zusammenschließt, dann ändern sich seine Eigenschaften, und er erscheint wie ein neues Teilchen. Nach diesem Modell entspricht der Austausch von Boten dem Aufspalten und Zusammengehen von Strings, die im Raum-Zeit-Kontinuum dahintreiben.

Die verschiedenen Teilchen können wir mit Musikboxen vergleichen, die äußerlich völlig gleich aussehen, aber sich in den »Tönen« unterscheiden, die sie von sich geben und die davon abhängen, wie die Strings in ihnen schwingen. Die Energie einer Schwingung hängt von ihrer Wellenlänge und ihrer Amplitude ab. Je mehr Berge und Täler über die Länge einer Saite verteilt sind und je höher und tiefer sie sind, umso energiereicher ist die Schwingung. Aus der Relativitätstheorie wissen wir um die Gleichwertigkeit von Masse und Energie. Es erscheinen uns daher die Musikboxen als massereicher, in denen die Strings mit mehr Energie schwingen. Das gilt auch für andere Eigen-

schaften als die Masse, zum Beispiel für die verschiedenen Arten von
Charge, was nicht weiter verwunderlich ist, denn nach dem Verständ-
nis der Quantenfeldtheorie ist die Masse eines Teilchens nichts als die
Charge bezüglich der Schwerkraft.

Nach der String-Theorie sind alle Teilchen in der Natur, die Boten
eingeschlossen, mit all ihren Eigenschaften nur verschiedene Schwin-
gungsmuster von Strings. Die Teilchen im Universum sind von großer
Komplexität. Deshalb müssen wir fragen, ob ein String genügend
Schwingungsmöglichkeiten besitzt, um diese extreme Vielfalt hervor-
zubringen. Nicht in der Euklidischen Welt! Die möglichen Schwingungsformen eines Strings und damit die möglichen Arten von Teilchen und ihre Eigenschaften hängen ganz erheblich von der Anzahl
der Dimensionen und der Topologie des Raums ab, in dem der String
schwingt. Dabei reichen drei Raumdimensionen nicht aus. Diese Feststellung macht die tiefe Verbindung zwischen den Eigenschaften des
Raums und den Eigenschaften der Materie deutlich: Die Struktur des
Raums und insbesondere die Geometrie und Topologie der zusätzlichen Dimensionen bestimmen die physikalischen Eigenschaften der
Elementarteilchen und der Wechselwirkungen in der Natur.

Ein String in einem Raum mit nur einer Dimension kann nur auf
eine einzige Art schwingen: Er kann pulsieren, also sich ausdehnen
und zusammenziehen, was man longitudinale Schwingung nennt. In
einem Raum mit zwei Dimensionen kann ein String weiterhin pulsieren. Darüber hinaus wird jedoch eine völlig neue Art von Schwingung
möglich: senkrecht zur Ausdehnung des Strings. In einem Raum mit
drei Dimensionen kann zusätzlich noch die Richtung der transversa-
len Schwingungen rotieren oder sich in Form von Spiralen verändern.
Man könnte an einen Bauchtanz denken. Und mit jeder weiteren
Dimension nehmen die Möglichkeiten zu. Die Schwingungen werden
immer komplexer.

Die Topologie einer Fläche oder eines Raums beschreibt deren
Form, befasst sich aber nicht mit ihrer Metrik und Krümmung. Eine
Strecke unterscheidet sich topologisch von einem Kreis, weil sie zwei
Enden hat und der Kreis keines. Ellipse und Kreis sind dagegen topo-
logisch gleich. Das bedeutet: Zwei Formen, die man – ohne sie zu zer-

reißen – durch bloßes Dehnen oder Zusammenziehen ineinander überführen kann, haben die gleichen topologischen Eigenschaften.

Wie beeinflusst die Topologie des Raums einen String? Gehen wir der Einfachheit halber davon aus, dass die String-Theorie nur zwei zusätzliche Dimensionen fordert. Da man die Zusatzdimensionen in der String-Theorie für klein hält, stellen wir uns einen »kleinen« zweidimensionalen Raum vor – beispielsweise ein Rechteck. Dieser Raum hat eine bestimmte Topologie. Jetzt stellen wir uns vor, dass wir den Raum zu einem Zylinder zusammenrollen. Auch wenn uns der neue Raum gekrümmt erscheint, ist er doch geometrisch gesehen flach wie eine Ebene, das heißt, seine Krümmung ist Null. Jede Figur, die wir auf unserem flachen Rechteck zeichnen, bleibt erhalten, wenn wir es zu einem Zylinder aufrollen. Der Abstand zwischen den Punkten unserer Zeichnung ändert sich nicht, weshalb beim Aufrollen keine Falten entstehen. Der Zylinder unterscheidet sich also vom ebenen Rechteck nicht in der Metrik, wohl aber in seiner Topologie. So kann man zum Beispiel auf einer Ebene jeden Kreis oder jede andere einfache geschlossene Kurve zu einem Punkt zusammenschrumpfen lassen, ohne dazu die Ebene verlassen zu müssen. Auf einem Zylinder gibt es Kurven, für die das nicht gilt: zum Beispiel alle Kurven, die sich wie Gürtel um den Zylinder legen. Ein String hätte auf einer Zylinderfläche aus topologischen Gründen andere Schwingungsformen als auf einer Ebene. Nach der String-Theorie würde somit ein Universum in Zylinderform andere Elementarteilchen und andere Kräfte aufweisen als ein Universum, das aus einem ebenen Rechteck besteht. Der Zylinder ist eng mit einer anderen Ringform, dem Torus (oder Donut), verwandt. Um aus einem Zylinder einen Torus zu erhalten, muss man »nur« seine Enden aneinander fügen. Es sind noch weit komplexere Topologien möglich: etwa ein Donut mit vielen Löchern oder eine Brezel. Jede zusätzliche Dimension macht den Raum komplizierter, vor allem wenn der Raum gekrümmt ist. Jeder dieser unterschiedlichen und höchst komplexen Räume erlaubt ganz bestimmte Schwingungen. Diese große Vielfalt an Schwingungstypen ermöglicht es der String-Theorie, die Vielzahl von Elementarteilchen und Wechselwirkungen zu erklären – zumindest in der Theorie.

Es wäre natürlich schön, wenn man an dieser Stelle sagen könnte, dass es aus Gründen der Konsistenz nur eine Art von Raum für die zusätzlichen Dimensionen der String-Theorie gibt und dass die Eigenschaften der Elementarteilchen, die sich in den Schwingungen der Strings in diesem Raum ausdrücken, genau den in der Natur beobachteten entsprechen. Das ist leider bisher nur ein Traum. Trotzdem gibt es gute Nachrichten. Zunächst: Nicht jede denkbare Kombination von Zusatzdimensionen funktioniert. Nach dem derzeitigen Stand des Wissens beträgt ihre Anzahl sechs. Außerdem haben sie bestimmte Merkmale. Sie sind zum Beispiel aufgerollt, wie die Zusatzdimension in Kaluzas Theorie. 1985 entdeckten Physiker eine Klasse von Räumen mit genau den richtigen Eigenschaften. Sie werden Calabi-Yau-Räume genannt.[21] Man könnte vermuten, dass sechsdimensionale Calabi-Yau-Räume komplizierter sind als beispielsweise Schokoladen-Donuts. Das mag sein, aber sie haben auch etwas gemeinsam: das Loch.[22] Jedem Loch ist dabei eine Familie von String-Schwingungen zugeordnet. Die String-Theorie sagt also voraus, dass Elementarteilchen in Familien auftreten. Das lässt hoffen, eines Tages die Größen aus der Theorie ableiten zu können, die für das Standardmodell noch aus Messungen entnommen und »von Hand« eingeführt werden müssen. Das war die gute Nachricht.

Die schlechte Nachricht ist, dass wir Zehntausende Arten von Calabi-Yau-Räumen kennen. Die meisten enthalten mehr als drei Löcher, obwohl es nur drei Familien von Elementarteilchen gibt. Um die Eigenschaften der Teilchen (zum Beispiel Masse oder Charge) aus der Theorie zu berechnen, müsste man wissen, welche der vielen möglichen Räume überhaupt infrage kommen. Bis heute hat noch niemand den Calabi-Yau-Raum gefunden, der eine exakte Beschreibung unserer realen Welt liefert und damit das Standardmodell reproduzieren könnte. Es ist auch noch kein physikalisches Prinzip bekannt, das einen Raum gegenüber einem anderen herausheben würde. Einige Forscher sind deshalb durchaus skeptisch, ob die Anstrengungen jemals Früchte tragen werden, aber die Kritiker sind weit weniger und weit stiller geworden als zu den Zeiten, in denen es für die Karriere noch tödlich war, sich mit der String-Theorie zu befassen.

36
Ärger mit den Strings

□○△○□

Als Yoishiro Nambu und seine Mitarbeiter die String-Theorie erstmals vorschlugen, enthielt sie noch einige Merkwürdigkeiten. Zum einen war sie mit der Relativitätstheorie nur im Einklang, wenn ein hässlicher Faktor [1- (D-2)/24] zu Null gemacht werden konnte. Jedes Schulkind kann uns die Lösung dieses Problems sagen: D = 26. Damit fangen aber die Schwierigkeiten erst an, denn D ist die Anzahl der Dimensionen des Raums. Man interessierte sich bald darauf wieder für Kaluzas Arbeiten, wobei seine fünf Dimensionen nun nicht mehr als zu viel oder zu verrückt erschienen, sondern als nicht verrückt genug.

Die String-Theorie führte noch zu weiteren Problemen. Für bestimmte Prozesse erhält man nach den Regeln der Quantenmechanik negative Wahrscheinlichkeiten. Darüber hinaus sagt die Theorie die Existenz von Teilchen voraus, die noch nie beobachtet worden sind, beispielsweise *Tachyonen*, die eine imaginäre Masse haben und schneller sind als das Licht.[23]

Wenn der Wetterbericht mit 50 Prozent Wahrscheinlichkeit Gewitter vorhersagt – mit nach oben »fallendem« Regen und vom Himmel fallenden neuen froschartigen Teilchen –, würden Sie vermutlich wenig Vertrauen in das Computermodell des Deutschen Wetterdienstes fassen. Aber nehmen wir an, die Wetterfrösche hätten auch eine Temperaturprognose gewagt und damit Recht gehabt. Das würde zumindest Ihr Interesse an den meteorologischen Theorien wieder wecken. Ganz ähnlich verhielt es sich mit dem Kampf zwischen bosonischen Strings und hadronischem Verhalten: Er war viel zu faszinierend, als dass man ihn ignorieren konnte.

Als die Dinge ohnehin schon sehr schlecht standen, entdeckte man, dass die Theorie noch einen weiteren Fehler in sich barg – einen für die Theorie *wirklich* gravierenden Fehler. Nach den Regeln der Quantenmechanik gehören alle Elementarteilchen entweder zu den Bosonen oder zu den Fermionen. Bosonen und Fermionen unterscheiden sich in ihrer inneren Symmetrie, dem so genannten Spin. Demnach können praktisch keine zwei Fermionen denselben Quantenstatus einnehmen. Das ist eine schöne Eigenschaft, wenn man die Atome der Materie aufbauen will, denn nun versammeln sich nicht alle Elektronen (sie gehören zu den Fermionen) auf dem niedrigsten Energieniveau. Die Atome des Periodensystems mit ihren unterschiedlichen physikalischen und chemischen Eigenschaften entstehen aber, indem nach und nach die höheren Energieniveaus aufgefüllt werden. Für die Bosonen gilt diese Einschränkung nicht, also ist Materie aus Fermionen aufgebaut. Die Boten, welche die Wechselwirkung vermitteln, sind Bosonen. In der Bosonen-String-Theorie sind nun aber *alle* Teilchen Bosonen!

Dieses Problem der String-Theorie griff Schwarz als Erstes auf, was ihm das Vertrauen seines Mentors sicherte und ihm die Möglichkeit gab, weiter an einer angesehenen Universität zu bleiben, wo man seinen Theorien vielleicht keinen Glauben schenkte, ihm aber zumindest zuhörte. 1971 stellte Pierre Ramond von der University of Florida eine String-Theorie der Fermionen auf, nachdem er einen ersten Ansatz für eine neue Symmetrie formuliert hatte, die er Supersymmetrie nannte und mit der die Bosonen und Fermionen miteinander verknüpft werden konnten. Schwarz erarbeitete dann zusammen mit André Neveu eine Theorie der »Strings mit Spin«, die sowohl bosonische als auch fermionische Teilchen umfasste, die Tachyonen eliminierte und die Zahl der Dimensionen von sechsundzwanzig auf zehn reduzierte. Diese Arbeit erwies sich als der wesentliche Wendepunkt in der String-Theorie (und in der Karriere von Schwarz).

Gell-Mann, der damals bei CERN in Genf forschte, sagte:[24] »Sofort nachdem die Arbeit von Schwarz erschienen war, stellte ich ihn ein.« (Sie waren sich vorher noch nie begegnet.) Im nächsten Herbst ging Schwarz von Princeton, wo ihm eine Stelle versagt worden war, zum Caltech. Während Feynman die String-Theorie mit all den anderen Wunderkuren, die im Lauf der Jahre aufgetaucht und wieder verschwunden waren, in einen Topf warf, teilte Gell-Mann, inzwischen am Caltech, die Hoffnung, die Schwarz in sie setzte: »Sie musste für irgendetwas gut sein, ich wusste nicht wofür, aber irgendetwas gab es.« 1974 holte Gell-Mann noch einen anderen Spezialisten für Strings zu einem Forschungsaufenthalt ans Caltech: Joel Scherk. Schwarz und Scherk machten sehr bald eine verblüffende Entdeckung.

In der String-Theorie gab es ein Teilchen mit den Eigenschaften des Gluons, des Boten der starken Wechselwirkung. Ein Problem bereitete jedoch die Existenz eines weiteren Botenteilchens, das keinerlei Bedeutung zu haben schien. Bis zu den Arbeiten von Schwarz und Scherk schätzte man die Länge eines Strings auf etwa 10^{-13} cm, was ungefähr dem Durchmesser eines Hadrons entspricht. Die beiden Forscher fanden heraus, dass das zusätzliche Botenteilchen exakt die Eigenschaften des Gravitons haben würde, des hypothetisch angenommenen Boten der Schwerkraft, wenn man für die Länge der Strings den weit kleineren Wert von 10^{-33} cm annimmt, den schon oben genannten Wert der Planckschen Länge. Die String-Theorie war somit nicht nur als Theorie der Hadronen geeignet, sondern schloss die Schwerkraft mit ein – und möglicherweise auch die schwache Wechselwirkung!

Doch Vorsicht! Wir haben gesehen, dass die Vermengung von Schwerkraft und Quantenmechanik zu Chaos und Widersprüchen führt. In der Theorie von Schwarz und Scherk traten die Probleme im ultramikroskopischen Bereich nicht auf, da die Strings keine Punkte ohne Ausdehnung waren, sondern Objekte mit endlicher Länge. Schwarz und Scherk waren der Ansicht, eine konsistente Quantenfeldtheorie gefunden zu haben, aus der man Einsteins Gleichungen ableiten konnte, die sich aber im ultramikroskopischen Bereich ein wenig anders verhielt als sonst. Diese Einschränkung erwies sich als nötig, um Widersprüche zwischen allgemeiner Relativitätstheorie und Quantenmechanik zu vermeiden. Schon Einstein erwartete bei der Veröffentlichung seiner Relativitätstheorie Angriffe seiner Fachkollegen. Schwarz und Scherk rechneten mit ungeheurem Aufsehen.

Sie reisten um die Welt und hielten Vorträge. Die Leute applaudierten höflich, um dann ihre Arbeiten zu ignorieren. Die beiden konnten und wollten es einfach nicht glauben. Zur Verteidigung dieser »Leute« muss man sagen, dass die Mathematik der Theorie außerordentlich schwierig und komplex war (und immer noch ist). »Die Leute wollten nichts darin investieren, die Mathematik zu verstehen, ohne das Machtwort eines der Päpste wollten sie sich einfach nicht die Mühe machen«, klagte Schwarz.[25]

Gell-Mann hätte einer dieser Päpste sein können, aber er arbeitete selbst nur wenig auf diesem Gebiet. Die wenigen Veröffentlichungen, die er gemeinsam mit Schwarz verfasste, waren, wie dieser scherzhaft meinte, »für uns beide wert, vergessen zu werden.«[26] Schwarz erhielt keine Professur am Caltech, sondern lediglich einige Male eine Verlängerung seines Forschungsvertrags. »Ich konnte John keine Dauerstelle verschaffen«, sagte Gell-Mann, »die Leute waren skeptisch«.[27] 1976 zeigten Scherk und andere Mitarbeiter, wie man die Supersymmetrie in die String-Theorie einbauen konnte. Sie schufen schließlich die Superstring-Theorie. Auch dies schien wieder ein bahnbrechendes Ergebnis zu sein, kümmerte aber niemanden: Das Interesse galt eher der Konkurrenz, einer Theorie der Supergravitation, und traditionelleren Varianten der Quantenfeldtheorie ohne Einbeziehung der Schwerkraft, also dem Standardmodell. Mit der Vereinheitlichung von elektromagnetischer, schwacher und starker Wechselwirkung erzielte das Standardmodell einen Triumph nach dem anderen. Zu diesen Erfolgen gehörte die experimentelle Erzeugung der W- und Z-Bosonen, der Boten der schwachen Wechselwirkung, die 1983 gelang.

Für die String-Theorie brachen schlechte Zeiten an: Niemand wusste, wie man mit ihr praktische Rechnungen anstellen konnte. Dazu kamen die Probleme mit den zusätzlichen Dimensionen. Inzwischen hatte Scherk einen Zusammenbruch erlitten: Er kroch in den Straßen von Paris herum und schickte seltsame ausgeflippte Telegramme an Physiker, unter anderem Feynman. Es gelang ihm dennoch, zumindest zeitweise zu arbeiten und damit die Ärzte und Kollegen in Erstaunen zu versetzen. Aber die Geschichte ging letztlich nicht gut aus: Scherk trennte sich von seiner Frau, die mit den Kindern nach England ging, und starb 1980 – ein großer Verlust für die kleine Gruppe der String-Theoretiker.

Als in den frühen achtziger Jahren neue Probleme der String-Theorie entdeckt wurden, schien Schwarz für die meisten in eine Sackgasse geraten zu sein. Man sagte, er habe mit der vielen »vergeudeten« Arbeit seinen Doktorvater Geoffrey Chew imitiert, der ähnlich wie Schwarz von einem Ziel besessen war und fünfundzwanzig Jahre an seiner S-Matrix-Theorie gefeilt hatte. Die ersten paar Jahre befand er sich dabei noch in guter Gesellschaft, die letzten fünfzehn Jahre arbeitete er praktisch allein – und wurde wie Schwarz das Objekt des Spotts seiner Kollegen. Im Rückblick waren Chews Anstrengungen allerdings nicht umsonst: »Es ist nicht klar, ob es ohne ihn die String-Theorie gegeben hätte. Sie ist aus dem S-Matrix-Ansatz hervorgegangen.«[28]

Währenddessen war am Caltech weiterhin Gell-Mann der mächtige Antriebsmotor. »Es hat mich glücklich und stolz gemacht, dass wir Schwarz und Scherk hatten«, sagte er. »Es war wirklich herzerfrischend. Ich hatte so ein Gefühl aus dem Bauch heraus und habe am Caltech eine Art Reservat für gefährdete Arten unterhalten. Ich habe für deren Erhaltung viel in der Dritten Welt getan. Jetzt habe ich es am Caltech getan.«[29] 1984 gelang Schwarz, der damals mit Michael Green zusammenarbeitete, ein erneuter Durchbruch. Die beiden Forscher fanden heraus, dass sich in der String-Theorie bestimmte unerwünschte Terme, die zu Anomalien führten, auf wunderbare Weise gegenseitig aufhoben. Das Ergebnis wurde im Sommer 1984 auf einem Workshop in Aspen präsentiert: in dramatisierter Form auf einer Bühne im Hotel Jerome. Wie wir aus der Einleitung wissen, endete die Aufführung damit, dass Schwarz von weißbekittelten Männern von der Bühne gezerrt wurde, während er schrie, er habe die Theorie gefunden, die alles erklären könne. Der bissige Humor des Sketches spiegelte seine bitteren Erwartungen wider: Auch dieses Ergebnis würde die Fachwelt verwerfen und ignorieren.

Eines Tages meldete sich bei Schwarz und Green ein Kollege namens Edward Witten, der auf Umwegen von dem Sketch erfahren hatte. Schwarz war erfreut, dass an seinen Arbeiten neues Interesse bestand – und Witten war nicht irgendein bekehrter kleiner Forscher, sondern einer der einflussreichsten Mathematiker und Physiker. Innerhalb weniger Monate erzielten Witten (damals am Caltech, später in Princeton) und seine Mitarbeiter einige wichtige neue Resultate: Sie identifizierten diejenigen unter den Calabi-Yau-Räumen, die als Kandidaten für die eingerollten Dimensionen infrage kamen. Das genügte, um Hunderte von Physikern davon zu überzeugen, an der String-Theorie zu arbeiten. Schwarz hatte endlich den Segen erteilt bekommen, den er benötigte.

Nun bemühten sich auch andere bedeutende Universitäten um Schwarz, die darauf bedacht waren, den neuen großen Wissenschaftler einzufangen. Gell-Mann war entschlossen, ihm schließlich doch noch eine Stelle zu beschaffen, trotz aller Schwierigkeiten. Einer der Beamten von der Universitätsleitung meinte: »Wir wissen nicht, ob dieser Mann das Toastbrot neu erfunden hat, aber selbst wenn er es hat, werden die Leute sagen, es sei ihm am Caltech gelungen. Deshalb brauchen wir ihn doch nicht gleich hier behalten!«[30] Endlich – nach zwölfeinhalb Jahren – erhielt Schwarz eine Stelle. Es ging immerhin noch schneller als bei Kaluza.

Heute gilt die Arbeit von Schwarz und Green als die »erste Superstring-Revolution«, von der Witten sagte: »Ohne John Schwarz wäre die String-Theorie vermutlich untergegangen, vielleicht um irgendwann im 21. Jahrhundert wieder entdeckt zu werden.«[31] Der Startschuss war erfolgt. Ein Jahrzehnt später dominierte Witten dieses Gebiet und löste schließlich seine eigene Revolution der String-Theorie aus.

37

Vom String zum Brane

□○△○□

In den frühen neunziger Jahren kühlte das Interesse an der String-Theorie wieder ab. In der *Los Angeles Times* stellte ein Kritiker sogar die provokative Frage, ob die Theoretiker »von den Universitäten bezahlt werden sollten und ob es ihnen erlaubt werden sollte, junge, noch beeinflussbare Studenten zu verderben.«[32] Für diese Entwicklung gab es gute Gründe, und die String-Theoretiker, unter anderem Andrew Strominger, klagten über »einige große Probleme«[33]. Das Hauptproblem war: Die Theorie sagte nichts Aufregendes mehr voraus. Darüber hinaus schien es nun fünf verschiedene Arten von String-Theorien zu geben, die nicht etwa nur fünf verschiedenen Calabi-Yau-Räumen entsprachen, sondern fünf grundlegend verschiedene Strukturen aufwiesen. Dieser Zustand war, so Strominger, unhaltbar: »Es ist einfach unästhetisch, fünf verschiedene Einheitstheorien der Natur zu haben.«[34] Die Durststrecke dauerte zehn Jahre, für Schwarz eine weitere große Wüste, die er durchqueren musste. Aber dieses Mal gab es viele, die mit ihm nach dem Gelobten Land suchten – und einen Propheten, der ihn führte.

Jede Generation von Physikern hat ihre Leitfiguren. In den Jahrzehnten vor der String-Theorie waren es Gell-Mann und Feynman. In den letzten Jahrzehnten war es Edward Witten. »Alles, worüber ich gearbeitet habe, endet, wenn ich die Spuren zurückverfolge, bei Witten«[35], bekannte Brian Greene von der Columbia University. Ich selbst hörte von Witten zum ersten Mal in den späten siebziger Jahren, als er an der Brandeis University Physik studierte – wenige Jahre vor mir. Einige Professoren empfingen mich damals mit der Bemerkung: »Sie sind ganz gut, aber Sie sind kein Ed Witten.« Ich fragte mich immer, ob diese Professoren so auch mit ihren Frauen sprachen: »Du bist ganz gut, aber meine frühere Freundin war *wirklich* gut.« (Wenn ich darüber nachdenke, kann ich mir vorstellen, dass es so ist.)

Mein Interesse an Witten war erwacht, zu meinem Kummer stellte sich aber heraus, dass er im Hauptfach Geschichte studierte, ein Fach, das unter den geisteswissenschaftlichen Disziplinen als wenig anspruchsvoll galt. Außerdem belegte er keine einzige Physikvorlesung. Die Physik, in der er mich so hoffnungslos überragte, war offensichtlich für ihn nur ein Hobby.

Von Brandeis ging Witten zu einem Aufbaustudium in Physik nach Princeton. Da er noch nie Physik studiert hatte, besaß er keine Qualifikation, um sich einschreiben zu können. Für besonders gute Studenten gab es jedoch eine Sonderzulassung. Als ich schließlich das erste Mal auf Witten traf, war ich selbst Student in Berkeley, wo man vor meiner Zulassung ohne Zweifel aufs Genaueste meine mühsam erworbenen Seminarscheine überprüft hatte.

Witten stellte sich als großer, schlaksiger Mann mit schwarzem Haar und einer Brille mit Plastikgestell heraus. Er war lebhaft, aber freundlich und sprach so leise, dass man die Ohren spitzen musste, um herauszubekommen, was er sagte. (Meistens war es die Mühe wert.) An diesem Tag hielt er mitten in seinem Vortrag inne, offensichtlich, um einem tiefen Gedanken nachzugehen. Er schwieg sehr lange, und plötzlich standen die ersten Leute auf. Sie klatschten wie die Ignoranten bei einem Beethovenkonzert, die das Ende eines Satzes schon für das Ende der Symphonie halten. Witten teilte dem Auditorium – etwas verärgert – mit, dass seine Symphonie noch nicht beendet sei.

Heute wird Witten oft mit Einstein verglichen. Dafür könnte man viele Gründe anführen, aber der wichtigste Grund ist wohl, dass diejenigen, die solche Vergleiche anstellen, nicht viele andere Physiker kennen. Es gibt aber durchaus Parallelen zwischen Einstein und Witten. Beide sind Juden, waren lange am Institute for Advanced Study in Princeton, haben starkes Interesse an Israel und eine Neigung zur Friedensbewegung. Witten schrieb mit vierzehn Jahren in der *Baltimore Sun* Leserbriefe[36] gegen den Vietnamkrieg und beteiligte sich an Friedensgruppen in Israel.[37]

In der Arbeitsweise ähnelt Witten eher Gauß als Einstein. Er verließ sich nicht wie Einstein auf einen alten Freund, der ihm die moderne Geometrie erklärte, sondern erfand sie wie Gauß für sich neu. Auch seine Arbeiten übten großen Einfluss auf die Richtung der modernen Mathematik aus. Und hier liegt der wesentliche Unterschied: Der Ansatz von Witten zur String-Theorie und heute zur M-Theorie wird von Einsichten in die Mathematik bestimmt und nicht von physikalischen Prinzipien wie bei der Relativitätstheorie. Es war eher ein historischer Zufall, dass man auf die Theorie gestoßen ist. Der physikalische Kern, der in ihr steckt, muss erst noch gefunden werden, bevor Wittens Entdeckung vielleicht für ihn zum »glücklichsten Einfall seines Lebens« werden könnte.

Im März 1995 hielt Witten auf einer Tagung an der University of Southern California einen Vortrag über die String-Theorie. Elf Jahre waren vergangen nach der Superstring-Revolution von Schwarz, und für viele schien sich die String-Theorie langsam zu entwirren. Wittens Vortrag veränderte von einem Tag auf den anderen die Lage. Was er mitteilte, war ein weiteres mathematisches Wunder: Alle fünf String-Theorien sind nur verschiedene Annäherungen an die eine und einzige übergeordnete Theorie: die M-Theorie. Die Zuhörer im Auditorium waren wie erschlagen. Nathan Seiberg von der Rutgers University, der als Nächster reden sollte, war nach Wittens Vortrag so von Ehrfurcht ergriffen, dass er seufzte: »Ich sollte besser Lastwagenfahrer werden.«[38]

Edward Wittens großer Durchbruch ging als »zweite Superstring-Revolution« in die Geschichte der Physik ein. Nach der M-Theorie sind die Strings nicht die wirklich grundlegenden Teilchen, sondern nur Exemplare noch allgemeinerer Objekte, die Branes heißen – ein Begriff, der von »Membran« abgeleitet ist. Branes sind höherdimensionale Versionen eindimensionaler Strings. Eine Seifenblase wäre zum Beispiel ein 2-Brane. Nach der M-Theorie beruhen die physikalischen Gesetze auf den komplexeren Schwingungen dieser komplexeren Strukturen. Zudem gibt es eine weitere eingerollte Dimension, sodass deren Zahl nun von zehn auf elf gestiegen ist.

Der seltsamste Aspekt der M-Theorie ist aber, dass nach ihr in einem ganz grundlegenden Sinn weder Raum noch Zeit existieren. Was wir als Raum und Zeit wahrnehmen – die Koordinaten eines Strings oder eines Branes – sind in Wirklichkeit mathematische Felder, die als Matrizen dargestellt werden können. Nur wenn wir uns in den Größenordnungen unseres Alltagslebens bewegen, die von denen der Strings und Branes unendlich weit entfernt sind, stellen die vertrauten Koordinaten eine gute Näherung dieser Matrizen dar: Ihre Diagonalelemente sind dann alle gleich, und ihre Kreuzelemente gehen gegen Null. Die M-Theorie ist der am tiefsten gehende Wandel der Raumvorstellung seit Euklid.

Witten sagte gern, das »M« in der M-Theorie stehe für »Mysterium oder Magie oder Matrix – meine drei Lieblingsworte«[39]. Kürzlich fügte er noch das Wort *murky*[40] (»düster« oder »trüb«) hinzu, das vermutlich nicht zu seinen liebsten Ausdrücken zählt. Die M-Theorie ist noch schwerer verständlich als die String-Theorie. Niemand weiß bis jetzt, welche Gleichungen man aus ihr ableiten kann und welche Näherungslösungen es für diese Gleichungen möglicherweise gibt. Wichtig erscheint zunächst nur, dass eine übergeordnete Theorie zu existieren scheint, welche die fünf Formen von String-Theorie vereint.

Die Ideen, die in der M-Theorie stecken, führten allerdings schon zu überzeugenden Hinweisen, die etwas mit der Physik der schwarzen Löcher zu tun haben.[41] Schwarze Löcher zählen zu den Phänomenen, die von der allgemeinen Relativitätstheorie vorausgesagt werden. »Schwarz« sind sie, weil aus ihnen keine Strahlung entkommen kann. 1974 wies Stephen Hawking durch äußerst komplizierte Rechnungen nach, dass diese Löcher überhaupt nicht schwarz sind: Wenn man die Gesetze der Quantenmechanik berücksichtigt, ist nach der Unschärferelation der leere Raum nicht wirklich leer, sondern voller Paare aus Teilchen und Antiteilchen, die jeweils nur winzigste Augenblicke existieren, um sich dann gegenseitig zu vernichten und wieder ins Reich der Vergessenheit zu entrücken. Wenn solche Vorgänge in der Umgebung eines schwarzen Lochs stattfinden, kann es einen der Partner des Teilchenpaars einsaugen, während der andere Partner in den Raum geschossen wird und als Strahlung zu beobachten ist. So wie das Glühen von Kohle ein gewisses Maß von Hitze anzeigt, bedeutet diese

Strahlung des schwarzen Lochs, dass dessen Temperatur nicht Null ist. Unglücklicherweise ist diese Temperatur den Rechnungen nach aber kleiner als ein Millionstel Grad – und damit zu gering, um von Astronomen gemessen werden zu können. Für die Physiker führte dagegen die Feststellung, dass schwarze Löcher eine Temperatur größer als Null haben, zu einem erstaunlichen Schluss: Sie weisen eine ungeheuer große Entropie auf.

Die Entropie ist ein Gradmesser für die Unordnung eines Systems. Kennt man dessen innere Struktur, kann man die Entropie bestimmen, indem man die Zahl der möglichen Zustände zählt: Je mehr Zustände des Systems möglich sind, umso größer ist die Entropie. Wenn zum Beispiel in Alexeis Schlafzimmer alles durcheinander liegt, gibt es viele mögliche Zustandsformen dieses Durcheinanders: Der Hamsterkäfig kann hier stehen, der Haufen schmutziger Wäsche dort liegen, die alten Comics wieder woanders. Und sollte Alexei wirklich einmal aufräumen, hätte sein Zimmer noch einen weiteren neuen »Zustand«. Je mehr Plunder im Zimmer vorhanden ist, umso mehr mögliche Zustände gibt es. Bei der Entropie geht es nicht um Schönheit, Ordnung oder Chaos, sondern allein um die Zahl der möglichen Anordnungen. Wäre Alexeis Zimmer leer, gäbe es nur einen einzigen möglichen Zustand: Man könnte nichts neu anordnen und die Entropie wäre gleich Null. Vor Hawking vermutete man, schwarze Löcher hätten keine innere Struktur – und ähnelten gewissermaßen einem leeren Zimmer. Jetzt scheint es eher, als wenn sie Alexeis Zimmer in seinem derzeitigen chaotischen Zustand glichen. Als Vater hätte ich Hawking schon immer bestätigen können: Alexeis Zimmer ist kein Zustand, sondern ein schwarzes Loch.

Die Physiker zerbrachen sich zwei Jahrzehnte lang den Kopf über Hawkings Ideen. Eine Kombination der beiden getrennten Theorien – der Relativitätstheorie und der Quantentheorie – ist, wie wir inzwischen wissen, ein verzwicktes Geschäft. Wo stecken die vielen Zustände der schwarzen Löcher, auf die uns die Entropie hinweist? Niemand weiß es. 1996 veröffentlichten Andrew Strominger und Cumrun Vafa eine spektakuläre Rechnung: Unter Anwendung der M-Theorie zeigten sie, dass sie aus Branes bestimmte Arten von schwarzen Löchern erzeugen können – natürlich nur in der Theorie, nicht in der Praxis. Für diese schwarzen Löcher sind die möglichen Zustände zählbare Brane-Zustände. Die Entropie, die Strominger und Vafa daraus errechneten, entsprach dem Wert, den Hawking mit seiner völlig anderen Methode erhalten hatte.

Die M-Theorie lieferte offensichtlich richtige Aussagen, aber es fehlten immer noch Prognosen, die man in der »wirklichen« Welt experimentell bestätigen konnte. Hoffnung gibt es auf zwei Gebieten. Einmal wäre es denkbar, dass im nächsten Jahrzehnt supersymmetrische Teilchen entdeckt werden. Das könnte am neuen Large Hadron Collider (LHC) von CERN bei Genf geschehen.[42] Zum anderen könnte man Abweichungen von den Gesetzen der Schwerkraft finden.[43] Nach Newton (und bei dieser Größenordnung auch nach Einstein) ziehen sich zwei Objekte von handlicher Größe mit einer Kraft an, die umgekehrt proportional zu ihrem Abstand ist: Halbiert sich der Abstand, so ist die Kraft viermal stärker. Aufgrund der zusätzlichen Dimension der M-Theorie sollte die Anziehungskraft stärker anwachsen, als es das Newtonsche Gesetz vorgibt, wenn man die Objekte extrem nahe aneinander bringt. Während Physiker das Verhalten anderer Kräfte bis in kleine Bereiche von 10^{-17} cm untersucht haben, ist dies für die Schwerkraft nur bis in Bereiche von 1 cm geschehen. Wissenschaftler an der Stanford University und an der University of Colorado in Boulder führen derzeit solche Experimente zur Untersuchung der Schwerkraft bei kleinsten Distanzen durch.

John Schwarz ist nicht beunruhigt: »Ich glaube, wir haben die eine mathematische Struktur gefunden, die in konsistenter Weise die Quantenmechanik und die allgemeine Relativitätstheorie vereint. Sie muss daher mit ziemlicher Sicherheit korrekt sein. Aus diesem Grund würde ich die Theorie auch nicht aufgeben, wenn sich herausstellt, dass es die Supersymmetrie nicht gibt – wobei ich glaube, dass man sie finden wird.«[44]

Die Natur gehorcht einem verborgenen Gesetz, das wir mithilfe der Mathematik aufdecken können. Ob die M-Theorie zur wunderschönen Lehrbuchtheorie künftiger Physikseminare werden wird oder ob sie als Fußnote in der Geschichte der Naturwissenschaft unter dem

Titel »Sackgasse« endet, wissen wir nicht. Weder ist Schwarz Oresme noch Witten Descartes, und ob sie gemeinsam die Rolle eines Lorentz übernommen haben, der eine mechanische Theorie ohne Zukunft auf dem nicht existierenden Äther aufgebaut hatte, ist noch nicht erwiesen. Als jungem Wissenschaftler war Schwarz nur klar, dass die Theorie zu schön war, um vollkommen nutzlos zu sein. Heute untersucht eine ganze Generation von Forschern die Natur und trifft auf seine Strings. Sie können sich nur schwer vorstellen, die Welt wieder wie früher zu betrachten.

Anhang

Epilog

□○△○□

Als Kinder spielten wir mit Puzzles – als menschliche Wesen sind wir Teil eines Puzzles. Wie passen die Teile zusammen? Es ist kein Puzzle für den Einzelnen, sondern für die gesamte Menschheit. Gibt es wirklich Naturgesetze? Wie können wir sie aufdecken? Sind Naturgesetze ein Konglomerat aus lokalen Verordnungen oder gelten sie einheitlich für das gesamte Universum? Für das menschliche Gehirn, diese graue Masse, die oft genug über so »einfache« Dinge wie Liebe und Frieden stolpert (oder über das Problem, ein gutes Risotto zu kochen), sind Ausmaß und Komplexität des Kosmos jenseits aller Vorstellungskraft. Und doch fügen wir seit über hundert Generation die Teile dieses Puzzles zusammen.

Als Menschen suchen wir natürlich in der Welt um uns herum nach Ordnung und Vernunft. Unsere Werkzeuge erbten wir von den Erfindern der Geometrie in der griechischen Antike, die uns nicht nur das exakte mathematische Denken, sondern auch den Blick für die Ästhetik in der Natur lehrten. Sie empfanden Befriedigung darüber, dass die Sonne und die Erde rund waren und die Planeten sich auf Kreisbahnen bewegten, da für sie Kugel und Kreis die perfektesten Formen verkörperten. Die Wiederentdeckung der Euklidischen *Elemente* und die Geburt der experimentellen Methode im Ausgang des Mittelalters machten uns deutlich, dass die Ordnung nicht nur das »Was« der Natur betraf, sondern sich auch auf das »Warum« ihrer Gesetze erstreckte. Seit den Experimenten im 17. Jahrhundert wissen wir: Alle Körper fallen in gleicher Weise, gleichgültig wie sie aussehen, wie schwer sie sind oder ob es Galilei oder sein Kollege Robert Hooke ist, der sie fallen lässt. Dieselben Gesetze, die für die Anziehung zwischen

Newtons Apfel und der Erde zuständig sind, gelten auch für den Mond und für die Bewegung ferner Planeten um ihre Sonnen. Sie scheinen ohne Änderungen seit Anbeginn der Welt zu bestehen. Welche Macht wirkt auf das Universum ein und sorgt dafür, dass alles bestimmten Gesetzen gehorcht? Und warum verändern sich diese Gesetze nicht im Laufe der Milliarden von Jahren oder über Distanzen von Milliarden von Lichtjahren? Es ist leicht zu verstehen, warum manche Menschen die Antwort auf diese Fragen bei ihren Göttern gesucht haben. Der Gang der Naturwissenschaft wurde von den griechischen Mathematikern bestimmt. Die Mathematik war seit den Griechen der Antike immer das Herz der Naturwissenschaften – und die Geometrie das Herz der Mathematik.

Durch Euklids Fenster entdeckten wir viele Wunder der Natur, aber wir konnten uns nicht vorstellen, wohin sie uns führen würden: Etwas über die Sterne und das Atom zu erfahren und zu verstehen, wie die Teile des Puzzles sich in einen kosmischen Plan fügen, ist für den Menschen eines der höchsten Vergnügen, vielleicht sein höchstes. Heute überbrückt unser Wissen vom Universum Entfernungen, die wir nie durchqueren können, und dringt in Bereiche ein, die so klein sind, dass wir sie nie sehen werden. Wir denken über Zeiten nach, die keine Uhr zu messen vermag, über Dimensionen, für die es keine Instrumente gibt, und über Kräfte, die kein Mensch spüren kann. Wir haben erkannt, dass in der Vielfalt und selbst im offensichtlichen Chaos Einfachheit und Ordnung herrschen. Die Ästhetik der Natur reicht über den Anmut der Gazelle und die Schönheit der Rose hinaus. Sie führt bis in die entfernteste Galaxie und bis in den winzigsten Spalt unserer Existenz. Wenn die derzeit vertretenen Theorien Geltung behalten, wird der Raum in den Mittelpunkt unseres Denkens rücken, und wir werden das Wechselspiel von Materie und Energie, von Raum und Zeit, des infinitesimal Kleinen mit dem unendlich Großen, besser verstehen lernen.

Beruht unser Verständnis der physikalischen Gesetze auf einer tieferen Wahrheit oder ist es nur eines von vielen möglichen Systemen zur Beschreibung der Natur? Spiegelt es das Wesen des Universums wider oder ist es nur der uns als Menschen angeborene Blickwinkel?

Es zählt zu den Wundern, dass es physikalische Gesetze gibt. Ein anderes Wunder ist, dass wir sie entschlüsseln können. Das größte Wunder wäre aber, wenn sich unsere Theorie sowohl der Form als auch dem Inhalt nach als Darstellung des absolut Wahren erweisen würde. Geometrie und Geschichte haben uns in bestimmte Richtungen gezogen. Das Parallelen-Postulat konnte im Euklidischen System nicht bewiesen werden, so war es unvermeidlich, dass die Gelehrten irgendwann den gekrümmten Raum entdeckten. Auch wenn wir 2000 Jahre darauf warten mussten. Die Relativitätstheorie und die Quantenmechanik waren zwei völlig unabhängige und einander – philosophisch gesehen – widersprechende Theorien. Jetzt scheint mit der String-Theorie eine dritte ganz andere Theorie zu existieren, aus der die ersten beiden abgeleitet werden können. Wenn sich aus Hawkings Kopplung der Relativitätstheorie mit der Quantentheorie ergibt, dass die schwarzen Löcher über Entropie verfügen, und wenn Stromingers davon unabhängige Rechnungen anhand der String-Theorie damit übereinstimmen, zeigt das nicht, dass die Theorien miteinander verbunden sind und hinter allem eine tiefere Wahrheit steckt?

Die Suche nach tieferen Wahrheiten geht weiter. Euklid, den Genies, die auf ihn folgten, und all denen, auf deren Arbeiten sie aufbauen konnten, schulden wir großen Dank. Sie haben die Freuden erfahren, etwas zu entdecken. Und uns ermöglichen sie die Freude, etwas zu verstehen.

Anmerkungen

□○△○□

I
Die Geschichte von Euklid

1 Yeats 1970, Bd. I, S. 116 (Übersetzung: Richard Exner).

2 Williams 1985, S. 39f. Williams gibt auch eine gute Darstellung der Anfänge des Zählens und der Arithmetik.

3 Ebd., S. 3.

4 Heute ist das alles anders: Seit 1970 der Assuan-Staudamm fertig gestellt wurde, ist der Fluss gezähmt.

5 »Ägypten« ist die griechische Bezeichnung für das Land. Das Wort ist von Hikupta (»Tempel der Macht des Ptah«), dem Namen von Memphis, abgeleitet. (Anm. d. Übers.)

6 David 1998, S. 96.

7 Diese und andere erstaunliche Tatsachen findet man in Alexeis Beitrag zu diesem Thema: in Putnam/Pemberton 1995, S. 46.

8 An die Seiltechnik erinnert auch das Wort Hypotenuse. Es kommt vom altgriechischen *hypoteíno* (»darunter ausbreiten« oder »anspannen«). Kathete kommt von *káthodos* (»der Weg hinab« oder »Rückkehr«).

9 Zum Vergleich der ägyptischen mit der babylonischen Mathematik vgl. Kline 1972, S. 3–23, und Resnikoff/Wells 1973, S. 69–89.

10 Zitiert nach *The First Mathematicians* (März 2000) in: http://www.members.aol.com/bbyars1/first.html. Eine ähnliche, aber kompliziertere Aufgabe wird in Kline 1972, S. 9, dargestellt.

11 Kline 1972, S. 259.

12 Zu Leben und Werk von Thales vgl. Kirk/Raven/Schofield 1994 und Mansfeld 1983, wo auch die wesentlichen Fragmente abgedruckt sind.

13 Tannahill 1992, S. 98f.

14 Zitiert nach Schrödinger 1956, S. 104.

15 Andere Vorsokratiker entschieden sich für andere Ursubstanzen, was sicher auch eine Frage der Originalität und der Konkurrenz war: Bei Xenophanes waren es Erde und Wasser, bei Anaximenes die Luft, bei Heraklit das Feuer und schließlich bei Empedokles die vier Elemente Wasser, Erde, Feuer und Luft. (Anm. d. Übers.)

16 Vgl. Mansfeld 1983, S. 56–81.

17 Gorman 1979, S. 40.

18 Zu Leben und Werk des Pythagoras vgl. Kirk/Raven/Schofield 1994 und Mansfeld 1983.

19 Mansfeld 1983, Bd. 1, S. 147.

20 Ebd., S. 127.

21 Ebd., S. 129. Die Geschichte ging für den Hauskäufer schlecht aus: Er wurde später bei einem Tempelraub ertappt und hingerichtet. (Anm. d. Übers.)

22 Ebd., S. 127; nach anderen Berichten war es die Hüfte.

23 Ebd., S. 227.

24 Für mathematisch Interessierte hier der Beweis: Die Länge der Diagonalen sei c. Man nehme an, c könne als Bruch m/n dargestellt werden, wobei m und n keinen gemeinsamen Teiler haben (und insb. nicht beide gerade sind). Der Beweis hat drei Stufen: (1) Aus $c^2=2$ folgt $m^2=2n^2$. In Worten: m^2 ist eine gerade Zahl. Da die Quadrate ungerader Zahlen ungerade sind, folgt daraus, dass auch m gerade sein muss. (2) Da m und n nicht beide gerade sein können, folgt, dass n ungerade sein muss. (3) Nun betrachtet man die Gleichung $m^2=2n^2$ aus einer anderen Perspektive. Wenn m gerade ist, kann man es mit einer ganzen Zahl q als 2q darstellen. Ersetzt man nun in der obigen Gleichung m durch 2q, so erhält man $4q^2=2n^2$ oder $2q^2=n^2$. Daraus folgt, dass n^2 und damit auch n gerade sein muss.

So wurde gezeigt, dass n sowohl gerade als auch ungerade ist, wenn man c als c=m/n schreiben kann. Aus diesem Widerspruch folgt, dass die ursprüngliche Annahme, man könne c als Bruch m/n darstellen, falsch sein muss. Diese Beweisführung, bei der wir die Negation dessen annehmen, was wir beweisen wollen und dann zeigen, dass diese Negation zu einem Widerspruch führt, nennt man *reductio ad absurdum*. Sie ist eine der Erfindungen des Pythagoras, die bis in unsere Tage in der Mathematik mit Nutzen angewandt wird.

25 Gorman 1979, S. 192 f.

26 Baruch de Spinoza, der bedeutende Philosoph des 17. Jahrhunderts, schrieb seine *Ethik* im Stil der *Elemente* Euklids, indem er mit Definitionen und

Axiomen begann und aus ihnen strenge Theoreme ableitete. (Russell 1988, S. 579 f.) Abraham Lincoln studierte in der Zeit, als er noch ein unbekannter Anwalt war, die *Elemente*, um seine logischen Fähigkeiten zu perfektionieren. Für Kant war der (Euklidische) Raum eine »notwendige Vorstellung *a priori*« und in gewisser Weise im menschlichen Denken verankert. (Russell 1988, S. 723 ff.)

27 Heath 1981, S. 354 f.; Heath hat zur Geschichte der *Elemente* beigetragen, indem er eine eigene Ausgabe veröffentlichte. Die Standardausgabe der *Elemente* in deutscher Sprache gab Clemens Thaer heraus (Euklid 1933).

28 Kline 1972, S. 89–99.

29 Ebd., S. 1205.

30 Die Anweisung für die Analyse liefert das »Theorem von Bayes«, wobei die einzelnen Schritte sehr schön mit einem Baumdiagramm dargestellt werden können. Das Paradoxon bei dieser Fernsehshow wird meist nach dem Showmaster als Monty Hall-Problem bezeichnet. (Vgl. Freund 1971, S. 57–63.)

31 Gardner 1961, S. 43.

32 Zum Perihelproblem vgl. Pais 1986, S. 20 u. S. 257–260.

33 Ebd., S. 257. Der Planet wurde nie gefunden (und ist vermutlich auch mit dem gleichnamigen Heimatplaneten von Mr. Spock nicht identisch). (Anm. d. Übers.)

34 Ebd., S. 256.

35 Ebd., S. 21.

36 Alle folgenden Definitionen, Axiome und Postulate Euklids sind nach Euklid 1933, S. 1–3, zitiert.

37 Kline 1972, S. 52.

38 Russell 1988, S. 240.

39 Die Athener liehen Ptolemeios III. kostbare Manuskripte von Euripides, Aischylos und Sophokles. Ptolemeios behielt die Schriften, war aber immerhin so großzügig, Kopien anzufertigen und nach Athen zu schicken. Die Griechen müssen darüber nicht sonderlich überrascht gewesen sein: Sie hatten einen erheblichen Betrag als zusätzliche Leistung erbeten (und auch erhalten). (Vgl. Durant 1966, S. 601.)

40 Kline 1972, S. 160 f.

41 Es gibt unterschiedliche Fassungen dieser Geschichte. Nach einer anderen Quelle beobachtete Eratosthenes beim Blick in einen Brunnen, dass kein Schatten der Brunnenränder auf den Boden fiel.

42 Leider weiß man nicht, welche Art Stadien Eratosthenes verwendet hat. Waren es die ägyptischen, so liegt sein Ergebnis mit 39 690 km nur knapp unter dem wahren Wert. (Anm. d. Übers.)

43 Kline 1972, S. 105–116.

44 Kline 1953, S. 66.

45 Dabei soll er den berühmten Satz »Störe meine Kreise nicht!« gesagt haben.

46 Kline 1972, S. 154–160.

47 Zu dieser Zeit war das Ptolemäische Reich, obwohl nominell unabhängig, schon unter römischem Einfluss.

48 Kline 1953, S. 86.

49 Kline 1972, S. 201.

50 Kline 1953, S. 89.

51 Zur Geschichte der Hypatia vgl. Dzielska 1955 und Lefkowitz 1995, S. 130–133.

52 Auch die Frauenbewegung hat sich des Schicksals der Hypatia angenommen. Näheres dazu kann man im Online-Magazin *Hypatia's Legacy* finden. (Anm. d. Übers.)

II
Die Geschichte von Descartes

1 Resnikoff/Wells 1973, S. 86–89. Die Periode von 26 000 Jahren wird auch Platonisches Jahr genannt.

2 Gimpel 1981, S. 183. Die *artes liberales* waren in der römischen Antike die sieben »Künste«, die ein freier Bürger beherrschen sollte: Grammatik, Rhetorik, Dialektik, Arithmetik, Geometrie, Astronomie und Musik. (Anm. d. Übers.)

3 Gottfried 1983, S. 24–29.

4 Ebd., S. 53.

5 Die mittelalterliche Universität und das universitäre Leben beschreibt insbesondere Bishop 1987, S. 240–244.

6 Ebd., S. 145 f.

7 Ebd., S. 70 f.

8 Ebd., S. 133 f.

9 Zu Abälard vgl. LeGoff 1993, S. 41 ff.

10 Tannahill 1973, S. 281.

11 Vgl. Lighthill 1958, der für mathematisch Interessierte eine gute, leicht verständliche Einführung gibt.

12 Lindberg 1978, S. 290–301.

13 Zu Leben und Werk von Descartes vgl. Holz 1994, Hollingdale 1989 und Specht 1966.

14 Brief von Descartes an Beekman vom 23. April 1619; Specht 1966, S. 14.

15 Descartes 1960, S. 15.

16 Seine Werke wurden zu Lebzeiten nicht gedruckt und waren nur in Abschriften im Umlauf.

17 Einige Jahrzehnte vor der Geburt von Descartes gab es bereits eine Revolution bei der Herstellung von Landkarten: Gerhard Kremer, besser bekannt unter dem latinisierten Namen Gerardus Mercator, publizierte eine Weltkarte, bei der das Problem, eine Kugeloberfläche auf eine Ebene zu projizieren, neu gelöst wurde. Das Verfahren war ganz auf die Bedürfnisse der Navigation zugeschnitten: Während die Entfernungen gestreckt oder verkürzt wurden, blieben die Winkel zwischen den Geraden auf der Karte dieselben wie auf der Erdoberfläche. Mit anderen Worten: Die Mercator-Projektion ist nicht flächentreu, aber winkeltreu. Das kam den Seeleuten sehr entgegen, denn für sie ist es am einfachsten, den Kurs nach einem festen Winkel gegen die Nordrichtung zu halten, die der Kompass anzeigt. Mathematisch gesehen war die Karte von Bedeutung, weil sie eine Koordinatentransformation darstellte. Diese entwickelte Mercator allerdings auf empirischem Weg – ohne die zugehörige Mathematik. Die kartesische Geometrie erlaubte es nun, die entsprechenden Rechnungen mathematisch abgesichert durchzuführen und eine weit tiefere Einsicht in das Wesen der Kartenherstellung zu erlangen. Descartes kannte vermutlich Mercators Karte, aber wir wissen nicht, wie weit er von den Fortschritten der Kartographie beeinflusst wurde, da er, wie schon erwähnt, in seinen Publikationen keine Quellen angab. (Zu einer Diskussion der mathematischen Aspekte von Mercators Karte vgl. Resnikoff/Wells 1973, S. 155–168.)

18 Descartes konnte zwar einige Ideen übernehmen, musste aber vieles neu entwickeln. Zunächst erfand er die moderne Bezeichnungsweise: Unbekannte werden mit den letzten Buchstaben des Alphabets benannt, Konstante dagegen mit den ersten. Vor Descartes war die Sprache der Algebra reichlich unbeholfen. Wenn beispielsweise Descartes $2x^2+x^3$ schrieb, so hieß das zuvor »2Q plus C«, wobei Q für Quadrat und C für Kubik stand. Die neue Schreibweise ist überlegen, weil sie deutlich zeigt, welche Größen

unbekannt sind (x) und weil sie die gewählten Potenzen klar in Zahlen angibt (2, 3). Mit dieser eleganten Schreibweise konnte Descartes Gleichungen addieren und subtrahieren oder andere arithmetische Operationen mit ihnen durchführen. Er konnte algebraische Ausdrücke nach der Art der Kurve, die sie repräsentierten, ordnen. Den Gleichungen 3x+6y-4=0 oder 4x+7y+1=0 sieht man beispielsweise sofort an, dass sie Geraden darstellen, da sie die allgemeine Form ax+by+c=0 aufweisen. War zuvor die Algebra eine Wissenschaft zur Untersuchung eines kunterbunten Haufens einzelner Gleichungen, so analysierte sie jetzt ganze Klassen von Gleichungen. (Zur allgemeineren Geschichte der algebraischen Symbolik vgl. Kline 1972, S. 259–263 und Resnikoff/Wells 1973, S. 203–206.)

19 Damit kann man nun auch die Definition des Kreises durch Descartes besser verstehen. Hat der Kreis seinen Mittelpunkt im Ursprung des Koordinatensystems und sind die Koordinaten eines Punkts auf seinem Umfang x und y, dann bedeutet die Erfüllung der Gleichung $x^2+y^2=r^2$ nichts anderes, als dass alle Punkte auf dem Umfang den Abstand r zum Kreismittelpunkt haben – was der intuitiven Definition eines Kreises entspricht, wie wir sie aus unserer Alltagserfahrung kennen.

20 Wir haben hier nur den Fall einer ebenen Fläche diskutiert, aber das kartesische Koordinatensystem kann leicht auf drei oder mehr Dimensionen erweitert werden. Die Gleichung einer Kugeloberfläche lautet zum Beispiel $x^2+y^2+z^2=r^2$. Der einzige Unterschied zum Kreis ist, dass z^2 dazu kommt. Auf diese Weise können physikalische Theorien für Räume beliebiger Dimensionen formuliert werden. Es zeigt sich, dass die gewöhnliche Quantenmechanik eine besonders einfache Gestalt annimmt, wenn man sie für einen Raum mit unendlich vielen Dimensionen formuliert. Diese Eigenschaft hat man benützt, um Näherungslösungen für Gleichungen zu finden, die auf andere Weise kaum lösbar gewesen wären. Mathematisch Interessierte können dazu mehr bei L. D. Mlodinow u. N. Papanicolaou, »SO(2,1) Algebra and Large N Expansion in Quantum Mechanics«, *Annals of Physics*, 128 (1980), S. 314–334, nachlesen.

21 Vrooman 1970, S. 120.

22 Zum Beispiel in einem Brief an Mersenne vom 11. Oktober 1638; Descartes 1949, S. 137.

23 Eine der deutschen Ausgaben hat den Titel *Von der Methode* (vgl. Descartes 1960), eine andere *Abhandlung über die Methode*.

24 Voetius: Nicht zu verwechseln mit dem uns schon bekannten Boetius.

25 Zu Descartes und Christina vgl. Vrooman 1970, S. 212–255.
26 Perler 1998, S. 30 f.
27 Zu den Irrfahrten der diversen Skelettteile vgl. ebd., S. 252–254.

III
Die Geschichte von Gauß

1 Heath 1981, S. 364 f.
2 Kline 1972, S. 863–869.
3 Die islamische Zivilisation im Mittelalter leistete einen großen Beitrag zur
 Entwicklung der Mathematik, nicht nur indem sie das griechische Erbe ver-
 waltete, sondern vor allem durch die Entwicklung der Algebra. Eine gute
 Übersicht gibt Berggren 1986, der auf S. 2–4 auch das Leben Thabits nach-
 zeichnet. Thabits Ansatz zum Beweis des Parallelen-Postulats findet man in
 Gray 1989, S. 43 f. Die Versuche späterer islamischer Mathematiker sind
 ebenfalls bei Gray beschrieben.
4 Gray 1989, S. 57 f.
5 Detaillierte Angaben über das Leben von Gauß gibt Dunnington 1955.
6 Brief von Gauß an Bólyai vom 20. April 1848; Gauß/Bólyai 1899, S. 132.
7 Brief von Gauß an Minna Waldeck vom 15. April 1810; Biermann 1990, S. 32.
8 Brief von Gauß an F. W. Bessel vom 7. Januar 1810; ebd., S. 89.
9 Brief von Gauß an Bólyai vom 28. Juni 1804; Gauß/Bólyai 1899, S. 61.
10 Brief von Gauß an Bólyai vom 20. April 1848; ebd., S. 132.
11 Bühler 1986, S. 63.
12 Erst dreiundvierzig Jahre nach seinem Tod stieß man darauf, dass er seine
 Ideen *doch* in einer wissenschaftlichen Zeitschrift veröffentlicht hatte.
13 Brief von Gauß an Franz A. Taurinus vom 8. November 1824; Gauß 1900,
 Bd. 8, S. 187.
14 Ich hatte 1980–1982 am California Institute of Technology (Caltech) in
 Pasadena viele Diskussionen mit Feynman zu diesem Thema.
15 Zu Einzelheiten vgl. http://www.turnbull.des.st und http://www.ac.uk/his-
 tory/Mathematicians/Wallis.html.
16 Kline 1972, S. 871.
17 Kant 1977, Bd. 3, S. 72. Zu Kants Ansichten über Raum und Zeit vgl. auch
 Russell 1988, S. 722 ff.
18 Dunnington 1955, S. 215.

19 Kant 1977, Bd. 3, S. 52.

20 Dunnington 1955, S. 183. Zu Wolfgang Bólyai vgl. Kline 1972, S. 878 f., zu Johann Bólyai Kline 1972, S. 873 f., und zu Lobatschewski Kline 1972, 873–881.

21 Tom Lehrer: »Nicolai Ivanovitch Lobachevski«. Der Text ist unter http://www.keaveny.demon.co.uk/lehrer/lyrics/maths.htm nachzulesen.

22 »Essays für junge Studenten über die Elemente der Mathematik«.

23 Dunnington 1955, S. 228.

24 Zu einer detaillierteren Beschreibung des Poincaréschen Modells vgl. Greenberg 1974, S. 190–214, und Kline 1972, S. 916 ff.

25 Der mathematischen Genauigkeit wegen sollte hier angemerkt werden, dass es noch eine weitere Kurvenart in Poincarés Modell gibt, die Gerade genannt wird: Es sind die Durchmesser, also alle Geradenabschnitte, die durch den Mittelpunkt der Crêpe gehen und ihre Endpunkte auf dem Rand haben. Diese Geraden unterscheiden sich nicht grundsätzlich von den anderen Poincaré-Geraden: Ein Durchmesser steht senkrecht auf dem Crêpe-Rand und kann als Ausschnitt aus einem – unendlich großen – Kreis gesehen werden.

26 Im frühen 18. Jahrhundert studierte der Jesuit Girolamo Saccheri, Professor an der Universität von Pavia, das Werk von Thabits Schüler Nasir-Eddin und von Wallis. Von ihnen inspiriert versuchte er wie schon andere, Euklid zu rehabilitieren. Wir wissen von seinen Motiven, denn im Jahr seines Todes, 1733, wurde sein Buch *Euclides ab Omni Maevo Vindicatus* veröffentlicht. Wie alle vor ihm behielt auch Saccheri Unrecht. Aber er bewies zumindest, dass die Aufgabe des Parallelen-Postulats auch zu logischen Widersprüchen mit den anderen Axiomen Euklids führt.

27 Zu den geodätischen Arbeiten von Gauß vgl. Dunnington 1955, S. 118–138.

28 Es sei angemerkt, dass auch Gauß solche Messungen durchführte. Einer der Eckpunkte seines Dreiecks war der Brocken, ein anderer der Inselberg. Bei Seitenlängen der Größenordnung 100 km überstieg die Winkelsumme des Dreiecks 180° um ca. 15"; vgl. Kline 1972, S. 872 f. (Anm. d. Übers.)

29 Zu Riemanns Leben und Werk vgl. Monastyrskij 1999.

30 Das Werk ist 1886 in deutscher Übersetzung unter dem Titel *Zahlentheorie* in zwei Bänden mit insgesamt 895 Seiten in Leipzig erschienen.

31 Bell 1967, S. 468.

32 Fußnote im Brief von Gauß an Bólyai vom 6. März 1832; Gauß/Bólyai 1899, S. 110.

33 Kline 1972, S. 1010. Vgl. auch Greenberg 1974, S. 9–12.

34 Kline 1972, S. 1010.
35 Vgl. Kline 1972, S. 1010ff., und Greenberg 1974, S. 58–84.
36 Hilbert 1977, S. 3.
37 Ebd., S. 5.
38 Das Werk ist in deutscher Sprache unter demselben Titel erschienen (Frankfurt a. Main 1986).
39 Eine hervorragende Beschreibung geben Nagel/Newman 1958. Ein noch weiter reichender »Klassiker« wurde durch das Theorem angeregt: Douglas Hofstadters Buch *Gödel, Escher, Bach. Ein endloses geflochtenes Band* (Stuttgart 1985).

IV
Die Geschichte von Einstein

1 Riemann 1990, S. 317f.
2 »Über eine Raumtheorie der Materie«.
3 Simonyi 1990, S. 421.
4 Zur Lebensgeschichte Michelsons vgl. Livingston 1973.
5 Harvey B. Lemon, »Albert Abraham Michelson: The Man and the Man of Science«, *American Physics Teacher*, 4 (1936).
6 *New York Times*, 10.5.1931, S. 3; zitiert in Kevles 1995, S. 28.
7 Swenson 1972, S. 37.
8 Pais 1986, S. 125.
9 Er hatte sich auf die Entdeckung des polarisierten Lichts durch den französischen Physiker Étienne Louis Malus im Jahr 1808 bezogen. Nach Fresnel kann man das Licht, weil es in zwei zur Ausbreitungsrichtung senkrecht stehenden Richtungen schwingt, polarisieren, indem man eine der beiden Schwingungsebenen herausfiltert. Wellen, die längs ihrer Ausbreitungsrichtung schwingen, können nicht polarisiert werden.
10 Das Buch erschien in deutscher Übersetzung erstmals 1883 in Berlin unter dem Titel *Lehrbuch der Electricitaet und des Magnetismus*.
11 Eine neuere Biografie über Maxwell bietet Goldman 1983.
12 De Haas-Lorentz 1957, S. 55.
13 Ebd.
14 James Clerk Maxwell, »Ether«, in: *Encyclopaedia Britannica*, London 1893, Bd. VIII, S. 572; zitiert in Swenson 1972, S. 57.

15 »Experiment zum Nachweis, ob die Bewegung der Erde die Brechung des Lichts beeinflusst.«

16 Ebd., S. 60–62.

17 Vortrag vor der Academy of Music, Philadelphia, 24. September 1884. Das Manuskript des Vortrags ist unter Sir William Thomson [Lord Kelvin], »The Wave Theory of Light«, in Eliot 1910 veröffentlicht. Vgl. auch das Zitat ebd., S. 77.

18 Ebd., S. 88.

19 Ebd., S. 73.

20 Pais 1986, S. 110.

21 George F. FitzGerald, in: *Science* 13 (1889), S. 390; zitiert ebd., S. 119.

22 Ebd., S. 124. Poincaré veröffentlichte diese Anmerkungen in seinem Buch *La Science et l'Hypothèse* (in deutscher Übersetzung: *Wissenschaft und Hypothese*, Leipzig 1904). Sie wurden von Einstein und einigen seiner Freunde in Bern studiert.

23 Es gibt zahlreiche Biografien von Einstein und viele Einführungen in sein Werk. Genannt seien hier Charpa/Grunwald 1993, Brian 1996 und Clark 1995. Als wissenschaftliche Biografie sei Pais 1986 erwähnt, ein Werk, das durch seine persönliche Sichtweise besticht.

24 Wörtlich: auf einen Kessel schlagen; im übertragenen Sinn: die Ohren heiß reden.

25 *Annalen der Physik*, 19 (1906), S. 289–306.

26 Pais 1986, S. 87 f.

27 Fölsing 1999, S. 36.

28 Pais 1986, S. 137.

29 Ebd.

30 In der Relativitätstheorie wird die Zeit als Dimension eingeführt, aber im nicht (oder fast nicht) gekrümmten Raum-Zeit-Kontinuum ist der relativistische Abstand als Zeitabstand abzüglich des räumlichen Abstands definiert. Das bedeutet zum Beispiel, dass der kürzeste Weg zwischen zwei Ereignissen mit Zeitdifferenz Null der Weg (eine Gerade durch den Raum) mit der größten (d. h. am wenigsten negativen) Länge ist.

31 *Annalen der Physik*, 17 (1905), S. 891–921.

32 *Annalen der Physik*, 18 (1905), S. 639–641. Beide Arbeiten sind in Lorentz/Einstein/Minkowski 1990 abgedruckt.

33 Pais 1986, S. 151. Die Arbeit wurde nicht zu Ende geführt: Minkowski starb wenige Monate später an einer Blinddarmentzündung.

34 Ebd., S. 150.

35 Ebd., S. 176.

36 Ebd., S. 175.

37 Ceres war Anfang 1801 entdeckt worden, dann hatte man seine Spur verloren. Erst mit dem Ergebnis der Gaußschen Rechnungen konnte Ceres Ende 1801 wiedergefunden werden. (Anm. d. Übers.)

38 Von der Wirkung der Schwerkraft, die den Lutscher nach unten zieht, wollen wir im Moment absehen.

39 Zu dieser Formulierung des Äquivalenzprinzips vgl. Misner/Thorne/Wheeler 1973, S. 189.

40 Ebd., S. 131.

41 Der Effekt wurde 1960 von R. V. Pound und G. A. Rebka, jr., entdeckt; vgl. ihren Artikel in: *Physical Review Letters*, 4 (1960), S. 337.

42 Pais 1986, S. 214.

43 Ebd., S. 213.

44 Ebd., S. 240.

45 Brief von Einstein an Sommerfeld vom 29. 10. 1912; Einstein/Sommerfeld 1968, S. 26.

46 *Sitzungsberichte der Preußischen Akademie der Wissenschaften*, 1915, S. 844. Fünf Tage zuvor, am 20. November 1915, hatte Hilbert eine Ableitung derselben Gleichungen vor der Königlichen Akademie der Wissenschaften in Göttingen vorgetragen. Seine Ableitung war von der Einsteins unabhängig und ihr in mancher Hinsicht überlegen. Doch das Ganze war nur der letzte Schritt zu einer Theorie, die, wie Hilbert anerkannte, Einsteins Werk war. Einstein und Hilbert bewunderten sich gegenseitig. Hilbert sagte einmal, dass Einstein die Arbeit mache und nicht die Mathematiker.

47 Pais 1986, S. 240.

48 Die Gleichung ist nur bei rechtwinkligen Koordinaten in einem nicht gekrümmten Raum-Zeit-Kontinuum exakt gültig. Ansonsten gilt die Definition nur für infinitesimal kleine Gebiete, wobei dann die Abstände nach den Regeln der Infinitesimalrechnung aufaddiert werden müssen. Mathematisch formuliert gilt dann: $ds^2 = g_{11}dx_1^2 + g_{12}dx_1dx_2 + \cdots + g_{34}dx_3dx_4 + g_{44}dx_4^2$.

49 Die zehn Komponenten sind g_{11}, g_{12}, g_{13}, g_{14}, g_{22}, g_{23}, g_{24}, g_{33}, g_{34} und g_{44}. Dabei macht man bei der Reduzierung der Komponenten von der Tatsache $g_{ij} = g_{ji}$ Gebrauch.

50 Feynman/Leighton/Matthews 1964, Bd. 2, Kap. 42, S. 6 f.

51 Global Positioning Satellites, GPS; vgl. Marcia Bartusiak, »Catch a Gravity Wave«, in: *Astronomy*, 28 (2000), S. 54–59.

52 Inzwischen äußerten einige Wissenschaftler, Eddington habe seine Ergebnisse manipuliert; vgl. etwa James Glanz, »New Tactic in Physics: Hiding the Answer«, *New York Times*, 8. August 2000, S. F1.

53 Pais 1986, S. 307.

54 Zur Expedition Eddingtons und zu den Reaktionen vgl. Clark 1995, S. 99–102.

55 Brian 1996, S. 102f.

56 Herausgeber war Hans Israel, das Werk erschien 1931 in Leipzig.

57 Lenard wurde später zum Hauptvertreter der »Deutschen Physik«; vgl. sein vierbändiges Werk *Deutsche Physik*, München 1936f. (Anm. d. Übers.)

58 Brian 1996, S. 246.

59 Rede Starks zur Eröffnung des Philipp-Lenard-Instituts in Heidelberg am 13. Dezember 1935 (Heisenberg 1980, S. 59). Heisenberg war aus nationaler Einstellung heraus bereit, mit den Nationalsozialisten zusammenzuarbeiten, und nahm die ihm gebotenen Möglichkeiten wahr, an der Spitze einer Forschergruppe das deutsche Atomprogramm voranzutreiben. Die deutsche Gruppe wurde von Wissenschaftlern in den USA wie dem Italiener Enrico Fermi, dem Ungarn Edward Teller und dem Deutschen Victor Weisskopf geschlagen: Am 2. Dezember 1942 wurde in den USA zum ersten Mal ein Reaktor kritisch, und am 16. Juli 1945 zündeten die USA in Los Alamos die erste Atombombe. Der deutsche Reaktor, den man in Haigerloch baute, wurde aus Mangel an Brennstoff nie kritisch.

60 Brian 1996, S. 233.

61 Ebd., S. 482.

62 Einstein 1997, S. 42.

V
Die Geschichte von Witten

1 Auf diese Weise werden auch Wetter- und Klimamodelle getestet: Man setzt sie auf die Vergangenheit an (*backcast* statt *forecast, postdiction* statt *prediction*) und vergleicht die Rechnungen mit den schon vorhandenen Daten. (Anm. d. Übers.)

2 Ivars Peterson, »Knot Physics«, *Science News*, 135 (1989), S. 174.

3 Engelbert L. Schucking, »Jordan, Pauli, Politics, Brecht, and a Variable Gravitational Constant«, *Physics Today*, 52 (1999), S. 26–31. Jordan trat 1933 der SA bei, war nach dem Krieg Bundestagsabgeordneter für die CDU und schrieb eine Biografie Einsteins (Anm. d. Übers.).

4 Gespräch mit Murray Gell-Mann am 23. Mai 2000.

5 Moore 1994, S. 195. Diskreterweise vertraute Schrödinger diese Peinlichkeit seinem Tagebuch in Französisch an. (Anm. d. Übers.)

6 Ebd., S. 138.

7 Brief von Einstein an Born vom 4. Dezember 1926, Einstein/Born/Born 1972, S. 98.

8 Bell publizierte seinen Vorschlag in der nur kurzlebigen Zeitschrift *Physics*. Die üblicherweise von Physikern zitierte experimentelle Bestätigung steht in A. Aspect, P. Grangier u. G. Roger, *Physical Review Letters*, 49 (1982), S. 91–94. Eine spätere Verbesserung findet man bei Gregor Weihs et al., *Physical Review Letters*, 81 (1998), S. 5039.

9 Zum Vergleich: Ein Übersetzer verbraucht bei seiner Arbeit (»leichte sitzende Tätigkeit«) ca. 420000 Joule je Stunde. (Anm. d. Übers.)

10 Toichiro Kinoshita, »The Fine Structure Constant«, *Reports on Progress in Physics*, 59 (1996), S. 1459.

11 Brief von Einstein an Kaluza vom 21. April 1919; Pais 1986, S. 333.

12 Brief von Einstein an Kaluza vom 5. Mai 1919; ebd.

13 Gespräch mit Gabriele Veneziano am 10. April 2000.

14 *Gravity – Schmavity* und *Particle – Schmarticle* sind in der amerikanischen Literatur übliche Wortspiele, um die Andersartigkeit der neu gefundenen Kräfte oder Teilchen zu bezeichnen. Im Gedicht »All Tied Up« von Christopher Wingo heißt es: »*Particle, schmarticle/ Now here's the thing:/ It's just a particular part of a string.*« (Anm. d. Übers.)

15 Vgl. Johnson 1999, S. 195f.

16 Gespräch mit Edward Witten am 15. Mai 2000.

17 Gespräch mit Murray Gell-Mann am 23. Mai 2000.

18 Kaku 1999, S. 8.

19 Calder 1977, S. 69.

20 Die Konstanten sind P. J. Mohr u. B. N. Taylor, »CODATA Recommended Values of the Fundamental Constants: 1998«, *Review of Modern Physics*, 72 (2000) entnommen.

21 Vgl. P. Candelas, Gary T. Horowitz, Andrew Strominger u. Edward Witten et al., *Nuclear Physics*, B258 (1985), S. 46–74.

22 Sie können genauer gesagt eine verschiedene Anzahl von Löchern haben, und die Löcher selbst sind komplizierte multidimensionale Gebilde. Aber das sind Einzelheiten, auf die wir hier nicht eingehen wollen.
Die Existenz eines Lochs in einem Calabi-Yau-Raum drückt sich für die Physiker in einem bestimmten Wert der so genannten *Eulerschen Charakteristik* aus. Die Eulersche Charakteristik ist eine topologische Kennzahl, die bei Räumen mit zwei oder drei Dimensionen leicht zu definieren ist. Das Konzept kann durchaus auf höhere Dimensionen erweitert werden. Bei drei Dimensionen haben Objekte wie ein Würfel, eine Kugel oder eine Suppenschüssel die Eulersche Charakteristik 2, Objekte mit Löchern oder Henkeln wie ein Donut, eine Kaffeetasse oder ein Bierkrug die Eulersche Charakteristik 0.

23 Genau genommen schließt Einsteins Theorie dies auch nicht aus, sie verbietet nur, dass sich Teilchen exakt *mit* Lichtgeschwindigkeit bewegen.

24 Die Zitate in diesem Abschnitt stammen aus einem Gespräch mit Murray Gell-Mann am 23. Mai 2000.

25 Gespräch mit John Schwarz am 30. März 2000.

26 Ebd.

27 Gespräch mit Murray Gell-Mann am 23. Mai 2000.

28 Gespräch mit John Schwarz am 13. Juli 2000.

29 Gespräch mit Murray Gell-Mann am 23. Mai 2000.

30 Ebd.

31 Gespräch mit Edward Witten am 15. Mai 2000.

32 Zitiert in K. C. Cole, »How Faith in the Fringe Paid Off for One Scientist«, *L. A. Times*, 17. November 1999, S. A1.

33 Faye Flam, »The Quest for a Theory of Everything Hits Some Snags«, *Science*, 256 (1992), S. 1518.

34 Strominger wird zitiert in: Madusree Mukerjee, »Explaining Everything«, *Scientific American*, 274 (1996), S. 88–94.

35 Gespräch mit Brian Greene am 22. August 2000.

36 Jack Klaff, »Portrait: Is This the Cleverest Man in the World?«, *The Guardian* (London), 19. März 1997, S. T6.

37 Judy Siegel-Itzkovitch, »The Martian«, *Jerusalem Post*, 23. März 1990.

38 Madusree Mukerjee, »Explaining Everything«, *Scientific American*, 274 (1996), S. 88–94.

39 Douglas M. Birch, »Universe's Blueprint Doesn't Come Easily«, *Baltimore Sun*, 9. Januar 1998, S. 2A.

40 J. Madeline Nash, »Unfinished Symphony«, *Time*, 31. Dezember 1999, S. 83.

41 Eine gute Diskussion der schwarzen Löcher im Rahmen der M-Theorie enthält Greene 2000, insbesondere Kapitel 13.

42 »Discovering New Dimensions at LHC«, *CERN Courier*, März 2000; http://www.cerncourir.com/main/article/40/2/6.

43 P. Weiss, »Hunting for Higher Dimensions«, *Science News*, 157 (2000), S. 122; http://www.sciencenews.org/20000219/bob1.asp.

44 John Schwarz, »Beyond Gauge Theories«, unveröffentlichter Preprint (hep-th/9807195), 1. September 1998, S. 2. Grundlage ist ein Vortrag bei WIEN 98 in Santa Fe, New Mexico, im Juni 1998.

Literatur

□○△○□

Bell, Eric Temple: *Die großen Mathematiker*, Düsseldorf 1967

Berggren, J. L.: *Episodes in the Mathematics of Medieval Islam*, New York 1986

Biermann, Kurt-R. (Hrsg.): *Carl Friedrich Gauß*, Leipzig u. a. 1990

Bishop, Morris: *The Middle Ages*, Boston 1987

Brian, Denis: *Einstein. A Life*, New York 1996

Bühler, Walter K.: *Gauss. Eine biographische Studie*, Berlin 1986

Calder, Nigel: *The Key to the Universe*, New York 1977

Charpa, Ulrich u. Grunwald, Armin: *Albert Einstein*, Frankfurt a. Main u. New York 1993

Clark, Ronald: *Einstein. The Life and Times. Ein Leben zwischen Tragik und Genialität*, München 1995

David, Rosalie: *Handbook to Life in Ancient Egypt*, New York 1998

De Haas-Lorentz, Gertruida Luberta (Hrsg.): *H. A. Lorentz, Impressions of his Life and Work*, Amsterdam 1957

Descartes, René: *Von der Methode*, Hamburg 1960

Descartes, René: *Briefe*, Köln u. Krefeld 1949

Dunnington, G. Waldo: *Carl Friedrich Gauss. Titan of Science*, New York 1955

Durant, Will: *The Life of Greece*, New York 1966

Dzielska, Maria: *Hypatia of Alexandria*, Cambridge (Mass.) 1995

Einstein, Albert: *Einstein sagt* (Hrsg. Alice Calaprice), München 1997

Einstein, Albert, Born, Hedwig u. Born, Max: *Briefwechsel 1916–1955*, Reinbek bei Hamburg 1972

Einstein, Albert u. Sommerfeld, Arnold: *Briefwechsel*, Basel u. Stuttgart 1968

Eliot, Charles W. (Hrsg.): *The Harvard Classics*, Bd. 30: *Scientific Papers*, New York 1910

Euklid, *Die Elemente* (Hrsg. Clemens Thaer), Leipzig 1933

Feynman, Richard, Leighton, Robert u. Sands, Matthews: *The Feynman Lectures on Physics*, Reading (Mass.) 1964

Fölsing, Albrecht: *Albert Einstein. Eine Biographie,* Frankfurt am Main 1999

Freund, John: *Mathematical Statistics*, Englewood Cliffs (N.J.) 1971

Gardner, Martin: *Entertaining Mathematical Puzzles*, New York 1961

Gauß, Carl Friedrich: *Werke*, Göttingen 1900 (Nachdruck: Hildesheim 1975)

Gauß, Carl Friedrich u. Bólyai, Wolfgang: *Briefe zwischen Carl Friedrich Gauß und Wolfgang Bólyai*, Leipzig 1899

Gimpel, Jean: *Die industrielle Revolution des Mittelalters*, Zürich 1981

Goldman, Martin: *The Demon in the Aether*, Edinburgh 1983

Gorman, Peter: *Pythagoras. A Life*, London 1979

Gottfried, Robert S.: *The Black Death*, New York 1983

Gray, Jeremy: *Ideas of Space*, Oxford 1989

Greenberg, Marvin: *Euclidean and Non-Euclidean Geometries*, San Francisco 1974

Greene, Brian: *Das elegante Universum*, Darmstadt 2000

Heath, Thomas: *A History of Greek Mathematics*, New York 1981

Heisenberg, Elisabeth: *Das politische Leben eines Unpolitischen*, München 1980

Hermann, Armin: *Einstein. Der Weltweise und sein Jahrhundert. Eine Biografie*, München 1994

Hilbert, David: *Grundlagen der Geometrie*, Stuttgart 1977

Hollingdale, Stuart: *Makers of Mathematics*, New York 1989

Holz, Hans Heinz: *Descartes,* Frankfurt am Main u. New York 1994

Johnson, George: *Strange Beauty*, New York 1999

Kaku, Michio: *Introduction to Superstrings and M-Theory*, New York 1999

Kant, Immanuel: *Werke* (Hrsg. Wilhelm Weischedel), Frankfurt am Main 1977

Kevles, Daniel: *The Physicists*, Cambridge 1995

Kirk, Geoffrey Stephen, Raven, John E. u. Schofield, Malcom: *Die vorsokratischen Philosophen*, Stuttgart u. a. 1994

Kline, Morris: *Mathematical Thought from Ancient to Modern Times*, New York 1972

Kline, Morris: *Mathematics in Western Culture*, London 1953

Lefkowitz, Mary R.: *Die Töchter des Zeus*, München 1995

LeGoff, Jacques: *Die Intellektuellen im Mittelalter*, München 1993

Lighthill, M. J.: *Introduction to Fourier Analysis and Generalised Functions*, Cambridge 1958

Lindberg, David (Hrsg.): *Science in the Middle Ages*, Chicago 1978

Livingston, Dorothy Michelson: *The Master of Light: A Biography of Albert A. Michelson*, New York 1973

Lorentz, H. A., Einstein, A., Minkowski, H.: *Das Relativitätsprinzip*, Stuttgart 1990

Mansfeld, Jaap (Hrsg.): *Die Vorsokratiker*, Stuttgart 1983

Misner, Charles, Thorne, Kip u. Wheeler, John: *Gravitation*, San Francisco 1973

Monastyrskij, Michael: *Riemann, Topology, and Physics*, Boston 1999

Moore, Walter: *A Life of Erwin Schroedinger*, Cambridge 1994

Nagel, Ernest u. Newman, James R.: *Gödel's Proof*, New York 1958

Pais, Abraham: *»Raffiniert ist der Herrgott ...«. Albert Einstein. Eine wissenschaftliche Biographie*, Braunschweig u. Wiesbaden 1986

Perler, Dominik: *René Descartes*, München 1998

Putnam, James u. Pemberton, Jeremy: *Amazing Facts About Ancient Egypt*, London u. New York 1995

Resnikoff, H. L. u. Wells, R. O.: *Mathematics in Civilization*, New York 1973

Riemann, Bernhard: *Gesammelte Mathematische Werke. Wissenschaftlicher Nachlass und Nachträge* (Hrsg. R. Narasimhan), Berlin u. Heidelberg 1990

Russell, Bertrand: *Philosophie des Abendlandes*, Wien 1988

Schrödinger, Erwin: *Die Natur und die Griechen*, Reinbek bei Hamburg 1956

Simonyi, Károly: *Kulturgeschichte der Physik*, Thun u. Frankfurt a. Main 1990

Specht, Rainer: *René Descartes*, Reinbek bei Hamburg 1966

Swenson, Loyd S.: *The Ethereal Aether*, Austin (Tex.) 1972

Tannahill, Reay: *Food in History*, New York 1973

Tannahill, Reay: *Sex in History*, Scarborough Houx 1992

Vrooman, Jack: *René Descartes*, New York 1970

Williams, Michael R.: *A History of Computing Technology*, Eaglewood Cliffs 1985

Yeats, William Butler: *Werke* (Hrsg. Werner Vordtriede), Neuwied u. Berlin 1970

Danksagungen

□○△○□

Dank: an Alexei und Nicolai dafür, dass sie für ihren Vater ihre Zeit geopfert haben in all den Tagen, die nötig waren, um dieses Buch zu schreiben, obwohl ich weiß, dass es eher für mich ein Opfer war als für sie; an Heather, die sich um sie gekümmert hat, wenn mir die Zeit fehlte; an Susan Ginsberg, der besten Literaturagentin in der Stadt; an meinen Verleger Stephen Morrow, der meine Vorstellungen erkannt und präzisiert hat, und darauf setzte, dass ich (schließlich) auch ein Manuskript abliefern würde; an Steve Arcella, für seine wunderbaren Abbildungen; an Mark Hillery, Fred Rose, Matt Costello und Marilyn Burns für Zeit, Kritik, Vorschläge und Freundschaft (nicht unbedingt in dieser Reihenfolge); an Brian Greene, Stanley Deser, Gerome Gauntlett, Bill Holly, Thordur Jonson, Randsy Rogel, Stephen Schnetzer, John Schwarz, Erhard Seiler, Alan Waldman und Edward Witten für das Lesen des Manuskripts oder einzelner Kapitel; an Lauren Thomas für die Hilfe beim Übersetzen von Texten aus einem ziemlich archaischen Französisch; an Geoffrey Chew, Stanley Deser, Jerome Gauntlett, Murray Gell-Mann, Brian Greene, John Schwarz, Helen Tuck, Gabriele Veneziano und Edward Witten für ihre Bereitschaft zu Gesprächen; an die Minetta Tavern in Greenwich Village dafür, dass sie einen einladenden Platz für Besprechungen und zum Schreiben zur Verfügung stellte. Zuletzt möchte ich noch der New York Public Library danken, die trotz knappster Mittel auch noch das entlegenste Buch zur Verfügung stellen konnte, und Dover Publications für ihre Reprints, durch die viele wunderschöne alte Physik- und Mathematikbücher und Bücher zur Wissenschaftsgeschichte wenn nicht vor der Vergessenheit, so doch vor dem völligen Verschwinden bewahrt wurden.

Register

□○△○□

Blitze und andere Phänomene

David Perkins
Geistesblitze
Innovatives Denken lernen mit
Archimedes, Einstein & Co.
2001. 264 Seiten
ISBN 3-593-36669-X

Die Geschichte der Erfindungen und Entdeckungen
ist voller Beispiele für innovatives, bahnbrechendes
Denken. David Perkins zeigt, wie es zu Geistesblitzen
kommt und führt den Leser mit Rätseln und Denk-
sportaufgaben in seine eigene »mentale Turnhalle«.

Mark Buchanan
Das Sandkorn, das die Erde zum Beben bringt
Dem Gesetz der Katastrophen auf der Spur oder
warum die Welt einfacher ist, als wir denken
2001. 280 Seiten
ISBN 3-593-36663-0

Seit jeher suchen wir nach den Ursachen von Katastrophen. Ein völlig neuer Ansatz birgt eine interessante
Gemeinsamkeit: Die Ordnung des Systems schien so
instabil gewesen zu sein, dass die kleinste Erschütte-
rung gewaltige Folgen hatte. Verblüffend dabei ist, dass
Natur und Gesellschaft den gleichen Regeln folgen.

Gerne schicken wir Ihnen unsere aktuellen Prospekte:
Campus Verlag · Kurfürstenstr. 49 · 60486 Frankfurt/M.
Tel.: 069/97 65 16-0 · Fax -78 · www.campus.de

campus
Frankfurt / New York